轨道交通装备制造业职业技能鉴定指导丛书

装配钳工

中国北车股份有限公司　编写

中国铁道出版社有限公司

2021年·北　京

图书在版编目(CIP)数据

装配钳工/中国北车股份有限公司编写．—北京：中国铁道出版社，2015.5(2021.3重印)

(轨道交通装备制造业职业技能鉴定指导丛书)

ISBN 978-7-113-20016-9

Ⅰ.①装… Ⅱ.①中… Ⅲ.①安装钳工-职业技能-鉴定-自学参考资料 Ⅳ.①TG946

中国版本图书馆CIP数据核字(2015)第039024号

书　　名：轨道交通装备制造业职业技能鉴定指导丛书
装配钳工

作　　者：中国北车股份有限公司

策　　划：江新锡　钱士明　徐　艳

责任编辑：陈小刚　　　**编辑部电话**：(010) 51873193

封面设计：郑春鹏

责任校对：王　杰

责任印制：高春晓

出版发行：中国铁道出版社有限公司（100054，北京市西城区右安门西街8号）

网　　址：http://www.tdpress.com

印　　刷：三河市航远印刷有限公司

版　　次：2015年5月第1版　2021年3月第3次印刷

开　　本：787 mm×1 092 mm　1/16　印张：13.5　字数：330千

书　　号：ISBN 978-7-113-20016-9

定　　价：42.00元

序

在党中央、国务院的正确决策和大力支持下，中国高铁事业迅猛发展。中国已成为全球高铁技术最全、集成能力最强、运营里程最长、运行速度最高的国家。高铁已成为中国外交的新名片，成为中国高端装备"走出国门"的排头兵。

中国北车作为高铁事业的积极参与者和主要推动者，在大力推动产品、技术创新的同时，始终站在人才队伍建设的重要战略高度，把高技能人才作为创新资源的重要组成部分，不断加大培养力度。广大技术工人立足本职岗位，用自己的聪明才智，为中国高铁事业的创新、发展做出了重要贡献，被李克强同志亲切地赞誉为"中国第一代高铁工人"。如今在这支近 5 万人的队伍中，持证率已超过 96%，高技能人才占比已超过 60%，3 人荣获"中华技能大奖"，24 人荣获国务院"政府特殊津贴"，44 人荣获"全国技术能手"称号。

高技能人才队伍的发展，得益于国家的政策环境，得益于企业的发展，也得益于扎实的基础工作。自 2002 年起，中国北车作为国家首批职业技能鉴定试点企业，积极开展工作，编制鉴定教材，在构建企业技能人才评价体系、推动企业高技能人才队伍建设方面取得明显成效。为适应国家职业技能鉴定工作的不断深入，以及中国高端装备制造技术的快速发展，我们又组织修订、开发了覆盖所有职业(工种)的新教材。

在这次教材修订、开发中，编者们基于对多年鉴定工作规律的认识，提出了"核心技能要素"等概念，创造性地开发了《职业技能鉴定技能操作考核框架》。该《框架》作为技能人才评价的新标尺，填补了以往鉴定实操考试中缺乏命题水平评估标准的空白，很好地统一了不同鉴定机构的鉴定标准，大大提高了职业技能鉴定的公信力，具有广泛的适用性。

相信《轨道交通装备制造业职业技能鉴定指导丛书》的出版发行，对于促进我国职业技能鉴定工作的发展，对于推动高技能人才队伍的建设，对于振兴中国高端装备制造业，必将发挥积极的作用。

中国北车股份有限公司总裁：

2015.2.7

前　　言

鉴定教材是职业技能鉴定工作的重要基础。2002年，经原劳动保障部批准，中国北车成为国家职业技能鉴定首批试点中央企业，开始全面开展职业技能鉴定工作。2003年，根据《国家职业标准》要求，并结合自身实际，组织开发了《职业技能鉴定指导丛书》，共涉及车工等52个职业(工种)的初、中、高3个等级。多年来，这些教材为不断提升技能人才素质、适应企业转型升级、实施"三步走"发展战略的需要发挥了重要作用。

随着企业的快速发展和国家职业技能鉴定工作的不断深入，特别是以高速动车组为代表的世界一流产品制造技术的快步发展，现有的职业技能鉴定教材在内容、标准等诸多方面，已明显不适应企业构建新型技能人才评价体系的要求。为此，公司决定修订、开发《轨道交通装备制造业职业技能鉴定指导丛书》(以下简称《丛书》)。

本《丛书》的修订、开发，始终围绕促进实现中国北车"三步走"发展战略、打造世界一流企业的目标，努力遵循"执行国家标准与体现企业实际需要相结合、继承和发展相结合、坚持质量第一、坚持岗位个性服从于职业共性"四项工作原则，以提高中国北车技术工人队伍整体素质为目的，以主要和关键技术职业为重点，依据《国家职业标准》对知识、技能的各项要求，力求通过自主开发、借鉴吸收、创新发展，进一步推动企业职业技能鉴定教材建设，确保职业技能鉴定工作更好地满足企业发展对高技能人才队伍建设工作的迫切需要。

本《丛书》修订、开发中，认真总结和梳理了过去12年企业鉴定工作的经验以及对鉴定工作规律的认识，本着"紧密结合企业工作实际，完整贯彻落实《国家职业标准》，切实提高职业技能鉴定工作质量"的基本理念，在技能操作考核方面提出了"核心技能要素"和"完整落实《国家职业标准》"两个概念，并探索、开发出了中国北车《职业技能鉴定技能操作考核框架》；对于暂无《国家职业标准》、又无相关行业职业标准的40个职业，按照国家有关《技术规程》开发了《中国北车职业标准》。经2014年技师、高级技师技能鉴定实作考试中27个职业的试用表明：该《框架》既完整反映了《国家职业标准》对理论和技能两方面的要求，又适应了企业生产和技术工人队伍建设的需要，突破了以往技能鉴定实作考核中试卷的难度与完整性评估的"瓶颈"，统一了不同产品、不同技术含量企业的鉴定标准，提高了鉴定考核的技术含量，保证了职业技能鉴定的公平性，提高了职业技能鉴定工作质量和管理水平，将成为职业技能鉴定工作、进而成为生产操作者技能素质评价的新标尺。

本《丛书》共涉及98个职业(工种)，覆盖了中国北车开展职业技能鉴定的所有职业(工种)。《丛书》中每一职业(工种)又分为初、中、高3个技能等级，并按职业技能鉴定理论、技能考试的内容和形式编写。其中：理论知识部分包括知识要求练习题与答案；技能操作部分包括《技能考核框架》和《样题与分析》。本《丛书》按职业(工种)分册，并计划第一批出版74个职业(工种)。

本《丛书》在修订、开发中，仍侧重于相关理论知识和技能要求的应知应会，若要更全面、系统地掌握《国家职业标准》规定的理论与技能要求，还可参考其他相关教材。

本《丛书》在修订、开发中得到了所属企业各级领导、技术专家、技能专家和培训、鉴定工作人员的大力支持；人力资源和社会保障部职业能力建设司和职业技能鉴定中心、中国铁道出版社等有关部门也给予了热情关怀和帮助，我们在此一并表示衷心感谢。

本《丛书》之《装配钳工》由天津机辆轨道交通装备有限责任公司《装配钳工》项目组编写。主编韩宝钟，副主编刘换鱼；主审沙秀梅，副主审张红、张廷；参编人员赵国明。

由于时间及水平所限，本《丛书》难免有错、漏之处，敬请读者批评指正。

中国北车职业技能鉴定教材修订、开发编审委员会

二〇一四年十二月二十二日

目　　录

装配钳工(职业道德)习题

一、填 空 题

1. 道德就是讲人的行为“应该”怎样和(　　)的问题。

2. 法律是由国家制定的,并由国家通过有关行政机关,如(　　)来强制执行的。

3. 社会主义的职业道德中贯穿着(　　)的原则。

4. 工作(　　),不辞辛苦,不怕麻烦,精益求精,那才是真正的爱岗敬业。

5. 职业规范包括(　　)、操作规则、劳动纪律等。

6. 在安全生产方面,对事故隐患不及时采取措施,或者对已发生的事故隐瞒不报,不采取改进措施的,属(　　)罪。

7. 道德,就是一定社会、一定阶级向人们提出的处理人和人之间、个人和社会之间各种关系的一种(　　)。

8. 法律是由国家制定的,并由(　　),如检察院、法院、公安局来强制执行的。

9. 劳动纪律是为了生产过程的顺利进行而设定的,它是科学理论和(　　)的总结,它经过无数正反两方面的事实证明是合理和有效的,是保障正常生产秩序的条件。

10. 为人民服务是一切工作的出发点与归宿,当然也就是(　　)的根本要求。

11. 劳动法规定:用人单位必需为劳动者提供符合国家规定的(　　)和必要的劳动防护用品,对从事有职业危害作业的劳动者应当定期进行健康检查。

12. 集体主义原则是社会主义职业道德体系的核心,并贯穿于社会主义(　　)发展的全过程。

二、单项选择题

1. 职业道德(　　)。

(A)只讲权利,不讲义务　　(B)与职业活动紧密联系

(C)与领导无关　　(D)与法律完全相同

2. 机床操作者在操作机床时,为确保安全生产,不应(　　)。

(A)检查机床上危险部件的防护装置　　(B)保持场地整洁

(C)配戴护目镜　　(D)穿领口敞开的衬衫

3. 劳动法规定,休息日安排劳动者工作又不能安排补休的,支付不低于工资的(　　)的工资报酬。

(A)100%　　(B)150%　　(C)200%　　(D)300%

4. 清洁生产是指清洁的原料、(　　)和清洁的产品。

(A)清洁的设备　　(B)清洁的生产过程

(C)清洁的服装　　(D)清洁的场地

5. 对于一个职业工作者要能做到尽职尽责，必须具有强烈的责任心和(　　)。

(A)较好的文化素质　(B)过硬的业务能力

(C)良好的群众关系　(D)丰富的经验

6. 忠于职守就是要求把自己(　　)的工作做好。

(A)道德范围内　(B)职业范围内　(C)生活范围内　(D)社会范围内

7. 劳动合同劳动者与用人单位(　　)明确双方权利和义务的协议。

(A)调整劳动关系　(B)建立劳动关系

(C)确立劳动关系　(D)保护劳动关系

8. 环境保护不包括(　　)。

(A)预防环境恶化　(B)控制环境污染

(C)促进工农业同步发展　(D)促进人类与环境协调发展

9. 企业的质量方针不是(　　)。

(A)企业总方针的重要组成部分　(B)规定了企业的质量标准

(C)每个职工必须熟记的质量准则　(D)企业的岗位工作职责

10. 企业的经济效益(　　)。

(A)与职业道德是矛盾的　(B)职业道德水准有关

(C)是靠制造销售假冒伪劣产品提高的　(D)是靠厂长(经理)一个人创造的

11. 安全生产互保制度是相互监督按技术规程和标准化规范操作，相互监督(　　)和使用劳保用品。

(A)正确穿戴　(B)正确使用工具

(C)正确使用设备　(D)注意安全

12. 对事故的调查分析，以下做法不正确的是(　　)。

(A)事故原因分析不清不放过

(B)事故责任者和职工没有受到教育不放过

(C)没有采取预防措施不放过

(D)事故责任者不放过

13. 守信就是要(　　)。

(A)信守诺言　(B)讲信誉

(C)重信用　(D)信守诺言、讲信誉、重信用

14. 制订和实施质量方针的全部管理职能是(　　)。

(A)质量保证　(B)质量管理　(C)质量体系　(D)质量控制

15. 安全工作标准化包括(　　)。

(A)事故灾害原因分析

(B)危险预知训练

(C)安全确认

(D)事故灾害原因分析、危险预知训练、安全确认和安全诊断

16. 工作程序标准化包括(　　)。

(A)生产工艺流程标准化

(B)作业工序标准化

(C)生产工艺流程标准化、作业工序标准化和办事程序标准化
(D)业务技术标准化
17. 班组工具管理考核指标主要有(　　)。
(A)工具账物相符率
(B)工具损环率
(C)工具磕碰率
(D)工具账物相符率、、工具磕碰率和量具送检率
18. 安全生产的原则是(　　)。
(A)安全第一的原则
(B)以我为主的原则
(C)坚决贯彻“不做、不准做”防危险操作的原则
(D)安全第一的原则、以我为主的原则、坚决贯彻“不做、不准做”防危险操作的原则和严格遵守安全生产规程

三、多项选择题

1. 道德(　　)。
(A)是一种特殊的行为规范
(B)是讲行为“应该”怎样和“不应该”怎样的问题
(C)在生活中处处可见
(D)只是对多数人而言的
2. 加强班组思想教育,就是要抓好(　　)。
(A)集体主义教育　　(B)培养职业道德
(C)主人翁思想教育　　(D)形成好的班风
3. 爱岗敬业的具体要求是(　　)。
(A)树立职业理想　　(B)强化职业职责　　(C)提高职业技能　　(D)抓住择业机遇
4. 解决劳动合同争议的法律途径是(　　)。
(A)双方协商　　(B)调解　　(C)仲裁　　(D)诉讼
5. 设备合理使用的措施是(　　)。
(A)设备要配套使用,任务要合理安排　　(B)合理地配备操作人员
(C)建立和健全设备使用的责任制　　(D)创造良好的工作环境和条件
6. 奉献社会要做到(　　)。
(A)全心全意为人民服务　　(B)为社会服务
(C)为他人服务　　(D)在任何情况下都牺牲个人利益
7. 安全生产的原则是(　　)。
(A)安全第一的原则
(B)以我为主的原则
(C)坚决贯彻“不作、不准作”防危险操作的原则
(D)严格遵守安全生产规程

8. 文明职工的基本要求是(　　)。

(A)模范遵守国家法律和各项纪律

(B)努力学习科学技术知识,在业务上精益求精

(C)顾客是上帝,对顾客应唯命是从

(D)对态度蛮横的顾客要以其人之道还治其人之身

9. 用人单位未按照法律规定履行告知义务的,劳动者有权拒绝从事存在职业病危害的作业,用人单位不得因此(　　)。

(A)解除与劳动者所订立的劳动合同

(B)与劳动者协商从事其他作业

(C)终止与劳动者所订立的劳动合同

(D)降低劳动者的工资待遇

(E)拒绝发放劳动者个人使用的职业病防护用品

10. 文明生产的具体要求包括(　　)。

(A)语言文雅、行为端正、精神振奋、技术熟练

(B)相互学习、取长补短、互相支持、共同提高

(C)岗位明确、纪律严明、操作严格、现场安全

(D)优质、低耗、高效

11. 办事公道就是要(　　)。

(A)立场公正　　(B)对当时双方以同一准则对待

(C)在当事人中间搞折中　　(D)各打五十板

12. 工作程序标准化包括(　　)。

(A)生产工艺流程化　　(B)作业工序标准化

(C)办事程序标准化　　(D)业务技术标准化

13. 守信就是要(　　)。

(A)信守诺言　　(B)讲信誉　　(C)重信用　　(D)讲哥们义气

14. 礼仪环境标准化包括(　　)。

(A)社交接待标准　　(B)环境标准

(C)典礼仪式标准　　(D)会议标准

四、判 断 题

1. 人们在职业活动中必须遵守该职业所形成的职业道德。(　　)

2. 资本主义职业道德没有阶级性。(　　)

3. 道德是一些领导规定的规则,目的在于束缚不听话的人。(　　)

4. 诚实守信是做人的准则,但不是做事的准则。(　　)

5. 遵守劳动纪律,听从生产指挥,必须一丝不苟、不折不扣,不能报侥幸心理。

6. 职业道德的水准也标志着一个社会的文明程度。(　　)

7. 社会主义社会职业道德是为资本主义制度服务的,没有合理因素。(　　)

8. 国家依法鼓励和保护的企业和个人利益,必须是人们通过合法经营和诚实劳动获得的正当经济利益。(　　)

9. 奉献社会是职业道德中的最高境界。( )

10. 我们常用的拉线与吊线法,可在第一划线位置上把各面的加工线都划好,完成整个工作的划线任务。( )

11. 设备操作规程是操作人员正确掌握操作技能的技术性规范,其中要求操作者在操作设备前对现场清理和设备状态检查。( )

12. 集体主义原则是社会主义职业道德体系的核心,并贯穿于社会主义职业道德发展的全过程。( )

13. 为人民服务只是社会主义道德体系的核心规范,而不是社会主义职业道德的核心规范。( )

14. 登高作业要遵守高空作业的安全规程,在脚手架上工作,禁止试验风动机械。( )

15. 从劳动者的角度讲,所有与劳动者关系的社会关系都是劳动法的调整对象。( )

16. 能否办事公道,主要与品德有关,但也有认识能力的问题。( )

装配钳工(职业道德)答案

一、填 空 题

1.“不应该”怎样　2. 检察院、法院、公安局　3. 集体主义
4. 责任心强　5. 岗位责任　6. 玩忽职守　7. 特殊的行为规范
8. 国家通过有关行政机关　9. 实际操作经验　10. 职业道德
11. 劳动安全卫生条件　12. 职业道德

二、单项选择题

1. B　2. D　3. C　4. B　5. B　6. B　7. C　8. C　9. D
10. B　11. A　12. D　13. D　14. B　15. D　16. C　17. D　18. D

三、多项选择题

1. ABC　2. ABCD　3. ABC　4. ABCD　5. ABCD　6. ABC　7. ABCD
8. AB　9. ACDE　10. ABCD　11. ABC　12. ABC　13. AB　14. ABCD

四、判 断 题

1. √　2. ×　3. ×　4. ×　5. √　6. √　7. ×　8. √　9. √
10. √　11. √　12. √　13. ×　14. √　15. ×　16. √

装配钳工(初级工)习题

一、填 空 题

1. 设备检查按照时间间隔可以分为日常检查和(　　)。

2. 服装、标志标准化包括职工形象设计标准、(　　)等。

3. 整理的重点在于把(　　)的东西清理掉。

4. 文明生产的核心是(　　),也是高度责任心的具体表现,要按照确保产品质量标准化的规定进行生产。

5. 三视图之间存在以下投影规律:主视图与俯视图长对正;主视图与左视图(　　);俯视图与左视图宽相等。

6. 常用的剖视图有全剖视图、半剖视图和(　　)视图三种。

7. 常用的剖面图有移出剖面和(　　)两种。

8. 一张完整的装配图应具有下列四部分内容:一组图形;必要的尺寸;技术要求;(　　)。

9. 刀具常用切削材料有碳素工具钢、高速钢和硬质合金,其中(　　)的耐热性最好。

10. 金属材料的力学性能主要包括金属材料的强度、硬度、塑性、冲击韧性和(　　)。

11. 工件在退火过程中(　　),叫退火温度。

12. 使钢中碳化物球状化而进行的退火工艺,叫(　　)。

13. 淬火的目的是大幅提高钢的强度、硬度、耐磨性、疲劳强度等,从而满足各种机械零件和工具的不同使用要求。也可以通过淬火满足某些特种钢材的的铁磁性、耐蚀性等特殊的物理、化学性能。淬火能使钢强化的根本原因是(　　)。

14. 为了增加钢件表面的含碳量和一定的碳浓度梯度,将钢件在渗碳介质中加热并保温并使碳原子渗入表层的化学热处理工艺,叫(　　)。

15. 传动带张紧力的调整,其基本原理是改变(　　)或用张紧轮来调整拉力大小。

16. 台虎钳的规格是以(　　)来表示的,其规格有 100 mm、125 mm 和 150 mm。

17. 麻花钻由柄部(　　)和工作部分组成。

18. 安全电压是在(　　)前提下,人体能承受的外加电压。

19. 夹具是用于装夹(　　)的工艺装备。

20. 产品质量是产品满足用户(　　)的适用性。

21. 顺向锉法是指推锉方向与锉刀(　　)保持一致的锉削方法。

22. 起锯是指从锯割开始到锯出一段不使锯条滑出的(　　)的一段过程。

23. 金属材料在加工过程中,接受加工的可能性和难易程度称工艺性能,常见的有切削加工性、压力加工性、铸造性、焊接性和(　　)五种。

24. M8-6h 表示粗牙普通外螺纹,大径 8 mm,螺距(　　)mm、6h 中径和顶径公差带代号。

25. 游标卡尺的主要结构由具有固定量爪的尺身及具有活动量尺的(　　)两部分组成。

26. 夹具由定位装置、(　　)夹具体、辅助装置等组成。

27. 手提灯、设备用灯应选用 36 V 以下的电压,此电压为(　　)。

28. 我国安全生产的方针是:安全第一,(　　)。

29. 装配圆柱销时,为保证两销孔中心重合,两销孔应同时进行钻铰,表面粗糙度要求(　　)μm。

30. 砂轮机托架与砂轮机的距离应保持(　　)mm,使用中距离增大要及时调整。

31. 冷却液能将切削时产生的热量迅速带走,降低切削区域的温度,能保持刀具的硬度,(　　)和延长刀具的寿命。

32. 普通锉刀有平锉、半圆锉、方锉、(　　)、圆锉等类型。

33. 零件剖面图包括(　　)和重合剖面两种。

34. 零件重合剖面指画在视图(　　)的剖面。

35. 零件装配图主要是指体现(　　)的视图。

36. (　　)螺纹的螺距等于螺纹的导程。

37. 锉刀编号依次由类别代号、(　　)、规格和锉纹代号组成。

38. 同一锉刀上主纹斜角与辅纹斜角(　　)。

39. 哺乳期妇女不适宜从事(　　)成分的作业。

40. 职业病是指企业、事业单位和个体经济组织(统称用人单位)的劳动者在职业活动中,因接触粉尘、放射性物质和其他(　　)物质等因素而引起的疾病。

41. 液压传动是应用(　　)液体主要是做介质通过液压元件传递运动和动力。

42. 按机床的用途范围和专业化程度分为通用机床、专用机床、(　　)、万能机床。

43. C620-1 型普通车床能完成:车外圆、车端面、钻中心孔、钻孔、扩孔、镗孔、铰孔、切断、车沟槽、攻丝、套丝、滚花、(　　)、车螺纹(公制、英制、模数)等加工内容。

44. 退出铰刀时是不允许(　　)的。

45. 劳动法的核心内容是调整(　　)。

46. 国家实行劳动者每日工作时间不得超过(　　)。

47. 合同法规定当事人依法享有(　　)合同的权利,任何单位和个人不得非法干预。

48. 依法成立的合同,对当事人具有(　　)。

49. 尽量少用、不用(　　)的原料和辅助材料。

50. 一般企业的工业原料费约占成本的(　　)。

51. 现场质量管理主要包括:过程质量控制,质量管理点,质量改进和(　　)活动等。

52. 质量成本包括:预防成本、(　　)、内部故障成本和外部故障成本。

53. 服务是指满足顾客的需要,供方和顾客之间(　　)的活动以及供方内部活动所产生的结果。

54. 钳工工作台上应设置铁丝防护网,在錾凿时要注意对面工作人员的安全,严禁使用(　　)做錾子。

55. 图纸幅面按尺寸大小可分为五种,图纸幅面代号可分别为(　　)。图框右下角必须要有一标题栏,标题栏中的文字方向为识图方向。

56. 机件向基本投影面投影所得的视图称为(　　)。

57. 基本视图一共有六个,他们的名称分别是主视图、俯视图、左视图、右视图、(　　)和后视图。

58. 除基本视图外,还有局部视图、斜视图和(　　)三种视图。

59. 用几个互相平行的剖切平面剖开机件的方法称为(　　)。

60. 金属材料的剖面符号一般应画成与水平线成(　　)角的相互平行、间隔均匀的细实线。

61. 剖视图的标注包括用大写字母标出剖视图的名称“X-X”、(　　)、用箭头表示投影方向并注上同样的字母。

62. 一个完整的尺寸,应包括尺寸线、尺寸界线和(　　)三个基本要素。

63. 尺寸公差带的大小是由(　　)确定的。

64. 表面粗糙度的高度参数 Ra 表示(　　)。

65. 构成零件几何特征的点、(　　)叫作要素。

66. 圆柱齿轮按轮齿的方向可分为直齿、斜齿、(　　)三种。

67. 螺纹要素包括:牙型,公称直径,(　　),头数,螺纹公差带,旋向和旋合长度。

68. 常见的螺纹连接形式有螺栓连接、双头螺柱连接、(　　)。

69. 装配图中的尺寸种类有规格(性能)尺寸、装配尺寸、安装尺寸、外形尺寸、(　　)。

70. 常用的磨料主要有(　　)磨料、碳化物磨料和金刚石磨料三种。

71. 刮削精度主要包括:尺寸(精度),(　　)精度,接触精度及贴合程度和表面粗糙度等。

72. 钻床主运动是(　　)带动刀具作旋转运动。

73. 麻花钻头切削刃上各点的后角不相等,外缘处后角较小,愈近钻心后角(　　),这是为了减少钻头后刀面与工作切削表面之间的摩擦。

74. 精刮时可将研点分为三类,最大最亮的研点全部刮去,中等研点只刮(　　),小研点保留不刮。

75. 麻花钻沿轴线的实心部分称为(　　)。

76. 麻花钻有了钻心可保持钻头的(　　)。

77. 台虎钳的规格以(　　)的宽度来表示。

78. 分度头的规格主要是以顶尖中心线到(　　)的高度来表示的。

79. 锪钻钻头分为:柱形锪钻,(　　)。

80. 手电钻工作电压为(　　)两种。

81. 划线时的找正就是利用工具使用工件上有关的(　　)处于合适的位置。

82. 在直径为 100 mm 圆周上作十二等分,它的等分弦长是(　　)。(已知:$K=0.258\ 8$)

83. 轴承座划线属于立体画线,需要翻转 90°,安放(　　)次位置。

84. 选择铰削余量时,应考虑孔的尺寸精度、(　　)、孔径大小、材料硬度和铰刀的类。

85. 钻模板钻孔的主要优点是:位置精度高、(　　)。

86. 铰削时,铰刀旋转方向应为(　　)方向,退刀时方向不变。

87. 群钻的结构特点是在标准麻花钻上加磨(　　),修磨横刃,磨出单面分屑槽。

88. 钻套在钻夹具中引导钻头的(　　)装置,并能减少钻头在切削力作用下产生的偏斜现象。

89. 平面划线时,通常选取两个基准,立体划线时,通常选取(　　)基准。

90. 群钻的结构特点是在标准麻花钻上加磨月牙槽,修磨横刃,磨出单面(　　)。

91. 套丝时，圆杆直径应小于螺纹公称尺寸，根据经验公式，圆杆直径=(　　)。

92. 板牙切削部分一端磨损后可换(　　)使用。

93. 螺纹要素有牙型、螺距、线数、大径、(　　)和旋合长度这六个因素组成。

94. 钻削用量应包括切削深度、进给量、(　　)。

95. 铆接件的接合有搭接连接、(　　)和角接连接。

96. 有机黏合剂有环氧黏合剂和(　　)黏合剂。

97. 铆钉(　　)不够，埋头孔没有填满，铆钉头太小，会造成废品。

98. 分度头的主要规格是以(　　)的高度(毫米)表示的。

99. 钳工常用钻孔设备有台式钻床、立式钻床、(　　)钻床三大类。

100. 在生产过程中，按照规定的技术条件，将若干个零件装成一个组件或部件，或将若干零件和部件(　　)的过程，称为装配。

101. 对于重要的键连接，装配前应检查键的直线度，键槽对轴心线的(　　)等。

102. 动连接花键的装配，套件在花键轴上可以(　　)没有阻滞现象。

103. 楔键连接装配时用涂色法检查键的上下表面的接触性，若配合不好，可用(　　)修整键槽。

104. 过盈连接在压合前，配合表面必须用(　　)以免装时擦伤表面。

105. 过盈连接的装配方法有：压入装配法、(　　)、冷缩装配法和液压装配法四种。

106. 绕弹簧的钢丝直径在(　　)以下的可用冷绕法。

107. 细刮时，在整个刮削面上，每边长为 25.4 mm 的正方形面积内达到(　　)个研点时，细刮即告结束。

108. 电路着火不能用(　　)灭火器灭火。

109. 为了延长设备的使用寿命，保持精度，除必须按照正确的操作规程合理使用外，还必须做好日常的(　　)。

110. 立体划线一般要在(　　)方向上进行。

111. 借料可以使各个加工表面(　　)合理分配，互补借用。

112. 借料能使(　　)在加工后排除。

113. 粗刮的目的是很快地(　　)或过多的余量，因此可采用连续推铲的方法。

114. 研磨剂是由(　　)调和而成的混合剂。

115. 用于钢、铝的钻孔、铰孔、攻丝、钳工常用的冷却润滑液是(　　)。

116. 用于钢、铜、铝等的钻孔、铰孔、铸铁件钻孔等钳工常用的冷却润滑液是(　　)。

117. 产品装配工艺过程包括准备阶段，装配阶段，调试阶段和(　　)阶段。

118. 钳工常用的两种砂轮的材料有(　　)。

119. 铰精度、光洁度要求较高孔时，最好先用试件试铰后再铰工件并选用适当的(　　)。

120. 手铰时铰刀入孔时要正，转动铰把均匀，退出铰刀时不得(　　)。

121. 怎样才能算是看懂装配图呢？首先应当看懂该(　　)的用途、工作原理、传动路线以及使用上的特点。

122. 消防用水的使用方法，有水枪、水柱、(　　)、水雾以及水蒸气等形式。

123. 灭火过程中(　　)从器内喷出时，带有大量的干冰碎屑(−78 ℃)，能够吸收一定的火区热量，达到降温冷却的目的。

124. 要做好装配工作,必须做好零件的(　　)工作。

125. 常用的过盈连接装配有:压入法,(　　),冷缩法。

126. 对需要经常装拆的圆柱销定位结构,为便于装拆,两个定位销孔之一采用(　　)。

127. 按规定的技术要求,将零件或部件进行配合和连接,使之成为半成品或成为成品的工艺过程叫(　　)。

128. 钳工常用的冷却润滑液有:乳化液,(　　),煤油。

129. 螺纹的五要素:牙型,公称直径,螺距,线数,(　　)。

130. 研磨时要求研具的材料比被研磨工作的材料(　　)。

131. 在调和显示剂时应注意:对于粗刮,可刮稀些,这样可便于在刀痕较多的工作表面上涂抹,(　　);对于精刮,应调稠些,涂抹要薄而均匀,这样显示的研点细小,否则,研点会模糊不清。

132. 快换钻夹头:其主要优点是能在(　　)的情况下迅速更换钻头,既减少了辅助时间又能提高工作效率。

133. 不准用(　　)代替卡钳、卡规等,在被测件上来回推拉。

134. 由于每次刮削只能刮去很薄的一层金属,刮削操作的劳动强度又很大,所以要求工作在机械加工后留下的刮削余量不宜太大,一般为(　　)。

135. 润滑剂的种类很多,大致可分为液态润滑剂和(　　)两种。

136. 螺纹断扣:当(　　)时,应该用板牙再把它套一次,或用细锉在断扣处修光。

137. 为了保证钻头的强度,钻头的钻心部分一般都比较厚,所以钻头磨出(　　)都比较长。

138. 研磨刮削法刮削原始平板会出现(　　)缺陷。

139. 检验圆柱形工件的光滑极限量规是成对使用的,分别称为通规和(　　)。

140. Z512 型台钻由机头、立柱、电动机、底座和(　　)部分组成。

141. 起重机 QD20/5-19.5A5GB/T14405 型号的含意是室内用吊钩式起重机,主钩起重量是 20 t,副钩起重量是 5 t,(　　)是 19.5 m,工作级别是 A5。

142. 锻制而成的刮刀刃磨时,先在砂轮的正面磨去氧化皮,并把刮刀的厚薄基本磨好,然后在砂轮的侧面(　　),最后磨二侧面和端面。

143. 有机黏合剂常以富有黏性的合成树脂或弹性体作为(　　)。

144. 手铰刀刀齿的齿,在圆周上是(　　)分布的。

145. 用标准铰刀铰削 IT9 级精度(H9),表面粗糙度 $Ra2.5\ \mu m$ 的孔,其工艺过程应选择(　　)。

146. 在钢件和铸铁的工件加工同样直径的内螺纹时,钢件的底孔直径比铸铁的底孔直径(　　)。

147. 錾削时要防止碎屑飞出伤人,操作者必须戴上防护(　　)。

148. 在液压传动系统中,用(　　)改变液体流动方向。

149. 不能把百分表放在磁场的物体附近(例如磨床的磁体工作台),以免使百分表(　　)。

150. 双齿纹锉刀适用于锉削(　　)材料。

151. 当麻花钻后角磨得偏大时,横刃斜角减小,(　　)增大。

152. 千分尺由尺架、测量螺杆、测力装置和(　　)所组成。

153. 万能角尺可测量(　　)度的外角。

154. 液压系统一般由动力元件、执行元件和(　　)、辅助元件组成。

155. 油漆是由(　　)溶剂及辅助材料等五大材料组成的。

156. 将涂料(油漆)涂覆于物体表面形成具有(　　)等特定功能涂膜的过程称为涂装,又叫涂料施工。

157. 渗碳:目的是增加工件的表面硬度,(　　)和疲劳强度,并同时保持心部原材料所具有的韧性。

158. 皮碗式密封装置,是用于密封处的圆周速度不超过(　　)m/min 的场合。

159. 皮碗式密封用于防止漏油时,其密封唇应(　　)。

160. 液压油缸两端泄漏或单边泄漏,油缸两端的排气孔径不等以及油缸两端的活塞杆弯曲不一致,都会造成工作台(　　)误差大。

161. 泄漏故障的检查方法主要有超声波检查、涂肥皂水、涂煤油和(　　)等多种方法。

二、单项选择题

1. 三视图中,主视图和左视图应(　　)。

(A)长对正　(B)高平齐　(C)宽相等　(D)宽不等

2. 当零部件的结构较复杂时,视图的虚线也将增多,要清晰地表达机件的内部形状和结构,常采用(　　)的画法。

(A)视图　(B)剖视图　(C)剖面图　(D)局部放大图

3. 装配图主要表达机器内部或部件中各零件的(　　)、工作原理和主要零件的结构特点。

(A)运动路线　(B)装配关系　(C)技术要求　(D)尺寸大小

4. 读零件图时,要分析零件长、宽、高三个方向的(　　)、尺寸的加工要求及其作用。

(A)尺寸界限　(B)尺寸基准　(C)尺寸箭头　(D)尺寸大小

5. 1/50 mm 游标卡尺的两侧量爪合并时,副尺上 50 小格与主尺上(　　)mm 对齐。

(A)69　(B)49　(C)39　(D)29

6. 对于 0～25 mm 的千分尺,测量前应将两测量面接触,看活动套筒上的零线是否与固定套筒上的(　　)对齐。

(A)零线　(B)刻线　(C)标准线　(D)基准线

7. 万能角度尺,仅能测量(　　)的外角和 40°～180°的内角。

(A)0～90°　(B)1°～180°　(C)90°～180°　(D)0～360°

8. 内径百分表用来测量(　　)和孔的形状误差。

(A)孔径　(B)长度　(C)锥度　(D)大小

9. 在零件图中注写极限偏差时,上下偏差小数对齐,小数点后位数相同,零偏差(　　)。

(A)必须标出　(B)不必标出　(C)文字说明　(D)用符号表示

10. 在表面粗糙度的评定参数中,微观不平度十点高度代号是(　　)。

(A)R_g　(B)R_a　(C)R_b　(D)R_z

11. 装配精度完全依赖于零件加工精度的装配方法,即为(　　)。

(A)完全互换法　(B)修配法　(C)选配法　(D)调整法

12. 若需提高钢铁材料的强度,应采用(　　)热处理工艺。

(A)时效处理　(B)淬火　(C)回火　(D)调质

13. 量具在使用过程中,(　　)和工具、刀具放在一起。

(A)能　(B)不能　(C)有时能　(D)有时不能

14. 可微动调解游标卡尺由(　　)和副尺及辅助游标组成。

(A)尺架　(B)主尺　(C)钻座　(D)长管

15. 内径千分尺是通过(　　)把回转运动变为直线运动而进行直线测量的。

(A)精密螺杆　(B)多头螺杆　(C)梯形螺杆　(D)单头螺杆

16. 属位置公差项目的符号是(　　)。

(A)－　(B)○　(C)＝　(D)⊥

17. 为提高低碳钢的切削加工性,通常采用(　　)处理。

(A)完全退火　(B)球化退火　(C)去应力退火　(D)正火

18. 内径百分表装有游丝,游丝的作用是(　　)。

(A)控制测量力　(B)带动长指针转动

(C)带动短指针转动　(D)消除齿轮间隙

19. T10A 钢锯片淬火后应进行(　　)。

(A)高温回火　(B)中温回火　(C)温回火　(D)球化退火

20. 当滚动轴承代号最右两位数字为“01”时,它表示内径为(　　)。

(A)17 mm　(B)15 mm　(C)12 mm　(D)10 mm

21. 预热处理的目的是为了改善加工性能,消除内应力和为最终热处理作组织准备,它包括正火、调质和(　　)。

(A)回火　(B)高频回火　(C)退火　(D)时效

22. 普通高速钢一般可耐(　　)。

(A)300 ℃　(B)600 ℃　(C)1 000 ℃　(D)1 200 ℃

23. 金属在外力作用下发生外形和尺寸改变的现象称变形,当外力消除后,变形随之消失的称(　　)。

(A)弹性变形　(B)塑性变形　(C)热处理变形　(D)外力变形

24. 金属材料在外力作用下产生塑性变形而不被破坏的能力称为(　　)。

(A)强度　(B)塑性　(C)屈服强度　(D)抗拉强度

25. 关于材料的硬度,下列叙述不正确的是(　　)。

(A)洛氏硬度用 HRA,HRB,HRC 表示

(B)布氏硬度用 HBS 和 HBW 表示

(C)维氏硬度用 HV 表示压痕最小

(D)布氏、洛氏、维氏硬度计均采用金刚石压头

26. 以下选项不是橡胶密封材料的优点的是(　　)。

(A)耐高温　(B)耐水性　(C)易于压模成型　(D)高弹性

27. 以下选项不是简单尺寸链的计算方法有(　　)四种。

(A)完全互换法　(B)极值法　(C)选择装配法　(D)调整法

28. 标准公差等级代号是由符号 IT 及(　　)组成。

(A)符号　(B)公差　(C)文字　(D)数字

29. 下列表示形状公差的是(　　)。

(A)直线度　(B)平行度　(C)同轴度　(D)垂直度

30. 表示基孔制配合的有(　　)。

(A)H7/g6　(B)K7/h6　(C)N10/h7　(D)C10/h11

31. 退火是把钢加热到一定温度、保温后(　　)冷却的操作。

(A)前快后慢　(B)前慢后快　(C)缓慢　(D)快速

32. 以下选项符合低碳钢的力学性能特点的是(　　)。

(A)强度较低而塑性较好　(B)强度较低而塑性较差

(C)强度较高而疲劳性能低　(D)强度较低和韧性较差

33. 带传动时带在带轮上的包角应(　　)。

(A)等于 120°　(B)大于 120°　(C)小于 120°　(D)90°～120°

34. 錾子刃磨时,经常浸水冷却,以免錾子(　　)。

(A)退火　(B)回火　(C)正火　(D)淬火

35. 麻花钻顶角愈小,则轴向力愈小,刀尖角增大,有利于(　　)。

(A)切削液的进入　(B)散热和提高钻头的寿命

(C)排屑　(D)无影响

36. 齿轮传动除能保证恒定瞬时传动比,传动准确可靠,传动效率高,还有(　　)优点。

(A)自动保护性好　(B)速度范围大　(C)传递平稳　(D)经济性好

37. 分度头分度的计算公式为 $n=40/Z$,Z 指的是(　　)。

(A)分度头手柄转数　(B)工件的等分数

(C)蜗轮齿数　(D)蜗杆头数

38. 划线在选择尺寸基准时,应使划线时尺寸基准与图样上(　　)基准一致。

(A)测量基准　(B)装配基准　(C)设计基准　(D)工艺基准

39. 普通钢件在台钻上钻孔,钻头的顶角 2ϕ 应磨成(　　)。

(A)116°～118°　(B)125°左右　(C)110°左右　(D)120°左右

40. 台式虎钳上的螺杆传动是以(　　)为主动件,然后带动钳口产生移动的。

(A)螺母　(B)螺杆　(C)手柄　(D)钳架

41. (　　)轴承密封装置可以利用离心力甩去油垢,其齿状沟槽有密封作用,适用于油润滑的高速轴承。

(A)毡圈式　(B)皮碗式　(C)油沟式　(D)挡油圈式

42. 锥形锪钻按其锥角大小可分 60°、75°、90°和 120°等四种。其中(　　)使用最多。

(A)60°　(B)75°　(C)90°　(D.)120°

43. 钻孔时加切削液的主要目的是(　　)。

(A)润滑作用　(B)冷却作用　(C)清洗作用　(D)提高粗糙度

44. 麻花钻横刃修磨后,其长度(　　)。

(A)不变　(B)是原来的 1/2

(C)是原来的 1/3～1/5　(D)是原来的 1/2～1/3

45. 锯割时为了防止锯条跳动和侧滑,需要使锯条俯仰一个角度,即起锯角。起锯角一般以(　　)最为适宜。

(A)15°左右　(B)20°～25°　(C)30°左右　(D)5°～10°

46. 制造精度较高且切削刃形状复杂并用于切削钢材的刀具材料选用(　　)。

(A)碳素工具钢　(B)高速工具钢　(C)硬质合金　(D)立方氮化硼

47. 合金工具钢刀具材料的热处理硬度是(　　)。

(A)(40～45)HRC　(B)(60～65)HRC　(C)(70～80)HRC　(D)(85～90)HRC

48. 硬质合金的耐热温度为(　　)℃。

(A)300～400　(B)500～600　(C)800～1 000　(D)1 100～1 300

49. 游标卡尺按其所测量的精度不同,壳分为 0.1、0.05 和(　　)mm 三种读数。

(A)0.01　(B)0.02　(C)0.03　(D)0.04

50. 一次安装在方箱上的工件,通过方箱翻转,可划出(　　)方向的尺寸线。

(A)一个　(B)三个　(C)四个　(D)二个

51. 硫酸铜涂料用于(　　)工件表面的划线,可使线条清晰。

(A)毛坯件　(B)粗加工件　(C)精加工　(D)任何加工件

52. 经过划线确定加工时的最后尺寸,在加工过程中应通过(　　)来保证尺寸准确。

(A)测量　(B)划线　(C)加工　(D)设备精度

53. 划线时选用未经切削加工过的毛坯面做基准,使用次数只能为(　　)次。

(A)一　(B)二　(C)三　(D)四

54. 为保证圆滑地连接,必须准确求出圆弧的圆心及被连接段的(　　)。

(A)交点　(B)切点　(C)圆点　(D)半径

55. (　　)就是利用划线工具,使工件上有关的表面处于合理的位置。

(A)吊线　(B)找正　(C)借料　(D)支承

56. 一般划线的尺寸精度能达到(　　)。

(A)0.025～0.05 mm　(B)0.25～0.5 mm

(C)0.25 mm 左右　(D)0.5～0.75 mm

57. 錾削时后角一般控制在(　　)为宜。

(A)1°～4°　(B)5°～8°　(C)9°～12°　(D)12°～15°

58. 锉刀应选择(　　)较合适。

(A)T10　(B)T12A　(C)T14　(D)T10A

59. 使用锉刀时不能(　　)。

(A)推锉　(B)单手锉　(C)双手锉　(D)来回锉

60. 锯路有交叉形还有(　　)。

(A)波浪形　(B)八字形　(C)鱼鳞形　(D)螺旋形

61. 刃磨錾子时,楔角的大小应根据工件材料的硬度来选择。一般錾削硬材料时楔角取 60°～70°;錾削中等硬度材料时楔角取 50°～60°;錾削软材料时取(　　)。

(A)20°～30°　(B)30°～50°　(C)50°～60°　(D)60°～70°

62. 锉削速度一般为每分钟(　　)左右。

(A)20～30 次　(B)30～60 次　(C)40～70 次　(D)50～80 次

63. 锯条在制造时,使锯齿按一定的规律左右错开,排列成一定形状,称为(　　)。
(A)锯齿的切削角度　(B)锯路　(C)锯齿的粗细　(D)锯割
64. 扁錾正握,其头部伸出约(　　)mm。
(A)5　(B)10　(C)20　(D)30
65. 黏结剂分为有机黏合剂(　　)。
(A)硅酸盐　(B)环氧树脂黏合剂
(C)无机黏合剂　(D)聚丙烯酸酯黏合剂
66. 使用无机黏合剂必须选择好接头的结构形式,尽量使用(　　)。
(A)对接　(B)搭接　(C)角接　(D)套接
67. 铆接时,铆钉直径的大小与被连接板的(　　)有关。
(A)大小　(B)厚度　(C)硬度　(D)接缝
68. 锡焊时应根据(　　)选用焊剂。
(A)工件大小　(B)烙铁的温度　(C)母材的性质　(D)焊缝的的大小
69. 活动铆接的结合部位(　　)。
(A)固定不动　(B)可以相互转动和移动
(C)可以相互转动但不移动　(D)可以相互移动但不转动
70. 聚丙烯酸脂黏合剂,因固化(　　),不适用于大面积粘接。
(A)速度快　(B)速度慢　(C)速度适中　(D)速度较快
71. 具有铆接压力大、动作快、适应性好无噪声的先进铆接方法是(　　)。
(A)液压铆　(B)风枪铆　(C)手工铆　(D)机械冲铆
72. 铰刀偏摆过大,也是造成粗糙度(　　)要求的原因之一。
(A)达到　(B)达不到　(C)可能达到　(D)可能达不到
73. 标准麻花钻的后角是:在(　　)内后刀面与切削平面之间的夹角。
(A)基面　(B)主截面　(C)柱截面　(D)副后刀面
74. 钻直径 D=30～80 mm 的孔可分两次钻削,一般先用(　　)的钻头钻底孔。
(A)(0.1～0.2)D　(B)(0.2～0.3)D
(C)(0.5～0.7)D　(D)(0.8～0.9)D
75. 在高强度材料上钻孔时,为使润滑膜有足够的强度可在切削液中加(　　)。
(A)机油　(B)水　(C)硫化切削油　(D)煤油
76. 一般情况下钻精度要求不高的孔加切削液的主要目的在于(　　)。
(A)冷却　(B)润滑　(C)便于清屑　(D)减小切削抗力
77. 对于标准麻花钻而言,在主载面内(　　)与基面之间的夹角称为前角。
(A)后刀面　(B)前刀面　(C)副后刀面　(D)切削平面
78. 标准麻花钻头修磨分屑槽时是在(　　)磨出分屑槽。
(A)前刀面　(B)副后刀面　(C)基面　(D)后刀面
79. 标准群钻在标准麻花钻上磨出(　　)。
(A)T 形槽　(B)V 形槽　(C)三角形槽　(D)月牙槽
80. 合理选择切削液,可减小塑性变形和刀具与工件之间的摩擦,使切削力(　　)。
(A)增大　(B)减小　(C)不变　(D)都不是

81. 丝推的构造由(　　)组成。
(A)切削部分和柄部　(B)切削部分和校准部分
(C)工作部分和校准部分　(D)工作部分和柄部
82. 普通螺纹的牙型角为(　　)。
(A)55°　(B)60°　(C)55°或 60°　(D)75°
83. 圆板牙的前角数值沿切削刃变化,(　　)处前角最大。
(A)中径　(B)小径　(C)大径　(D)大径和中径
84. 确定底孔直径的大小,要根据工件的(　　)、螺纹直径的大小来考虑。
(A)大小　(B)螺纹深度　(C)重量　(D)材料性质
85. 套丝时,圆杆直径的计算公式为 $D_{杆}=D-0.13P$,式中 D 指的是(　　)。
(A)螺纹中径　(B)螺纹小径　(C)螺纹大径　(D)螺距
86. 在中碳钢上攻 M10(×)1.5 螺孔,其底孔直径应是(　　)。
(A)10 mm　(B)9 mm　(C)8.5 mm　(D)7 mm
87. 常用螺纹按(　　)可分为三角螺纹,方形螺纹,条形螺纹,半圆螺纹和锯齿螺纹等。
(A)螺纹的用途　(B)螺纹轴向剖面内的形状
(C)螺纹的受力方式　(D)螺纹在横向剖面内的形状
88. 锪孔时,进给量是钻孔的(　　)倍。
(A)1～1.5　(B)2～3　(C)1/2　(D)3～4
89. 平面粗刮刀的楔角一般为(　　)。
(A)90°～92.5°　(B)95°　(C)97.5°左右　(D)85°～90°
90. 刮削中,采用正研往往会使平板产生(　　)。
(A)平面扭曲现象　(B)研点达不到要求
(C)一头高一头低　(D)凹凸不平
91. 研磨平板主要用来研磨(　　)。
(A)外圆柱面　(B)内圆柱面　(C)平面　(D)圆柱孔
92. 主要用于碳素工具钢、合金工具钢、高速钢工件研磨的磨料是(　　)。
(A)氧化物磨料　(B)碳化物磨料
(C)金刚石磨料　(D)氧化铬磨料
93. 在研磨过程中起调和磨料、冷却和润滑作用的是(　　)
(A)液　(B)磨剂　(C)磨料　(D)磨具
94. 一般工厂常采用面品研磨膏,使用时加(　　)稀释。
(A)汽油　(B)机油　(C)煤油　(D)柴油
95. 显示剂的种类有红丹粉和(　　)。
(A)铅油　(B)蓝油　(C)机油　(D)矿物油
96. 刮削是用刮刀在工件表面上刮去一层很薄的金属,以提高工件加工(　　)。
(A)尺寸　(B)强度　(C)耐磨性　(D)精度
97. 砂轮机的搁架与砂轮间的距离,一般应保持在(　　)。
(A)10 mm　(B)5 mm　(C)3 mm　(D)2 mm
98. 分度头的手柄转 40 圈时,装夹在主轴上的工件转(　　)。

(A)1周 (B)4周 (C)10周 (D)40周

99. 砂轮的旋转方向要正确,使磨屑向( )飞离砂轮。

(A)上方 (B)后方 (C)前方 (D)下方

100. 钻床夹具有:固定式、移动式、盖板式、翻转式和( )。

(A)回转式 (B)流动式 (C)摇臂式 (D)立式

101. 立式钻床的主要部件包括主轴变速箱( )主轴和进给手柄。

(A)进给机构 (B)操纵机构 (C)进给变速箱 (D)铜球接合子

102. 钻床钻孔时,车未停稳不准( )

(A)捏停钻夹头 (B)断电 (C)离开太远 (D)做其他工作

103. 立钻( )二级保养,要按需要拆洗电机,更换1号钙基润滑脂。

(A)主轴 (B)进给箱 (C)电动机 (D)主轴和进给箱

104. 钻床开动后,操作中( )钻孔。

(A)不可以 (B)允许 (C)停车后 (D)不停车

105. 制定装配工艺规程的依据是( )。

(A)提高装配效率 (B)进行技术准备

(C)划分装配工序 (D)保证产品装配质量

106. 由一个或一组工人在不更换设备或地点的情况下完成的装配工作叫( )。

(A)装配工序 (B)工步 (C)部件装配 (D)总装配

107. 产品的装配工作包括部件装配和( )。

(A)总装配 (B)固定式装配 (C)移动式装配 (D)装配顺序

108. 分组选配法的装配精度决定于( )。

(A)零件精度 (B)分组数 (C)补偿环精度 (D)调整环的精度

109. 装配精度完全依赖于零件( )的装配方法是完全互换的。

(A)加工精度 (B)制造精度 (C)加工误差 (D)精度

110. 装配前准备工作主要包括零件的清理和清洗、( )和旋转件的平衡试验。

(A)零件的密封性试验 (B)气压法

(C)液压法 (D)静平衡试验

111. 过盈连接的配合面多为( ),也有圆锥面或其他形式的。

(A)圆形 (B)正方形 (C)圆柱面 (D)矩形

112. 静连接花键装配,要有较少的( )。

(A)过盈量 (B)间隙 (C)间隙或过盈量 (D)无要求

113. 松键装配在键长方向、键与( )的间隙是0.1 mm。

(A)轴槽 (B)槽底 (C)轮毂 (D)轴和毂槽

114. 过盈连接的类型有( )和圆锥面过盈连接装配。

(A)螺尾圆锥过盈连接装配 (B)普通圆柱销过盈连接装配

(C)普通圆锥销过盈连接 (D)圆柱面过盈连接装配

115. 当过盈量及配合尺寸较大时,常采用( )装配。

(A)压入法 (B)冷缩法 (C)温差法 (D)爆炸法

116. ( )一般靠过盈固定在孔中,用以定位和连接。

(A)圆柱销　(B)圆锥销　(C)销　(D)销边销

117. 过盈装配的压入配合时，压入过程必须连续压入，速度以(　　)为宜。

(A)0.2 m/s　(B)0.5 m/s　(C)2～4 mm/s　(D)5～10 mm/s

118. 圆锥式摩擦离合器装配要点之一就是在(　　)要有足够的压力，把两锥体压紧。

(A)断开时　(B)结合时　(C)装配时　(D)工作时

119. 链传动中，链的(　　)以 2%L 为宜。

(A)下垂度　(B)挠度　(C)张紧力　(D)拉力

120. 下列选项中，(　　)不是影响齿轮传动精度的因素。

(A)齿形精度　(B)齿轮加工精度

(C)齿轮的精度等级　(D)齿轮带的接触斑点要求

121. 齿轮传动中，为增加(　　)，改善啮合质量，在保留原齿轮副的情况下，采取加载跑合措施。

(A)接触面积　(B)齿侧间隙　(C)工作平稳性　(D)加工精度

122. 联轴器将两轴牢固地连接在一起，在机器运转的过程中，两轴(　　)

(A)可以分开　(B)不能分开　(C)运动自由　(D)无要求

123. 张紧力的调整方法是靠改变两带轮的中心距或用(　　)。

(A)张紧轮张紧　(B)中点产生 1.6 mm 的挠度

(C)张紧结构　(D)小带轮张紧

124. 两带轮相对位置的准确要求是(　　)。

(A)两轮中心平面重合　(B)两轮中心平面平行

(C)两轮中心平面垂直　(D)两轮中心平面倾斜

125. 链传动力的损坏形式有链被拉长、链和链轮磨损、(　　)。

(A)脱链　(B)链断裂

(C)轴颈弯曲　(D)链和链轮配合松动

126. 蜗杆传动机构的安装，应根据具体情况而定，应(　　)。

(A)先装蜗杆　(B)先装蜗轮，后装蜗杆

(C)先装轴承，后装蜗杆　(D)先装蜗杆，后装轴承

127. 整体式向心滑动轴承装配时对轴套的检验除了测定圆度误差及尺寸外，还要检验轴套孔中心线对轴套端面的(　　)。

(A)位置度　(B)垂直度　(C)对称度　(D)倾斜度

128. 部分式轴瓦安装在轴承中无论在圆周方向或轴向都不允许有(　　)。

(A)间隙　(B)位移　(C)定位　(D)接触

129. 滑动轴承的主要特点之一是(　　)。

(A)摩擦小　(B)效率高　(C)工作可靠　(D)装拆方便

130. 滚动轴承型号在(　　)中表示。

(A)前段　(B)中段　(C)后段　(D)前中后三段

131. 相同精度的前后滚动轴承采用定向装配时，其主轴径向跳动量(　　)。

(A)增大　(B)减小

(C)不变　(D)可能增大，也可能减小

132. 当滚动轴承工作环境清洁、低速、要求脂润滑时，应采用(　　)密封。

(A)毡圈式　(B)迷宫式　(C)挡圈　(D)甩圈

133. 轴承的轴向固定方式有两端单向固定方式和(　　)方式两种。

(A)两端双向固定　(B)一端单向固定

(C)一端双向固定　(D)两端均不固定

134. 滑动轴承装配的主要要求之一是(　　)。

(A)减少装配难度　(B)获得所需要的间隙

(C)抗蚀性好　(D)获得一定速比

135. 可以采用浸洗的方法进行清洗的零件有(　　)、有色金属零件。

(A)钢类零件　(B)橡胶密封圈　(C)石棉垫片　(D)塑料零件

136. 密封圈等橡胶零件的清洗剂有(　　)、水。

(A)酒精　(B)柴油　(C)汽油　(D)煤油

137. 清洗剂大体分为有机清洗剂、(　　)两大类。

(A)化学清洗剂　(B)金属清洗剂　(C)无机清洗剂　(D)模具清洗剂

138. 在装配前，必须认真做好对装配零件的清理和(　　)工件。

(A)修理　(B)调整　(C)清洗　(D)去毛倒刺

139. 千分尺使用完毕后应擦干净，同时还要将千分尺的两测量面涂一薄层(　　)。

(A)机械油　(B)防锈油　(C)酒精　(D)黄油

140. 设备试运行，除了空运转试验外，其他试验还有负荷试验、超负荷试验、超速试验、性能试验、寿命试验、(　　)等。

(A)精度试验　(B)型式试验　(C)入厂试验　(D)破坏性试验

141. 铣床试运转时，低速空运转主轴转速为 30 r/min，运转时间为(　　)；变速运转主轴转速为 1 000 r/min，运转时间为 60 min 后，检测轴承温度应不超过 70 ℃。

(A)15 min　(B)30 min　(C)60 min　(D)120 min

142. 为了安全起见，砂轮都标有安全线速度，一般砂轮机使用的砂轮线速度不超过(　　)m/s。

(A)30　(B)35　(C)45　(D)60

143. 根据国家规定，凡在坠落高度基准面(　　)以上有可能坠落的高处进行的作业，均称为高处作业。

(A)1 m　(B)2 m　(C)3 m　(D)4 m

144. 从事一般性高处作业脚上应穿(　　)。

(A)硬底鞋　(B)软底防滑鞋　(C)普通皮鞋　(D)胶靴

145. 摇臂式起重机，起重量一般不超过(　　)。

(A)6 t　(B)5 t　(C)4 t　(D)3 t

146. 车间内常用的起重设备是(　　)。

(A)桥式起重机　(B)龙门起重

(C)门夹式起重机　(D)摇臂式起重机

147. 一般机床导轨的直线度误差为(　　)/1 000 mm。

(A)(0.01～0.02)mm　(B)(0.015～0.02)mm

(C)(0.02～0.03)mm (D)(0.03～0.04)mm

148. 普通机床顶尖的角度为60°,重型机床顶尖角度为(　　)度。

(A)30 (B)45 (C)60 (D)90

149. 在生产过程中,最活跃、最本质的技术是(　　)。

(A)设计技术 (B)工艺技术 (C)科学技术 (D)操作技术

150. 在现代生产过程中,工序之间、车间之间的生产关系是(　　)。

(A)相互配合的整体 (B)不同利益的主体

(C)不同的工作岗位 (D)相互竞争的对手

151. 装配精度完全依赖于零件加工精度的装配方法,即为(　　)。

(A)完全互换法 (B)修配法 (C)选配法 (D)调整装配法

152. 精益生产方式的关键是实行(　　)。

(A)准时化生产 (B)自动化生产 (C)全员参与 (D)现场管理

153. 在划盘形滚子凸轮的工作轮廓线时,是以(　　)为中心作滚子圆的。

(A)基圆 (B)理论轮廓线

(C)滚子圆的外包络线 (D)基圆中心

154. 在大型平板拼接工艺中,应用(　　)进行检测,其精度和效率比传统平板拼接工艺好。

(A)经纬仪 (B)大平尺 (C)水平仪 (D)直尺

155. 研磨面出现表面不光洁时,是(　　)。

(A)研磨剂太厚 (B)研磨时没调头

(C)研磨剂混入杂质 (D)磨料太厚

156. 矫正一般材料通常用(　　)。

(A)软手锤 (B)拍板 (C)钳工手锤 (D)抽条

157. 按矫正时产生矫正力的方法可分为手工矫正、机械矫正和(　　)等。

(A)冷矫正和火焰矫正 (B)冷矫正和高频热点矫正

(C)火焰矫正和高频热点矫正 (D)冷矫正与热矫正

158. 按矫正时被矫正工件的温度分类可分为(　　)两种。

(A)冷矫正,热矫正 (B)冷矫正,手工矫正

(C)热矫正,手工矫正 (D)手工矫正,机械矫正

三、多项选择题

1. 基本视图一共有仰视图、后视图、(　　)6个视图。

(A)主视图 (B)俯视图 (C)前视图

(D)左视图 (E)右视图

2. 除基本视图外还有(　　)3种视图。

(A)局部视图 (B)斜视图 (C)正视图 (D)旋转视图

3. 一张完整的装配图应具有(　　)4部分内容。

(A)一组图形 (B)必要的尺寸 (C)技术要求 (D)热处理要求

(E)零件序号、明细栏和标题栏

4. 互换装配法的特点为(　　)。

(A)装配操作简单,生产效率高　　(B)便于组织流水线作业及自动化装配

(C)便于采用协作方式组织专业化生产　　(D)零件磨损后便于更换

(E)加工精度要求不高

5. 互换配合的零件,为了达到相应的配合精度,有(　　)装配方法。

(A)安全互换装配法　　(B)选择装配法

(C)调整装配法　　(D)修配装配法

6. 装配工作的要点包括(　　)等。

(A)做好零件的清理和清洗工作　　(B)做好润滑工作

(C)相对零件的配合尺寸要准确　　(D)边装配边检查

(E)试运行时的检查和起动过程的监视

7. 橡胶密封材料的优点有(　　)。

(A)耐高温　　(B)耐水性　　(C)易于压模成型　　(D)高弹性

8. 指示量具按用途和结构分为(　　)。

(A)百分表　　(B)千分表　　(C)杠杆千分表

(D)内径百分表　　(E)内径百分表

9. 直角尺是由(　　)两种构成。

(A)长边　　(B)短边　　(C)中边　　(D)小边

10. 金属材料分为(　　)

(A)黑色金属　　(B)红色金属　　(C)有色金属　　(D)钢铁金属

11. 过盈连接的常见形式有(　　)过盈连接。

(A)平面　　(B)曲面　　(C)圆面

(D)圆锥面　　(E)圆柱面

12. 关于粗基准的选用,以下叙述正确的是(　　)。

(A)应选工件上不需加工表面作粗基准

(B)当工件要求所有表面都需加工时,应选加工余量最大的毛坯表面作粗基准

(C)粗基准若选择得当,允许重复使用

(D)粗基准只能使用一次

13. 热处理在机械加工工艺过程中的安排如下:①在机械加工前的热处理工序有退火、正火、人工时效;②在粗加工后、半精加工前的热处理工序有人工时效、调质;③在半精加工后、精加工前的热处理工序有(　　);④在精加工后的热处理工序有发黑、镀铬。

(A)渗碳　　(B)淬火　　(C)氮化　　(D)表面淬火

14. 装配尺寸链中的封闭环,其实质就是(　　)。

(A)组成环　　(B)要保证的装配精度

(C)装配过程中,间接获得的尺寸　　(D)装配过程最后自然形成的尺寸

15. 滚动轴承按滚动体的种类进行划分为(　　)。

(A)球轴承　　(B)单列轴承　　(C)滚子轴承　　(D)双列轴承

16. 千分尺是由(　　)组成。

(A)尺架　　(B)测量螺杆　　(C)测力装置

(D)手柄　　　　(E)锁紧装置

17. 游标卡尺只适用(　　)精度尺寸检测,高度游标卡尺用来测量零件的高度尺寸和进行钳工(　　)。

(A)中等　　(B)低等　　(C)标尺　　(D)划线

18. 表面粗糙度的测量方法有(　　)。

(A)比较法　　(B)光切法　　(C)干涉法

(D)针描法　　(E)接触法

19. 轴承合金(巴氏合金)是由(　　)等组成的合金。

(A)锡　　(B)锑　　(C)铝

(D)锌　　(E)铜

20. 箱体类零件上的表面相互位置精度是指(　　)。

(A)各重要平面对装配基准的平行度和垂直度

(B)各轴孔的轴线对主要平面或端面的垂直度和平行度

(C)各轴孔的轴线之间的平行度、垂直度或位置度

(D)各主要平面的平面度和直线度

21. 带传动的种类有(　　)。

(A)平带　　(B)V带　　(C)圆形带

(D)多楔带　　(E)同步带

22. 带传动的优点有(　　)不需要润滑、缓冲级振、制造容易及过载保护、适应中心距较大的两轴传动等。

(A)工作平稳　　(B)噪声小　　(C)传动比准确　　(D)结构简单

23. 链传动按用途分有(　　)。

(A)传动链　　(B)输送链　　(C)曳引起重链　　(D)防滑链

24. 齿轮的分类,根据齿轮副两传动轴的相对位置不同,可分为(　　)。

(A)平行轴齿轮传动　　(B)相交轴齿轮传动

(C)交错轴齿轮传动　　(D)圆柱齿轮传动

25. 标准螺纹按牙型可分为(　　)。

(A)三角螺纹　　(B)管螺纹　　(C)梯形螺纹

(D)锯齿螺纹　　(E)矩形螺纹

26. 润滑剂的种类有很多,大致可分为(　　)。

(A)液态润滑剂　　(B)固态润滑剂　　(C)粉末润滑剂　　(D)乳化润滑剂

27. 切削液的作用有(　　)。

(A)冷却作用　　(B)润滑作用　　(C)降噪作用

(D)防锈作用　　(E)排屑和洗涤作用

28. 錾削加工中錾子的种类有(　　)。

(A)扁錾(扩錾)　　(B)尖錾(狭錾)　　(C)半圆錾　　(D)油槽錾

29. 划线的常用工具有(　　)、高度尺、宽座直角尺、游标高度卡尺。

(A)划线平板　　(B)划针　　(C)划规

(D)划线盘　　(E)样冲

30. 立体划线一般要在(　　)方向上进行。

(A)长　(B)宽　(C)高　(D)中心线

31. 划线是用来确定零件上其他(　　)位置的依据称为划线基准。

(A)点　(B)线　(C)中心　(D)面

32. 划线借料能使(　　)在加工后排除。

(A)毛坯误差　(B)毛坯精度　(C)毛坯形状　(D)毛坯缺陷

33. 划线蓝油是由适量的(　　)配制而成。

(A)龙胆紫　(B)防锈漆　(C)虫胶漆　(D)酒精

34. 锉刀的种类有(　　)。

(A)钳工锉　(B)机工锉　(C)异形锉

(D)整形锉　(E)平锉

35. 锉削加工中平面锉法有(　　)。

(A)顺向锉法　(B)交叉锉法　(C)推锉法　(D)逆向锉法

36. 錾子的楔角大小是根据被加工材料的硬度选择的。錾硬材料时，楔角一般取(　　)；錾中等硬度材料时取(　　)；錾软材料取(　　)。

(A)60°～70°　(B)50°～60°　(C)30°～50°　(D)20°～40°

37. 锯割时为了防止锯条(　　)，需要使锯条俯仰一个角度，即起锯角。起锯角一般以15°最为适宜。

(A)跳动　(B)断锯条　(C)断齿　(D)侧滑

38. 扁錾用来錾销(　　)，应用最为广泛。

(A)分割曲线形板料　(B)凸缘　(C)毛刺　(D)分割材料

39. 铆接件的接合有(　　)。

(A)搭接连接　(B)坡口连接　(C)对接连接　(D)角连接

40. 铆接时，铆钉(　　)的大小与被连接板的(　　)有关。

(A)直径　(B)长度　(C)硬度　(D)厚度

41. 粘接剂分为(　　)。

(A)有机黏合剂　(B)环氧树脂黏合剂

(C)无机黏合剂　(D)聚丙烯酸酯黏合剂

42. 有机黏合剂有(　　)黏合剂。

(A)磷酸-氧化铜　(B)硅酸盐　(C)环氧树脂　(D)聚丙烯酸酯

43. 铆接是一种不可拆连接，可分为(　　)。

(A)强固铆接　(B)搭扣铆接　(C)密固铆接　(D)紧密铆接

44. 钻削用量应包括(　　)。

(A)切削深度　(B)进给量　(C)切削速度　(D)钻头直径

45. 标准麻花钻结构上的缺点有(　　)。

(A)主切削刃上个点前角变化大　(B)横刃太长

(C)副后角为零度　(D)主切削刃长

46. 按使用方法分铰刀的种类有(　　)。

(A)手用铰刀　(B)圆柱铰刀　(C)可调式铰刀　(D)机用铰刀

47. 锥形锪钻的锥角有(　　)。
(A)45°　　(B)60°　　(C)75°
(D)90°　　(E)120°
48. 麻花钻的切削角度有(　　)。
(A)顶角　　(B)横刃斜角　　(C)后角
(D)螺旋角　　(E)前角
49. 麻花钻是由(　　)组成。
(A)工作部分　　(B)柄部　　(C)颈部　　(D)头部
50. 螺纹的要素包括(　　)、螺纹公差带与旋向和旋合长度。
(A)牙型　　(B)公称直径　　(C)螺距或导程　　(D)头数
51. 圆形螺纹的主要用途为(　　)等。
(A)水管连接　　(B)螺杆　　(C)螺纹灯泡　　(D)螺母
52. 螺纹按牙型可分为(　　)螺纹。
(A)三角形　　(B)梯形　　(C)矩形
(D)锯齿形　　(E)圆弧
53. 丝锥的几何参数主要有(　　)。
(A)切削锥角　　(B)前角　　(C)后角
(D)切削刃方向　　(E)倒锥量
54. 常用的磨料有(　　)。
(A)氧化物磨料　　(B)碳化物磨料　　(C)金刚石磨料　　(D)球墨铸铁
55. 研磨为精加工,能得到(　　)。
(A)精确的尺寸　　(B)准确的几何形状
(C)精确的形位精度　　(D)极细的表面粗糙度
56. 刮刀分为(　　)。
(A)硬刮刀　　(B)软刮刀　　(C)平面刮刀
(D)直线刮刀　　(E)曲面刮刀
57. 曲面刮刀有(　　)刮刀。
(A)三角　　(B)圆头　　(C)蛇头　　(D)方头
58. 常用钻床的种类有(　　)。
(A)台式钻床　　(B)立式钻床　　(C)摇臂钻床　　(D)电钻
59. 钻模夹具上的钻套一般有(　　)钻套。
(A)固定　　(B)可换　　(C)快换
(D)特殊　　(E)浮动
60. 砂轮机(　　)与砂轮机的距离应保持(　　),使用中距离增大要及时调整。
(A)托架　　(B)距离　　(C)护罩
(D)1.5～3 mm　　(E)3～5 mm
61. 台虎钳加紧工件时不允许用手锤敲击手柄,也不允许随意套上长管扳紧手柄,以免损坏(　　)。
(A)手柄　　(B)丝杠　　(C)螺母　　(D)钳身

62. 台虎钳常用的规格有(　　)、200 mm、250 mm、300 mm、350 mm。

(A)100 mm　　(B)125 mm　　(C)150 mm　　(D)175 mm

63. 根据动力原理剪板机分为(　　)。

(A)机械剪板机　　(B)普通剪板机　　(C)液力剪板机　　(D)闸式剪板机

64. 快换夹头的结构是由(　　)、下卡簧、钻头连接杆组成。

(A)锥柄　　(B)上卡簧　　(C)锁套　　(D)钢球

65. Z512 型台钻由(　　)部分组成。

(A)机头　　(B)立柱　　(C)电动机

(D)夹紧工具　　(E)底座

66. 装配比较复杂产品的装配工作可分为(　　)过程。

(A)组件装配　　(B)分部装配　　(C)部件装配　　(D)总装配

67. 产品装配工艺过程包括(　　)。

(A)准备阶段　　(B)装配阶段　　(C)调试阶段

(D)试验阶段　　(E)检验阶段

68. 装配作业的组织形式一般分为(　　)两种形式。

(A)流水线装配　　(B)固定式装配　　(C)自动装配　　(D)移动式装配

69. 装配的主要工作包括(　　)、组装、调整。

(A)零件的清洗　　(B)整形　　(C)补充加工　　(D)零件的预装

70. 螺纹链接是一种可拆卸的固定连接,分为(　　)连接。

(A)普通螺纹　　(B)梯形螺纹　　(C)紧配螺纹　　(D)三角螺纹

71. 热胀法过盈连接装配通常通过包容件加热温度进行控制,加热温度的计算与(　　)、包容件膨胀系数、包容件直径有关。

(A)理论过盈量　　(B)实际过盈量　　(C)环境温度　　(D)热配合间隙

72. 过盈连接的装配方法有(　　)。

(A)压入装配法　　(B)热胀装配法　　(C)冷缩装配法

(D)敲击装配法　　(E)液压装配法

73. 销连接在机械中,除起连接作用外,还可起(　　)作用。

(A)定位　　(B)保险　　(C)锁紧　　(D)止动

74. V 带传动机构的装配要求有(　　)。

(A)带轮的正确安装　　(B)两轮的中间平面应重合

(C)带轮工作表面的表面粗糙度要适当　　(D)带在带轮的包角不能太小

(E)带的张紧力要适当

75. V 带传动机构常用张紧方法有(　　)。

(A)调整中心距　　(B)更换传动带　　(C)使用张紧轮　　(D)更换带轮

76. 链传动机构的装配要求有(　　)。

(A)链轮的两轴线必须平衡　　(B)两链轮的轴向偏移量必须在要求范围内

(C)链轮的跳动量应符合要求　　(D)链条的下垂度要适当

77. 齿轮传动的特点有(　　)。

(A)传动运动的准确性　　(B)传动平稳性

(C)齿面承载的均匀性　(D)齿轮副侧隙的合理性

78. 齿轮传动机构的安装要求是:有准确的(　　)。

(A)安装余量　(B)中心距　(C)齿轮间隙

(D)过盈量　(E)偏斜度

79. 在中心距正确的条件下,蜗杆和蜗轮的修理和装配要保证(　　)、两者的啮合间隙、两者的接触区。

(A)蜗杆中心线与安装平面的平行度　(B)蜗轮中心线与安装平面的垂直度

(C)蜗杆与蜗轮两中心线的垂直度　(D)蜗杆中心线在蜗轮中间平面内

80. 滑动轴承按结构形式可分为(　　)。

(A)整体式滑动轴承　(B)剖分式滑动轴承

(C)锥形表面滑动轴承　(D)多瓦式自动调位轴承

81. 润滑剂的种类有(　　)。

(A)润滑油　(B)润滑脂　(C)固体润滑剂　(D)润滑液

82. 滑动轴承的摩擦状态有(　　)。

(A)边界摩擦　(B)液体摩擦　(C)混合摩擦　(D)干摩擦

83. 轴承的装配方法有(　　)。

(A)用铁锤直接敲打　(B)螺旋压力机装配法

(C)液压机装配法　(D)热装法

84. 滚动轴承的密封型式有(　　)。

(A)接触式密封　(B)非接触式密封　(C)迷宫式密封　(D)组合式密封

85. 清洗剂大体分为(　　)两大类。

(A)有机清洗剂　(B)金属清洗剂　(C)无机清洗剂　(D)模具清洗剂

86. 密封圈等橡胶零件的清洗剂有(　　)。

(A)酒精　(B)水　(C)汽油　(D)煤油

87. 可以采用浸洗的方法进行清洗的零件有(　　)。

(A)钢类零件　(B)橡胶密封圈　(C)石棉垫片　(D)塑料零件

(E)有色金属零件

88. 设备试运行,除了空运转试验外,其他试验还有(　　)、性能试验、寿命试验、破坏性试验等。

(A)精度试验　(B)负荷试验　(C)超负荷试验

(D)超速试验　(E)型式试验

89. 铣床试运转时,低速空运转主轴转速为(　　),运转时间为 30 min;变速运转主轴转速为(　　),运转时间为 60 min 后,检测轴承温度应不超过 70 ℃。

(A)30 r/min　(B)60 r/min　(C)1 000 r/min　(D)1 500 r/min

90. 试车是检验机构或机器转动的(　　)、转速、功率等性能是否符合要求。

(A)灵活性　(B)振动　(C)温升　(D)噪声

91. 安全检查包括下列(　　)检查方法。

(A)企业自检　(B)企业与企业间检查　(C)地区与地区间检查

(D)班组自检　(E)车间自检

92. 检查、寻找生产现场不安全的物质状态，即检查企业的下列(　　)内容是否符合安全和工业卫生标准的要求。

(A)劳动条件　　(B)生产设备　　(C)安全卫生设施　　(D)办公用品

93. 货物起吊前，有下列(　　)规定 。

(A)选好通道　　(B)选好卸货地点

(C)精确估计货物重量　　(D)技术人员准备

94. 铣床主轴的跳动量通常控制在(　　)范围内，同时应保证主轴在 1 500 r/min 的转速下运转 30 min 轴承温度不能超过(　　)。

(A)0.1～0.3 mm　　(B)0.01～0.03 mm

(C)70 ℃　　(D)60 ℃

95. 使用警告牌，下列(　　)是正确的方法。

(A)字迹应清晰　　(B)挂在明显位置　　(C)必须是金属做的

(D)不相互代用　　(E)工作完毕后必须收回

四、判 断 题

1. 当游标卡尺两爪贴合时，尺身和游标的零线要对齐。(　　)
2. 千分尺活动套管转一周，测量螺杆就移动 1 mm。(　　)
3. 塞尺也是一种界限量规。(　　)
4. 台虎钳夹持工件时，可套上长管子扳紧手柄，以增加夹紧力。(　　)
5. 在台虎钳上强力作业时，应尽量使作用力朝向固定钳身。(　　)
6. 车刀的切削部分要素由刀尖、主切削刃、副切削刃和前、后面组成。(　　)
7. 过切削刃选定点而和该点假定主运动方向垂直的面为基面。(　　)
8. 过切削刃选定点与切削刃相切并垂直于基面的平面称为正交平面。(　　)
9. 主切削刃 P_s 与假定工作平面 P_f 之间的夹角称为副偏角。(　　)
10. 主、副切削平面之间的夹角称为刀尖角。(　　)
11. 进行切削时最主要的、消耗动力最多的运动称为主运动。(　　)
12. 刀具在进给运动方向上相对工件的位移量称为背吃刀量。(　　)
13. 尺寸是以特定单位标示线性长度的数值。(　　)
14. 极限尺寸是指允许尺寸变化的两个数值。(　　)
15. 尺寸公差是指上极限尺寸和下极限尺寸的和。(　　)
16. 基准轴是在基轴制配合中选作基准的轴，用“h”表示。(　　)
17. 基准孔是在基孔制配合中选作基准的孔，用“H”表示。(　　)
18. 间隙配合中最小间隙是指孔的下极限尺寸与轴的上极限尺寸之和。(　　)
19. 过度配合是指可能具有间隙或过盈的配合。(　　)
20. 过盈配合是指具有过盈(包括最小过盈等于零)的配合。(　　)
21. 复杂零件的划线就是立体划线。(　　)
22. 当毛坯有误差时，都可以通过划线的借料予以补救。(　　)
23. 平面划线只需选择一个划线的基准，立体划线则要选择两个划线的基准。(　　)
24. 划线平板平面是划线时的基准平面。(　　)

25. 划线前在工件划线的部位应涂上较厚的涂料,才能使划线清晰。(　　)

26. 零件都必须经过划线后才能加工。(　　)

27. 划线应从基准开始。(　　)

28. 利用分度头划线,当手柄转数不是整数时,可利用分度叉一起进行分度。(　　)

29. 锯条长度是以其两端安装孔的中心距来表示的。(　　)

30. 锯条反装后,由于楔角发生变化,锯削不能正常进行。(　　)

31. 起锯时,起锯角越小越好。(　　)

32. 锯条粗细应根据工件材料性质及锯削面宽窄来选择。(　　)

33. 锯条有了锯路,使工件上锯缝宽度大于锯条背部厚度。(　　)

34. 固定式锯弓可安装几种不同长度的规格的锯条。(　　)

35. 錾削时,錾子前刀面与基面之间的夹角是楔角。(　　)

36. 錾子切削部分只要制成楔形,就能进行錾削。(　　)

37. 錾子后角的大小是錾削时錾子被掌握的位置所决定的。(　　)

38. 錾子在砂轮上刃磨时,必须低于砂轮中心。(　　)

39. 錾子热处理是应尽量提高其硬度。(　　)

40. 錾子热处理就是指錾子的淬火。(　　)

41. 当中心距离尽头 10 mm 左右时,应掉头錾去余下的部分。(　　)

42. 砂轮两面要装有法兰盘,其直径不得少于砂轮直径的 1/3,砂轮与法兰盘之间应垫好衬垫。(　　)

43. 锉削过程中,两手对锉刀压力的大小应保持不变。(　　)

44. 锉刀的硬度应在 62～67HRC。(　　)

45. 顺向锉法可使锉削表面得到正直的锉,比较整齐美观。(　　)

46. 锉刀的编号依次由类别代号、形式代号、规格和锉纹号组成。(　　)

47. 刮削平板时,必须采用一个方向进行刮削,否则会造成刀迹紊乱,降低刮削的表面质量。(　　)

48. 刮削后的表面,不得有任何微浅的凹坑,以免影响工件的表面质量。(　　)

49. 刮削内曲面时,刮刀的切削运动是螺旋运动。(　　)

50. 轴瓦刮好后,接触点的合理分布应该是中间部分研点应比两端多。(　　)

51. 原始平板刮削时,采用对角研刮削的目的是消除平面的扭曲现象。(　　)

52. 刮削前的余量是根据工件刮削面积的大小而定,面积大应大些,反之就小些。(　　)

53. 原始平板采用正研的方法进行刮削,到最后只要任选两块合研都无凹凸现象,则原始平板的刮削已达到要求。(　　)

54. 刮削加工能达到较细的表面粗糙度,主要是利用刮刀负前角的推挤和压光作用。(　　)

55. 研具的材料应当比工件材料稍硬,否则其几何精度不易保持,从而影响研磨精度。(　　)

56. 研磨时,为减小工件表面粗糙度值,可加大研磨压力。(　　)

57. 直线研磨运动的轨迹不但能获得较高的几何精度,同时也能得到较细的表面粗糙度。(　　)

58. 研磨为精加工，能得到精确的尺寸、几何精度和极小的表面粗糙度值。（　）
59. 研磨是主要靠化学作用除去零件表面层金属的一种加工方法。（　）
60. 研磨外圆柱面时，研磨套往复运动轨迹要正确，形成网纹交叉线应为 45°。（　）
61. 钻头主切削刃上的后角，外缘处最大，越近中心则越小。（　）
62. 钻孔时加切削液的主要目的是提高孔的表面质量。（　）
63. 钻孔属于粗加工。（　）
64. 钻头的顶角，钻硬材料应比钻软材料选得大些。（　）
65. 钻头直径越小，螺旋角越大。（　）
66. 标准麻花钻的横刃斜角为 55°。（　）
67. 钻床的一级保养，以操作者为主，维修人员配合。（　）
68. 当孔要钻穿时，必须减小进给量。（　）
69. 钻削速度是指每分钟钻头的转数。（　）
70. 钻头前角大小与螺旋角有关(横刃处除外)，螺旋角越大，前角越大。（　）
71. 切削液主要起冷却、润滑、排屑、洗涤和防锈作用。（　）
72. 常用的切削液有以冷却为主的水溶性切削液和以润滑为主的油溶性切削液。（　）
73. 柱形锪钻外圆上的切削刃为主切削刃，起主要切削作用。（　）
74. 柱形锪钻的螺旋角就是它的前角。（　）
75. 机动铰孔结束后，应先停机再退刀。（　）
76. 铰刀的齿距在圆周上都是不均匀分布的。（　）
77. 螺旋形手铰刀适宜于铰削带有键槽的圆柱孔。（　）
78. 铰孔时，铰削余量越小，铰孔后的表面越光洁。（　）
79. 螺纹的基准线是螺旋线。（　）
80. 多线螺纹的螺距就是螺纹的导程。（　）
81. 螺纹精度由螺纹公差带和旋合长度组成。（　）
82. 螺纹旋合长度分为短旋合长度和长旋合长度两种。（　）
83. 逆时针旋转时旋入的螺纹称为右螺纹。（　）
84. 米制普通螺纹牙型角为 60°。（　）
85. M16×1 含义是细牙普通螺纹，大径为 16 mm，螺距为 1 mm。（　）
86. 机动攻制螺纹时，丝锥的校准部分不能全部出头，否则退出时会造成螺纹烂牙。（　）
87. 板牙只在单面制成切削部分，故板牙只能单独使用。（　）
88. 攻螺纹前的底孔直径必须大于螺纹标准中规定的螺纹小径。（　）
89. 套螺纹时，工件外圆应倒角至 15°～20°。（　）
90. 去除金属零件表面的污物称为清洗。（　）
91. 水基金属清洗剂，以表面活性剂为主要成分，水为溶剂，金属表面为清洗对象。（　）
92. 清洗工艺的要求就是可靠性。（　）
93. 清洗工艺分为湿式清洗和干式清洗两种。（　）
94. 材料腐蚀是材料表面和环境介质发生化学反应，而引起的材料退化和破坏。（　）

95. 金属表面涂层保护的方法只有电镀。(　　)

96. 扳手通常由碳素结构钢或合金结构钢制成。(　　)

97. 螺钉旋具可以当錾子使用。(　　)

98. 螺纹连接是一种可装拆的固定连接。它具有结构简单、连接可靠、装拆方便迅速等优点。(　　)

99. 螺纹连接可分为普通连接和特殊连接两大类。(　　)

100. 三角形螺纹牙型角大,自锁性能好,而且牙根厚、强度高,故多用于连接。(　　)

101. 国家标准中,把牙型角 $\alpha=55^\circ$ 的三角形米制螺纹称为普通螺纹。(　　)

102. 圆柱管螺纹,牙型角 $\alpha=55^\circ$。(　　)

103. 螺纹的防松装置,按工作原理的不同,分为利用附加摩擦力、用机械方法和其他方法防松三大类。(　　)

104. 螺纹连接损坏的形式一般有:螺纹有部分或全部滑牙;螺钉头损坏;螺杆断裂。(　　)

105. 平键分普通平键和导向平键两种。(　　)

106. 普通平键连接对中性良好,装拆方便,适用于低速、高精度和承受变载、冲击的场合。(　　)

107. 键磨损或损坏时,一般是更换新的轴。(　　)

108. 销主要有圆柱销和圆锥销两种。(　　)

109. 用于确定零件之间相互位置的销,通常称为定位销。(　　)

110. 圆锥销具有 1∶50 的锥度。(　　)

111. 销的尺寸通常以过载 10%～20%时即折断为依据确定。(　　)

112. 带传动按带的剖面形状可分为平带、V 带、圆形带、多楔带和同步带五种。(　　)

113. 普通 V 带分 Y、Z、A、B、C 五种型号。(　　)

114. 对于 V 带传动,小带轮的包角一般要求:$\alpha\leqslant120^\circ$。(　　)

115. V 带传动机构的张紧装置常用的有调整中心距和使用张紧轮。(　　)

116. 带传动机构常见损坏形式有轴颈弯曲、带轮孔与轴配合松动、带轮槽磨损,带拉长或断裂、断裂崩裂等。(　　)

117. 链传动机构的种类按用途不同,可分为传动链、输送链、曳引起重链。(　　)

118. 链传动机构的传动效率高,一般可达 0.95～0.98。(　　)

119. 链传动机构常见的损坏现象有链被拉长、链和链轮磨损、链节断裂等。(　　)

120. 平行轴齿轮传动属于空间传动。(　　)

121. 相交轴齿轮传动和交错轴齿轮传动属平面传动。(　　)

122. 齿轮传动的特点就是传递运动的准确性。(　　)

123. 测量齿轮副侧隙的方法有:用压熔丝法和指示表检验。(　　)

124. 滚动体是圆柱滚子的轴承是滚针轴承。(　　)

125. 轴承的基本代号由类型代号、宽(高)度系列代号、直径代号和轴承内径代号构成。(　　)

126. 轴承代号的第一位数字代表轴承的直径系列。(　　)

127. 在有冲击、振动载荷时,应选用滚子轴承。(　　)

128. 滑动轴承中与轴颈相配的元件叫作轴瓦。( )

129. 润滑的目的是降低摩擦阻力和能源消耗,减少表面磨损,延长使用寿命,保证设备正常运转。( )

130. 液压传动是以液体或气体作为工作介质,传递动力和运动的一种传动方式。( )

131. 液压传动是借助于处在密封容器内的液体的压力来传递动力和能量。( )

132. 液压传动系统中常用的管接头主要有焊接式、卡套式、扩口式和软管接头等。( )

133. 焊接式、卡套式管接头多用于薄壁钢管、铜管、尼龙管的连接。( )

134. 装配或修理工作不包括最后对机器进行的试运行。( )

135. 认真做好试运行前的准备工作,可避免出现重大的故障和事故。( )

136. 机器启动前,应将暂时不需要产生动作的机构置于"停止"位置。( )

137. 互换装配法具有很多优点,所以适用于组成件数多、精度要求高的场合。( )

138. 选配法是将零件的制造公差适当放宽,然后取其中尺寸相当的零件进行装配,以达到配合的要求。( )

139. 对于过盈连接的零件装配不需要加润滑油之类的润滑剂。( )

140. 装配工作,包括装配前的准备、部装、总装、调整、检验和试运行。( )

141. 把零件和部件装配成最终产品的过程称为部装。( )

142. 采用分组装配法装配时,只要增加分组数便可提高装配精度。( )

143. 修配装配法对零件的加工精度要求较高。( )

144. 行车工作前,必须检查行车全部润滑情况,离合器及钢丝绳卡子等。( )

145. 起吊时物件尚在地面上,可以行车。( )

146. 吊物体时,如果没有钢丝绳,可用三角带之类代替。( )

147. 设备检测只需要进行精度检测。( )

148. 精度检测内容包括基础零件精度检测和机床部件间相互位置精度的检测。( )

149. 机械装置润滑的目的是降低摩擦力和能源消耗,减小表面磨损,延长使用寿命,保证正常运行。( )

150. 能起阻止泄漏作用的零件称为密封件。( )

151. 对密封件的基本要求是严密可靠、结构紧凑、简单易造、维修方便、寿命较长。( )

152. 机器、零件涂装的意义是提高防腐蚀性能,便于清洗保养工作,装饰外观等。( )

153. 机器启动前,有些进给运动机构的部件,暂时不需要产生运动,通常应使其处于"进给"位置。( )

154. 因有试运行前的准备工作,所以机器一经启动,就不需要观察和监视其工作状况了。( )

155. 机械与机器统称机械设备。( )

156. 机械安装过程中要做好必要的清洗、检查、组装和调整工作。( )

157. 机械设备安装过程中不需要保证设备的功能和加工精度,这些在设备出厂之前已经做到了。( )

158. 机械设备安装人员不需要有专业知识和施工经验,只需按照装配工艺进行安装即可。( )

159. 整体安装法适用于大型机械设备的安装。(　　)
160. 检验车床的工作精度应采用精车工序。(　　)

五、简 答 题

1. 投影面垂直线的投影特征是什么?
2. 立体划线中的第一划线位置如何选择?
3. 标准螺纹按牙型分可分为哪几种?
4. 简述钳工工作场地的组织。
5. 钻精孔时,钻头切削部分的几何角度需做怎样的改进?
6. 为什么不能用一般的方法钻斜孔? 钻斜孔可采用哪些方法?
7. 形成液体动压润滑,必须具备哪些条件?
8. 什么叫划线基准?
9. 什么叫锯路? 有何作用?
10. 常用錾子有哪几种? 简述各自应有场合。
11. 锉刀有那几种类型?
12. 如何选择铰削余量?
13. 攻螺纹底孔直径为什么要大于螺纹小径?
14. 什么是触电? 触电的主要原因是什么?
15. 何谓保护接地和保护接零? 分别在什么情况下采用?
16. 试述轴类零件热校正的方法。
17. 钻孔时选择切削用量的基本原则是什么?
18. 千斤顶常见的类型有哪些? 各有什么特点?
19. 什么是企业管理? 企业管理有哪些作用?
20. 什么是产品质量? 产品质量、工序质量和工作质量有什么关系?
21. 简述下列螺纹代号含义:
(1)Tr40×14(P7)LH
(2)M24×1.5
22. 钻削的特点是什么?
23. 在研磨加工中,研具材料应比被加工工件的材料软还是硬?
24. 使用砂轮机时应注意哪些事项?
25. 标准麻花钻结构上存在哪些缺点?
26. 铰孔余量选择不当,将会造成哪些不良后果?
27. 铸件中形成砂眼的主要原因有哪些?
28. 型砂性能对铸件产量和质量有何影响?
29. 锻件第一热处理的目的是什么?
30. 节约锻造材料有哪些途径?
31. 怎样正确使用和维护台虎钳?
32. 使用手钻要注意哪些安全事项?

33. 装配螺旋传动机构的主要事项有哪些?
34. 钻套有哪几种?各有什么用途?
35. 扩孔时切削用量与钻孔时有何区别?
36. 销连接有哪些作用?
37. 为什么钻孔时要用冷却润滑液?它有什么作用?
38. 简述锉刀的主要工作面及作用。
39. 攻丝时为什么螺纹底孔直径不能与螺纹内径一致?
40. 简述显示剂的种类及应用。
41. 怎样研磨平面?
42. 锡焊常见缺陷有哪些?
43. 设备的维护保养包括哪些?
44. 蜗杆传动的特点是什么?
45. 互相配合的零件,为了达到相应的配合精度,有哪些装配方法?
46. 机床设备基础有哪些要求?
47. 简述干粉灭火剂的作用。
48. 螺纹连接的损坏形式及修理方法有哪些?
49. 划线常用涂料及代用品有哪些?在用途上有什么区别?
50. 铰孔粗糙度达不到要求常见原因有哪些?
51. 攻丝的方法有几种?
52. 手工攻丝,怎样保证螺孔与端面垂直?
53. 弹簧的特性是什么?它有哪些主要用途?
54. 使用气(风)砂轮要注意哪些安全事项?
55. 什么叫装配?产品装配工艺过程有那几个部分组成?
56. 双头螺栓在装配时应注意哪些要点?
57. 说明空车安全阀试验台的结构,及试验前应注意什么?
58. 液压传动有哪些优点?
59. 千分尺的刻线原理是什么?
60. 钻削各类结构钢、不锈钢、耐热钢时各使用什么冷却润滑液?
61. 钻削时产生积屑瘤的因素有哪些?控制积屑瘤的主要措施有哪些?
62. 钻孔时,为防止出现“引偏”,在工艺上常用哪些措施?
63. 钻削精孔时,应注意什么问题?
64. 搞好全面质量管理的基础工作最直接与最重要的工作有哪些?
65. 铰孔时出现孔径扩大的原因是什么?
66. 试分析套丝时螺纹乱牙(损坏)的原因。
67. 柴油机活塞严重磨损会产生什么后果?
68. 试述北京型内燃机车柴油机调速动作实验的主要要求。
69. 油漆的主要作用是什么?
70. 如何正确持握漆刷?

六、综 合 题

1. 在直径为 80 mm 的圆周上作 10 等分，用计算方法求弦长(等分圆周弦长系数 $K=0.6180$)。

2. 解释螺纹标记 M24×1.5－3h6b－S 的含义；并确定其各直径尺寸。用三针测量外螺纹的 M 值。

3. 何谓独立原则、最大实体原则、包容原则？图 1 中所示形位公差①～⑤各项要求中，各遵循什么原则？各遵守什么边界？并说明形位公差框格的含义。

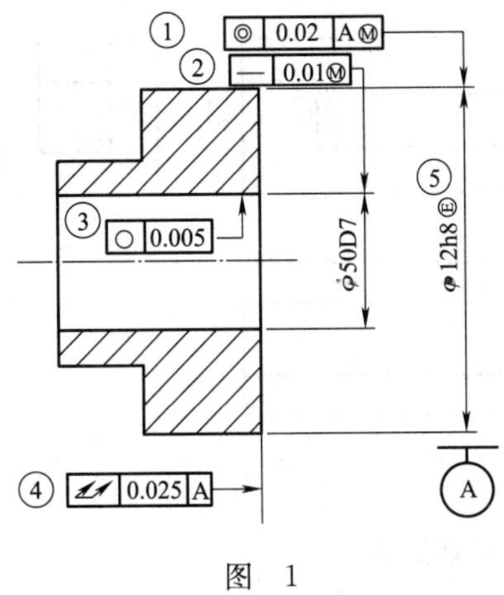

图 1

4. 为什么要严格遵守安全操作规程？

5. 电气设备为什么要有额定值？一个 220 V、1 000 W 的电阻炉，若实际工作电压超过 220 V，会发生什么情况？若低于 220 V 又会发生什么情况？

6. 何谓带传动？V 带传动的特点是什么？

7. 根据轴测图(图 2)，画出 1∶1 的三视图(不注尺寸)。

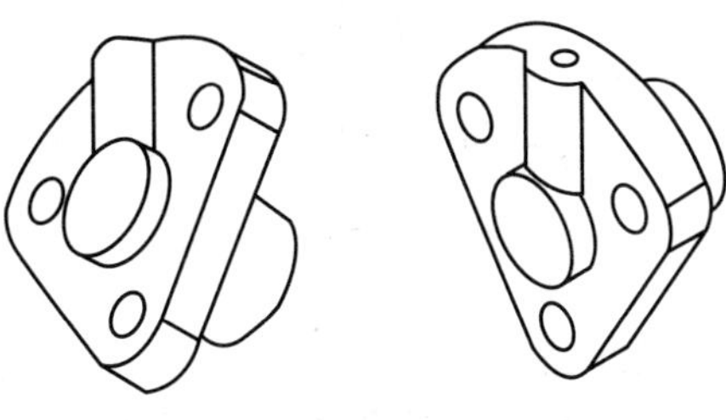

图 2

8. 在某钻床上钻 $\phi10$ mm 的孔，转速 500 r/min，求切削速度。

9. 图 3 所示，用游标卡尺测两孔分别为 $\phi10.04$ mm 和 $\phi10.02$ mm，测孔内侧尺寸为 40.06 mm。求两孔中心距。

10. 一对直齿圆柱齿轮啮合传动，已知 $z_1=24$，$z_2=36$，$n_1=800$ r/min。求 n_2。

11. 用分度头在一工件端面划 30 等分线，求每划好一条线后手柄应摇过几转。(已知分度盘孔数为：40、47、49、51、53、54、57、58、59、62、66)

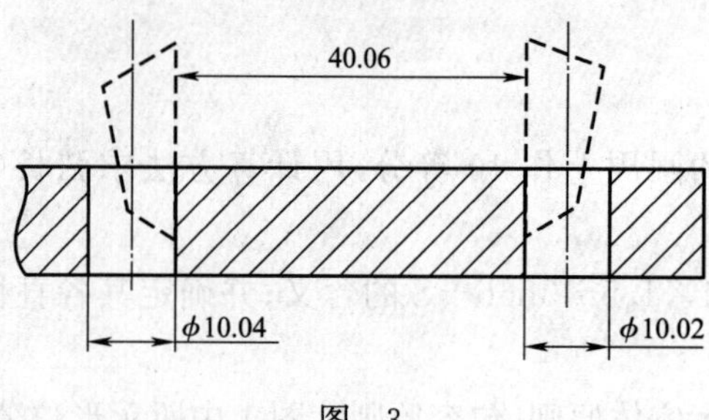

图 3

12. 根据视图(图 4)补缺线。

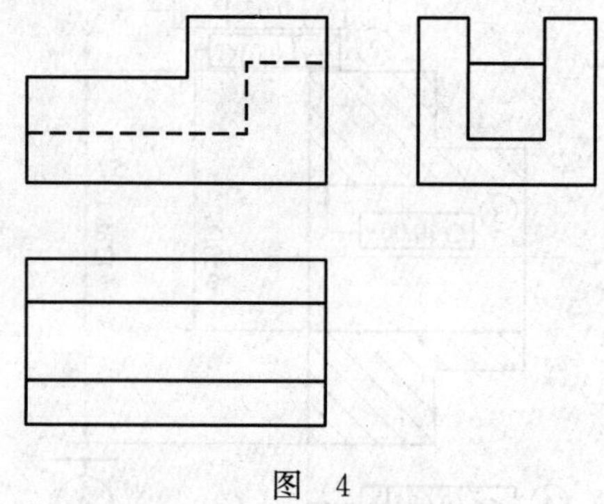

图 4

13. 根据已知视图(图 5),补划缺线。

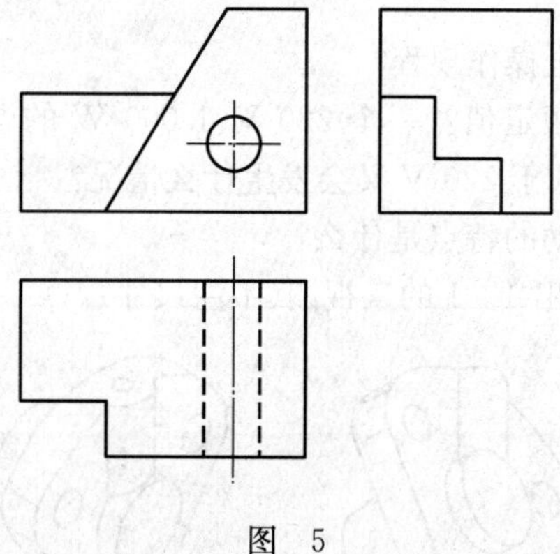

图 5

14. 读钻模装配图,回答下列问题。

(1)钻模是由几个零件组成的?(2)主、左两视图分别采用什么剖切方法得到的剖视图?(3)按装配图的尺寸分类,168 属于什么尺寸?20H7 属于什么尺寸?ϕ20H7/f6 属于什么尺寸?(4)件 1 与件 4(螺栓)之间用哪个零件定位,用哪个零件连接?

15. 写出图 6 所示的标准麻花钻的各部分名称。

16. 一圆锥体,其大端直径为 ϕ50 mm,小端直径为 ϕ40 mm,锥体长度为 100 mm,求锥体的锥度。

17. 一英制螺纹每寸牙数为 19,其螺距是多少毫米?

18. 一普通圆锥销,若其大端为 6 mm,销子长 50 mm。求销子小端直径。

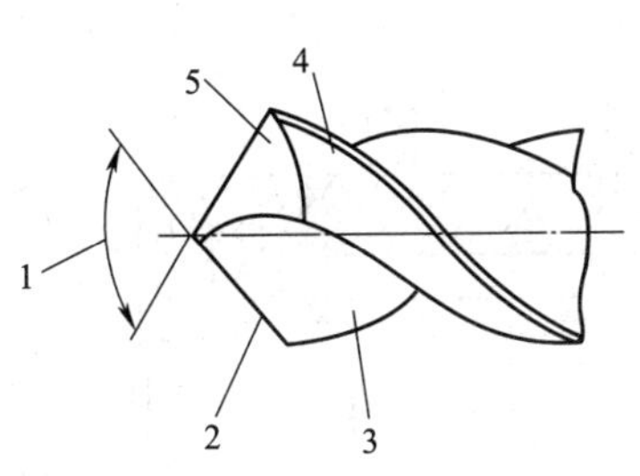

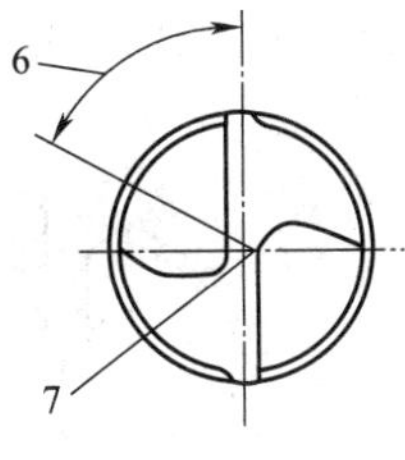

图 6

19. 一普通楔键,键长 $L=100$ mm,小端尺寸 h。

20. 空车安全阀结构,性能要求与用途是什么?

21. 要在中碳工件上,攻深 20 mm 的不通孔 M8 螺纹,试求钻底孔直径及钻孔深度。

22. 已知要锉一个六角形零件,起边长 $S=16$ mm,求应选用多大直径 D 的圆柱。

23. 设圆钢 $\phi 6$ mm,冷弯内径 50 mm,圆形环展开长多少?

24. 在钢件上攻制 M10-7H 深 25 的螺孔,求钻底孔直径及深度。

25. 计算 M16 螺纹的中径、小径和牙高。

26. 直径 14 mm 的钢丝绳,起吊质量 2 t 的重物,捆绑方法如图,目测 $H=500$ mm,$L=900$ mm。

27. 一个边长 $S=22$ 的六方孔,求锉前的钻孔的最大直径 D。

28. 齿轮轴装配简图如图 7 所示,其中 $B_1=80$ mm、$B_2=60$ mm,装配后要求轴向间隙,B_Δ 为 0.1~0.3 mm,问 B_3 尺寸应为多少?

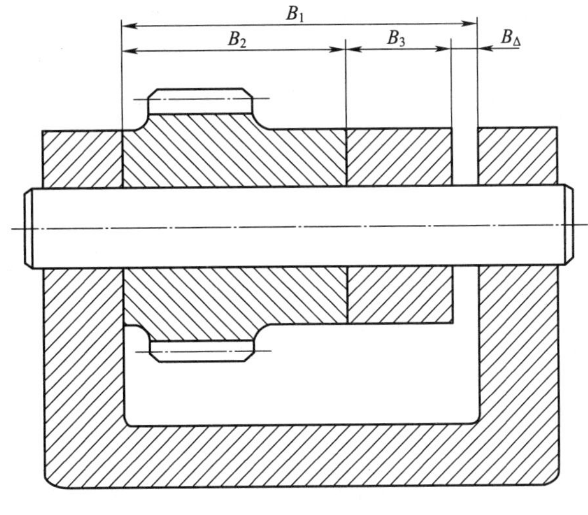

图 7

29. 试按图 8 所示的锥齿轮轴组件画出锥齿轮轴组件的装配单元系统图。

30. 有一盘形工件,需要在表面 2/3 的圆周上 7 等分划线,求每划完一条线后,分度头手柄应转多少转再划另一条线的位置。(已知分度盘的孔数为 24、25、26、30、37、38、39、41、42)

31. 相配合的孔和轴,孔的尺寸为 $\phi 50^{+0.025}_{0}$,轴的尺寸为 $\phi 50^{+0.018}_{+0.002}$,分别求其极限偏差和最大、最小配合公差。

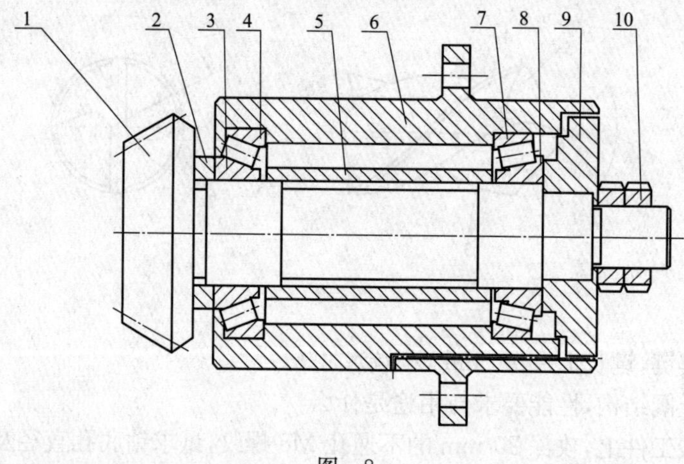

图 8

32. 游标卡尺测得两圆柱孔的外侧孔壁尺寸 L=80.02 mm，并测的两孔直径分别为 d_1=10.02 mm、d_2=9.98 mm。求两孔的实际中心距 L。

33. 怎样正确使用和保养锉刀？

34. 产品装配工艺过程由哪几个部分组成？

35. 什么叫选配装配法？它有哪些缺点？

装配钳工(初级工)答案

一、填 空 题

1. 定期检查　2. 装备标志标准　3. 现场不需要　4. 工艺操作标准化
5. 高平齐　6. 局部剖　7. 重合剖面
8. 零件序号、明细栏和标题栏　9. 硬质合金　10. 疲劳强度
11. 保温阶段的温度　12. 球化退火　13. 相变　14. 渗碳
15. 两轴中心距　16. 钳口宽度　17. 颈部　18. 不伤害人身的
19. 工件　20. 需要程度　21. 中心线　22. 锯缝为止
23. 热处理性　24. 1.25　25. 游标　26. 夹紧装置
27. 安全电压　28. 预防为主　29. 1.6　30. 1.5～3
31. 切削性能　32. 三角锉　33. 移出剖面　34. 之内
35. 装配关系　36. 单线　37. 型式代号　38. 不相等
39. 有汽油　40. 有毒、有害　41. 矿物油　42. 组合机床
43. 车锥面　44. 反转　45. 劳动关系　46. 8 小时
47. 自愿订立　48. 法律约束力　49. 有毒有害　50. 70%
51. 质量管理小组　52. 鉴定成本　53. 接触　54. 高速钢
55. A0、A1、A2、A3、A4　56. 基本视图　57. 仰视图
58. 旋转视图　59. 阶梯剖　60. 45°
61. 在相应的视图上用粗短划线表示剖切面的位置　62. 尺寸数字和箭头
63. 标准公差　64. 轮廓算术平均偏差　65. 线、面　66. 人字齿
67. 螺距或导程　68. 螺钉连接　69. 其他重要尺寸　70. 氧化物
71. 形状和位置　72. 主轴　73. 愈大　74. 顶部一小部分
75. 钻心　76. 强度和刚度　77. 钳口　78. 底面
79. 锥形锪钻　80. 220 V 和 36 V　81. 毛坯表面　82. 25.88 mm
83. 三　84. 表面粗糙度　85. 效率高　86. 顺时针
87. 月牙槽　88. 导向　89. 三个　90. 分屑槽
91. 螺纹外径－0.13×螺距(或 $d-0.13t$)　92. 另一端　93. 旋向
94. 切削速度　95. 对接连接　96. 聚丙烯酸酯　97. 长度
98. 顶尖中心到底面　99. 摇臂　100. 组合成机　101. 对称度和平行度
102. 自由滑动　103. 锉刀、刮刀　104. 油润滑　105. 热胀配合法
106. 3 mm　107. 12～15　108. 泡沫式　109. 维护保养工作
110. 长、宽、高　111. 加工余量　112. 误差和缺陷　113. 去除刀痕、锈斑
114. 磨料和研磨液　115. 硫化切削油　116. 乳化液　117. 检验

118. 棕刚玉和白刚玉 119. 润滑液 120. 反转 121. 机器或部件
122. 水帘 123. 二氧化碳 124. 清理和清洗 125. 热胀法
126. 间隙 127. 装配 128. 硫化切削油 129. 旋向
130. 软 131. 显示的研点也大 132. 主轴旋转 133. 卡尺
134. 0.05 mm～0.4 mm 135. 固态润滑剂 136. 断扣不超过半扣
137. 主切削刃后形成的连接横刃 138. 会在平板对角部位产生平面扭曲现象
139. 止规 140. 电气 141. 跨度 142. 磨平刮刀平面
143. 基体 144. 不均匀 145. 钻孔、扩孔、铰孔 146. 稍大
147. 眼镜 148. 换向阀 149. 磁化 150. 硬
151. 横刃长度 152. 锁紧装置 153. 0～180 154. 控制元件
155. 油料、树脂、颜料 156. 防护、装饰 157. 提高其耐磨性 158. 7
159. 向着轴承 160. 往复运动速度 161. 加压试验

二、单项选择题

1. B 2. B 3. B 4. B 5. B 6. D 7. B 8. A 9. A
10. D 11. A 12. B 13. B 14. B 15. C 16. D 17. D 18. D
19. C 20. D 21. C 22. B 23. A 24. B 25. D 26. A 27. B
28. D 29. A 30. A 31. C 32A 33. B 34. A 35. B 36. B
37. C 38. C 39. A 40. B 41. D 42. C 43. B 44. C 45. A
46. B 47. B 48. C 49. B 50. B 51. C 52. A 53. A 54. B
55. B 56. B 57. B 58. B 59. D 60. A 61. B 62. B 63. B
64. C 65. C 66. D 67. B 68. C 69. B 70. A 71. A 72. B
73. C 74. C 75. C 76. A 77. B 78. B 79. D 80. B 81. D
82. B 83. A 84. D 85. C 86. C 87. B 88. B 89. A 90. A
91. C 92. A 93. A 94. B 95. B 96. D 97. C 98. B 99. B
100. A 101. C 102. A 103. C 104. B 105. D 106. A 107. A 108. B
109. B 110. A 111. C 112. A 113. A 114. D 115. C 116. A 117. C
118. B 119. A 120. A 121. A 122. B 123. A 124. A 125. B 126. B
127. B 128. B 129. C 130. B 131. A 132. A 133. C 134. B 135. A
136. A 137. C 138. B 139. B 140. D 141. B 142. B 143. B 144. B
145. D 146. A 147. B 148. D 149. B 150. A 151. A 152. A 153. B
154. A 155. D 156. C 157. C 158. A

三、多项选择题

1. ABDE 2. ABD 3. ABCE 4. ABCD 5. ABCD 6. ABCDE 7. BCD
8. ABCDE 9. AB 10. AC 11. DE 12. AD 13. ABCD 14. BCD
15. AC 16. ABCE 17. A、D 18. ABCD 19. ABCE 20. ABC 21. ABCDE
22. ABD 23. ABC 24. ABCD 25. ABCD 26. AB 27. ABDE 28. ABD
29. ABCD 30. ABC 31. ABD 32. AD 33. ACD 34. ACD 35. ABC

36. A、B、C 37. AD 38. BCD 39. ACD 40. A、D 41. AC 42. CD
43. ACD 44. ABC 45. ABCD 46. AD 47. BCDE 48. ABCDE 49. ABC
50. ABCD 51. AC 52. ABCDE 53. ABCDE 54. ABC 55. ACD 56. CE
57. ABC 58. ABC 59. ABCD 60. A、D 61. BCD 62. ABC 63. AC
64. ABCD 65. ABCEF 66. ACD 67. ABCE 68. BD 69. ABCD 70. AC
71. BCD 72. ABCE 73. AB 74. ABCDE 75. AC 76. ABCD 77. ABCD
78. BE 79. CD 80. ABCD 81. ABC 82. ABC 83. BCD 84. ABD
85. AC 86. AB 87. AE 88. BCD 89. A、D 90. ABD 91. BCE
92. ABC 93. ABC 94. B、D 95. ABDE

四、判 断 题

1. √ 2. × 3. √ 4. × 5. √ 6. √ 7. √ 8. × 9. ×
10. √ 11. √ 12. × 13. √ 14. × 15. × 16. √ 17. √ 18. ×
19. √ 20. √ 21. × 22. × 23. × 24. √ 25. × 26. × 27. √
28. × 29. √ 30. × 31. × 32. √ 33. √ 34. × 35. × 36. ×
37. √ 38. × 39. × 40. × 41. √ 42. √ 43. × 44. √ 45. √
46. √ 47. × 48. × 49. √ 50. × 51. √ 52. √ 53. × 54. √
55. × 56. × 57. × 58. √ 59. × 60. √ 61. × 62. × 63. √
64. √ 65. × 66. √ 67. √ 68. √ 69. × 70. √ 71. √ 72. √
73. × 74. √ 75. × 76. × 77. √ 78. × 79. √ 80. × 81. √
82. × 83. × 84. √ 85. √ 86. √ 87. × 88. √ 89. √ 90. √
91. √ 92. × 93. √ 94. √ 95. × 96. √ 97. × 98. √ 99. √
100. √ 101. × 102. √ 103. √ 104. √ 105. √ 106. × 107. × 108. √
109. √ 110. √ 111. × 112. √ 113. × 114. × 115. √ 116. √ 117. √
118. √ 119. √ 120. × 121. × 122. × 123. √ 124. × 125. √ 126. ×
127. √ 128. √ 129. √ 130. × 131. √ 132. √ 133. × 134. × 135. √
136. √ 137. × 138. √ 139. × 140. × 141. × 142. √ 143. × 144. √
145. × 146. × 147. × 148. √ 149. √ 150. √ 151. √ 152. √ 153. ×
154. × 155. √ 156. √ 157. × 158. × 159. × 160. √

五、简 答 题

1. 答:投影特征是:在所垂直的投影面上的投影积聚成一点(2 分),另外两面投影分别垂直于直线所垂直的那两个投影面上的两根投影轴,反映实长直线段(3 分)。

2. 答:第一划线位置应该是选择待加工表面和非加工表面均比较重合比较集中的一个位置(2 分),而且支承轴较大和比较平直,这样有利于划线时的正确找正,安全和平稳,而且能及早发现毛坯的缺陷,既保证了划线质量,同时又可减少工作的翻转次数(3 分)。

3. 答:可分为三角螺纹、管螺纹、梯形螺纹和锯齿螺纹四钟。(答对一种 1 分,满分 5 分)

4. 答:钳工工件场地的组织应注意以下几点:

(1)主要设备的布局要合理,如钳台应放在光线适宜和工件方便的位置,面对面使用前面要安装安全网,砂轮机、钻床应安装在场地的边沿(2 分)。

(2)毛坯和工件要对方整齐,并尽量放在搁架上(1 分)。

(3)工具的安装与收藏要整齐合理,取用方便,不应任意堆放,以防损坏,常用工具放在工作位置附近,用后及时清洁,维护与收藏(1 分)。

(4)工作场地应保持整洁,做到文明生产(1 分)。

5. 答:钻精孔时,钻头切削部分的几何角度须作如下的改进:

(1)磨出≤75°的等二顶角,新切削刃刀长度为 3~4 mm,刀尖磨出 $R0.2$~0.5 mm 的小圆角(1 分)。

(2)磨出 6°~8°的副后面,角棱边宽 0.10~0.2 mm,修磨长度为 4~5 mm(1 分)。

(3)磨出－10°~－15°的负刃倾角(1 分)。

(4)主切削刃附近的前面和后面用油磨光(1 分)。

(5)后角不宜过大,一般取 $\alpha=6°\sim10°$(1 分)。

6. 答:用一般的方法去钻斜孔时,钻头刚接触工件先是单面受力,使钻头偏斜滑移,造成钻孔中心偏位,钻出的孔也很难保证正直。如钻头刚性不足时会造成钻头因偏斜而钻不进工件,使钻头崩刃或折断。故不能用一般的方法去钻斜孔。必须采用(1 分):

(1)先用与孔径相等的立铣刀在工件斜面上铣出一个平面后再钻孔(2 分)。

(2)用錾子在工件斜面上錾出一个平面后,先用中心钻钻出一个较大的锥孔坑或用小钻孔钻出一个浅孔,然后再用所需孔径的钻头去钻孔(2 分)。

7. 答:动压轴承润滑必须具备以下条件:

(1)轴承间隙必须适当(一般为 0.001~0.003d,d 为轴颈直径)(1 分)。

(2)轴承孔和轴颈应保持一定的同轴度要求(1 分)。

(3)轴颈应有足够高的转速(1 分)。

(4)多支承的轴承应保持一定的同轴度要求(1 分)。

(5)润滑油的黏度要适当(1 分)。

8. 答:划线是用来确定零件上其他点、线、面位置的依据称为划线基准(5 分)。

9. 答:制造时将锯条上的锯齿按一定规律左右错开排列成一定的形状称为锯条(2 分)。锯条的锯路是工件上的锯缝宽度大于锯条背部的宽度,锯削时锯条便不会被锯缝咬住,减少了锯条与锯缝的摩擦阻力,锯条不致摩擦过热而加快摩擦(3 分)。

10. 答:钳工常用的錾子有扁錾、尖錾和油槽錾等三种(2 分)。扁錾用来錾销凸缘、毛刺和分割材料,应用最为广泛(1 分)。尖錾主要应用于錾沟槽和分割曲线形板料(1 分)。油槽錾用于錾削润滑油槽(1 分)。

11. 答:锉刀可分为钳工锉、异形锉和整形锉三类。(答对一类加 1 分,满分 5 分)

12. 答:铰削与量的选择应按孔径的大小(1 分)、铰孔精度和表面粗糙度的要求(2 分),材料的软硬和铰刀的类型等多种因素来考虑(2 分)。

13. 答:攻螺纹时,丝锥除对材料起切削作用外,还对材料产生挤压,使牙型顶端凸起一部分,材料塑性愈大,则挤压凸起部分愈多(2 分),此时如果螺纹牙形顶端与丝锥刀齿根部没有足够的空隙,就会使丝锥轧住或折断(1 分),所以攻螺纹前的底孔直径必须大于螺纹标准中规定的螺纹小径(2 分)。

14. 答:当人体接触低压带电体接近高压带电体时,造成伤亡的现象称为触电(1 分)。触电的主要原因有:违章作业(1 分);电器设备或线路绝缘损坏而漏电(1 分);电器设备的接地或接零线断开(1 分);偶然事故等(1 分)。

15. 答:保护接地时将电器设备的金属外壳用导线与接地体连接,用在电源中性电不接地的低压供电系统中(2 分)。保护接零是将电器设备的金属外壳与中线连接,用在电源中性电接地的低压供电系统中(3 分)。

16. 答:(1)利用车床或 V 形架找出零件弯曲的最高点,并做好标记(1 分)。

(2)氧-乙炔火焰加热(喷嘴大小按被校轴直径选取,加热区应在弯曲的最高点处),然后急冷。加热带的形状有条状、蛇状、点状,分别是用于均匀变形、严重变形和细长杆的精校。当轴弯曲量较大时可分为多次加热校直,但一次加热时间不可过长,以免退碳(4 分)。

17. 答:选择切削用量的基本原则是:首先选取尽可能大的切削深度(1 分),然后在允许的范围内尽量选较大的进给量 f,较小的切削速度(2 分);当进给量较小表面粗糙度和钻头刚度小时,再考虑较大的切削速度 v(1 分)。

18. 答:常见的千斤顶分机械式和液压式两种(1 分)。机械式自锁性好(2 分),液压式结构紧凑,操作省力,规格齐全(2 分)。

19. 答:企业管理是运用组织、计划、领导、控制等手段,以有效地利用企业的人员、资金、物资、机器设备、生产技术、信息等资源,实现企业的目标(2 分)。

企业管理的作用:(1)企业管理是生产劳动的组成部分;(2)企业管理对提高及经济效益起着决定性的作用;(3)管理是维护和巩固生产关系的手段(3 分)。

20. 答:全面质量管理的特征在于全面质量管理时全员参加的、采取全面方法的和对企业经营全过程的全面管理(1 分)。

(1)全面质量管理强调产品质量使企业各个部门、各个环节工作的综合反映。因为必须使企业的每一个人关心产品质量,重视产品质量,并且围绕产品质量做好本职工作。这样才能生产出用户满意、物美价廉的产品(1 分)。

(2)全面管理不仅要管产品质量,而且要管理产品质量赖以形成的工作质量,并且强调以提高人的工作质量来保证产品质量(1 分)。

(3)全过程管理由于产品质量形成于生产活动的全过程。因此全面质量管理必须包括研究设计、准备、制造直至使用服务的全过程的质量管理(1 分)。

(4)全面质量管理用以管理质量的方法是全面的、多种多样的,是综合性的质量管理,它不仅运用质量检验和数理统计等科学方法结合起来,综合发挥他们的作用(1 分)。

21. 答:(1)公称直径为 40 mm、导程 14 mm、螺距为 7 mm 的左旋梯形螺纹(3 分)。

(2)公称直径为 24 mm、螺距为 1.5 mm 的细牙普通螺纹(2 分)。

22. 答:钻削时钻头在半封闭状态下切削,钻速高,切削量大,排屑困难,其特点是:(答对 2 个加 1 分,答对 3 个加 2 分,答对 4 个加 3 分,满分 5 分)

(1)摩擦严重,需较大钻削力。

(2)产生热量多且传导、散热困难,切削温度高。

(3)钻头高速旋转和较高的切削温度,使钻头磨损严重。

(4)钻削时挤压和摩擦,孔壁产生冷作硬化,给下道工序加工增加了困难。

(5)钻头细长,易产生震动。

(6)加工精度较低。

23. 答:研具材料应该比被加工工件的材料软一些。因为磨料嵌入研具表面后才能对工件有切削作用,否则不但不能研磨工件反而损坏研具(3 分)。但研具材料也不能太软,磨料完全嵌入研具中则起不到切削作用(2 分)。

24. 答:使用砂轮机应注意以下几点:(1)砂轮的旋转方向应正确;砂轮起动后待转速正常后再进行磨削。(2)磨削时防止刀具或工件对砂轮产生剧烈撞击和过大压力。(3)及时用修整器修整砂轮;调正搁架与砂轮键的距离,时期保持在 3 mm 以内。(4)磨削时,操作者应站立在砂轮的侧面或斜对面。(答对 1 个加 1 分,满分 5 分)

25. 答:标准麻花钻结构上存在如下缺点:(1)钻头主切削刃上个点前角变化很大;(2)横刃太长;(3)副后角为零度;(4)主切削刃长。(答对 1 个加 1 分,满分 5 分)

26. 答:铰孔余量的大小直接影响铰孔的质量。余量太小,往往不能把上道工序所留下的加工痕迹全部铰出去(3 分);余量太大,会使孔的精度降低,表面粗糙度值变大(2 分)。

27. 答:铸件中形成砂眼的主要原因有:(1)砂型或砂芯的强度太低;(2)型腔内有薄弱部分;(3)内浇道开设不当;(4)砂型或砂芯烘干不良;(5)砂型搁放时间太长;(6)合型工作不够细致等。(答对 2 个加 1 分,答对 3 个加 2 分,答对 4 个加 3 分,满分 5 分)

28. 答:型砂性能对铸件产量和质量的影响很大。如型砂的可塑造性不好,就不易得到轮廓清晰的型腔(1 分);型腔的强度不高,则在起磨和搬运过程中容易发生损坏,浇注时发生冲砂等(1 分);型砂的透气性差,就不能将浇筑过程中产生的大量气体及时排出,当这些气体进入金属液中时,就会是逐渐产生气孔(1 分);型砂的耐火型不好,在浇入高温的金属液后,型砂就会被烧熔而黏结在铸件的表面上行成黏砂(1 分);会对凝固后的铸件收缩产生较大的阻力,由此可能使铸件形成裂纹等(1 分)。

29. 答:锻造过程中坯料各部分的变形温度、变形速度和变形程度不同,因此金属内部产生了相互作用的内应力(2 分),这样一部分内应力随着锻造过程中的结晶软化消除了,一部分却残留在锻件内,被称为残余应力(3 分)。

30. 答:节约锻造材料的途径主要有:(答对 1 个加 1 分)

(1)保证锻件质量、减少废品损失。

(2)精化毛坯,推广使用模锻和精密模锻等工艺,减少切削加工余量。

(3)正确计算锻件重量和选用坯料规格,避免不必要的浪费,提高钢锭和钢坯利用率。

(4)采用多种零件集中综合下料,余料锻成规格坯料,并加以利用。

(5)克服"宁大勿小"的保险观念,消除"肥头大耳"现象。

31. 答:台虎钳正确使用应注意以下几点:(答对 2 个加 1 分,答对 3 个加 2 分,答对 4 个加 3 分,满分 5 分)

(1)台虎钳安装时,必须是固定钳口工作面处于钳台边缘之外,以保持夹持长条形工件时、工件下端不受钳台边缘的阻碍。

(2)台虎钳在钳台上固定要牢固,工件时两侧紧固螺钉必须板紧。

(3)加紧工件时不允许用手锤敲击手柄,也不允许随意套上长管扳紧手柄,以免损坏丝杠、螺母和钳身。

(4)在进行强力作业时,应尽量使作用力朝向钳身。

(5)不要在活动钳身的光滑表面上进行敲击作业。

(6)丝杠、螺母和它活动表面,应经常夹油润滑和清洗防锈。

32. 答:使用钳检查电线是否完好,接地线是否正常。操作时要戴绝缘手套,穿胶鞋或站在绝缘板上(3 分)。钻孔时不要用力过猛,发现工作位置时,应握电钻手柄,严禁拉橡皮软线来拖动电钻(2 分)。

33. 答:装配时的注意事项:(答对 1 个加 1 分,满分 5 分)

(1)齿轮孔与轴配合要适当,不要有偏心和歪斜现象。

(2)中心距和齿侧间隙要正确,间隙过小,齿轮传动不灵活,甚至卡齿,会加剧齿面的磨损;间隙过小,换向空程大,而且会产生冲击。

(3)相互啮合的两齿要有一定的接触面积和正确的接触部分。

(4)对转速高的大齿轮,在装配到轴上后要进行平衡检查。

34. 答:钻套是钻夹具的导向装置,常用的有:(1)固定钻套,适用于中小批生产的钻磨中,只能作钻、扩、铰等多工序中的一种加工;(2)可换钻套,适用于大量生产的钻模中;(3)快换钻套,这样钻套更换容易,可在一道工序中连续进行钻、扩、铰的加工,适应与大量批量生产的钻磨中。(答对 1 个加 1 分,答对 2 个加 3 分,满分 5 分)

35. 答:扩孔时的切削速度为钻孔的 1/2(3 分);进给量为钻孔的 1.5~2 倍(2 分)。

36. 答:销连接在机械中,除起连接作用外(2 分),还可起定位和保险作用(3 分)。

37. 答:钻孔时,由于金属变形和钻头与工件的摩擦产生大量的切削热,使钻头的温度升高,磨损加快,降低使用寿命,影响钻孔质量(2 分)。因此要用冷却润滑液。它的主要作用是:迅速地吸收和带走钻削时产生的切削热,以提高钻头的耐用度;浸入钻头与切屑,以减少钻头与铁屑摩擦的作用,使排屑顺利(3 分)。

38. 答:锉刀的主要工作面在纵长方向上做成凸弧形,其作用是抵消锉削时由于两手上下摆动而产生的表面中凸现象,以锉平工件(3 分)。锉刀没有齿的一个侧面叫光边,在锉内直角形时,用它靠在内直角的一条边上去锉另一直角边,可使不加工的表面免受损坏(2 分)。

39. 答:攻丝时丝锥除对金属切削外,还对金属材料产生挤压,是材料扩张,材料的塑性愈大,扩张量也愈大(3 分),如果螺纹底孔直径与螺纹内径一致,则材料扩张时会卡住丝锥,造成丝锥折断(3 分)。

40. 答:显示剂常见的有两类:红丹粉和蓝油(1 分)。红丹粉多用于对黑色金属的显示(2 分)。蓝油多用于对有色金属及精密工件的显示(2 分)。

41. 答:研磨平面的方法很多,通常是在研磨平板上适量而均匀地涂一层配制的研磨剂,将经精磨的工件平面清洗干净后轻放在平板上,按研磨轨迹(“8”字形)进行研磨(2 分)。研磨是根据零件研磨面积对零件施加一定的均匀压力,并随时加注煤油 1~2 滴(2 分)。此外,要注意充分利用平板的全部面积,不要总使用平板的某一部位,以防止平板局部凹陷(1 分)。

42. 答:锡焊常见缺陷有下列几种:(答对 2 个加 1 分,答对 3 个加 2 分,满分 5 分)

(1)锡料不能填缝或填缝不良。

(2)锡料在一面没有填满焊件,背面无圆根。

(3)气孔。

(4)裂纹和开裂。

(5)咬边熔蚀。

(6)锡剂夹渣。

43. 答:设备的维护保养包括以下几点:(答对 1 个加 1 分,满分 5 分)

(1)整齐:工具、工件和附件放置整齐,安全防护装置齐全,线路管道要完整。

(2)清洁:设备内外要清洁。各部位无油垢、无碰伤、不漏油、不漏水、不漏气。切削垃圾清扫干净。

(3)润滑:要定时、定点、定质、定量、定人加油,保证油路畅通。

(4)安全:实行定人定机交接班制度遵守操作规程。各种测量仪器、保护装置要定期进行检查、保证安全生产。

44. 答:它具有传动比大,而且准确,传动平稳、噪声小及结构紧凑,自锁性好等特点(3分),但效率低,发热大,需良好润滑(2分)。

45. 答:(1)安全互换装配法;

(2)选择装配法;

(3)调整装配法;

(4)修配装配法。(答对1个加1分,满分5分)

46. 答:(1)基础必须同该机床的底座相适应;并能保证所安装的机床设备牢固可靠。

(2)须具有足够的强度及刚性,避免机床设备剧烈振动,保证机床设备的振动不影响本身的精度和寿命,并不直影响产品的质量,对邻近的设备和建筑物不会有影响。

(3)具有稳定性和耐久性,为防止地下水和有害液体的浸蚀,确保不产生变形局部下沉,当基础建造在有可能遭受化学液体,油液,腐蚀性水分腐蚀的环境时,基础应加防护层,如在基础表面涂上防酸、防油的水泥,并增设排液,集液沟槽。

(4)设备与基础的总重心与基础底面积的形心力求于同一垂直线。

(5)大型机床的基础在机床安装前应进行预压,预压物应均匀地压在基础上,以保证地基均匀地下沉,预压的重量为自重和最大加工件重量和的1.25倍,预压工作要进行到基础不再继续下沉为止。(答对1个加1分,满分5分)

47. 答:干粉灭火机是新型的石油化工灭火物剂,在使用过程中具有覆盖隔阻,窒息的功效,也有中断燃烧反应链的综合性功能(2分)。所谓干粉,及它的灭火基料、防潮防结块剂和流动促进剂等混为一起,都是干粉状态(3分)。

48. 答:(1)螺订或双头螺栓的紧固端与螺孔配合太松。这是可以配送一个中径尺寸较大的非标准螺纹(1分)。

(2)螺纹断扣。当断扣不超过半扣时,应该用板牙再把它套一次,或用细锉在断扣处修光,如果内螺纹损坏两三扣,则用丝锥在攻深几牙,并装入一个比原螺钉长两三扣的螺钉(1分)。

(3)螺钉因生锈腐蚀难以拆卸。这时采取下列措施:(1分)

①将连接件喷洒松动剂,或将其浸入煤油中,以便拆卸。②用手锉敲击螺钉头或螺母使连接处松动以便拆卸。

(4)螺钉头扭断。可根据断裂的部位分别采用下列方法:(1分)

①螺钉断在孔的外露部分,可以在螺杆的顶部锯一条槽,用螺丝到旋出,或者把两侧螺杆锉出平面后用扳手拧出,对淬过火的螺钉可以焊上一个螺母,再用扳手拧出。

②螺钉断在孔内,可以用直径比螺纹底径小0.5～1 mm的钻头,在用丝锥攻内螺纹。对于淬火的断螺钉可以用电蚀法去掉。

(5)固定零件螺孔的螺纹烂牙或滑牙。可见螺纹底径扩大一个规格,攻丝后换螺钉。(1分)

49. 答:(1)石灰水及大白粉水用铸锻毛坯件划线。

(2)紫色有龙胆紫、漆片和酒精混合而成的溶液,用于钢、铸铁、铜、铝等工件已加工表面的划线。

(3)粉笔在工件数量很少,很小划线又不多时使用。

(4)研磨用的兰油在少量加工后的工件上划线时,可作为紫色的代用品,可免除临时调制紫色的困难。(答对 1 个加 1 分,满分 5 分)

50. 答:(1)所留铰孔余量过大或过小;

(2)铰刃不锋利或过于粗糙;

(3)刃口上有缺口;

(4)较削速度过高;

(5)刃口上粘有切削瘤或铰屑太多排不出来;

(6)没有使用润滑液或使用润滑液不当;

(7)退出铰刀时反转。(答对 2 个加 1 分,答对 3 个加 2 分,满分 5 分)

51. 答:(1)手工攻丝——利用双手握住铰杠板子等转动丝锥攻丝。

(2)机械(床)攻丝——利用攻丝机,钻床进行攻丝。

(3)机械、手工攻丝——多为攻制盲孔,攻丝时先用机攻,将螺孔攻正,为防丝锥撞到孔底折断丝锥及损坏工件,机攻时不攻到底,然后用手工进行补攻。(答对 1 个加 2 分,满分 5 分)

52. 答:开始攻丝时,就要注意把丝锥放正,在丝锥刚刚攻入可以立在孔上时,要从相互垂直的两个方向观察丝锥与端面是否垂直(1 分),若发现偏歪,就要在攻进的同时,双手同时施加平稳的横向里进行纠正,并不断观察纠正情况,当目测已看不出偏歪时,再用直角尺、钢板尺或其他直角块等(2 分)。从两个相互垂直的方向靠在丝锥牙尖口,观察丝锥与端面是否垂直(1 分),发现不垂直,仍用上述方法矫正,矫正后攻丝不再施加横向力,只对丝锥施加扭转力,就可将螺孔攻正(1 分)。

53. 答:特性:靠自身弹性变形工作的弹性零件,它的主要用途有:(1)控制运动;如柴油机上的喷油泵是借助弹簧的作用力关闭喷油嘴。(2)缓冲和减震;如机车车辆转向架上的承载弹簧,能减轻运行中的震动和冲击。(3)控制气液系统压强;如车车辆制动系统的气压就是借助调压阀中的弹簧而实现相对稳定的。(4)测量载荷;如弹簧程可以测量重量和力的大小。(5)存放能量;如钟表中的发条。(答对 1 个加 1 分,满分 5 分)

54. 答:(1)安装砂轮,使两侧压紧出要加软垫(材料可为紫铜、尼龙、石棉、橡胶板等)以保证必要的缓冲性能和防止紧裂砂轮。(2)紧固砂轮用力要适当,螺母要有放松措施。(3)砂轮要有防护罩。(4)磨销时砂轮接触工件时要平稳。(5)磨销时砂轮旋转平面的前后方向,近距离的不得有人。(6)工作者要带防护眼镜、口罩等。(7)砂轮外圆有显著跳动时,要及时修整。(答对 2 个加 1 分,满分 5 分)

55. 答:按规定的技术要求,将零件或部件进行配合和连接,使之成为半成品或成品的工艺过程称为装配(1 分)。

产品的装配过程有四部分组成:(答对 1 个加 1 分,满分 4 分)

(1)装配前的准备工作,包括研究和熟悉装配图及装配工艺;对零件进行清理及清洗;对某些零件进行修配,密封试验及平衡工作。(2)装配工作,它通常分为部装和总装。(3)调整,精度检验和运转试验。(4)油漆、涂油和装箱。

56. 答:(1)应保证双头螺栓与机体螺纹的配合有足够的紧固性。(2)双头螺纹的轴心线与机体表面必须保持垂直。(3)拧入双头螺栓前,必须在螺纹部分加油润滑。(答对 1 个加 2 分,满分 5 分)

57. 答:空车安全阀试验台按工作顺序各构件排列如下:

压缩空气源(或风缸)、截止阀(一)、减压阀、压力阀、排水阀、截止阀(二)及空车安全阀台板安装座等主要件组成(2 分)。试验前应先对整个管路进行全面检查,符合要求后,开启截止阀(一)、排水阀排水后关闭,调整减压阀与截止阀(二),开启风源,充满后关闭,检查减压阀保压是否符合要求。确认符合要求后,再进行空车安全阀调整定压与泄滑试验(2 分)。

58. 答:(1)传动平稳。(2)重量轻体积小。(3)承载能力大。(4)容易实现无级调速。(5)容易实现自动化。(6)液压元件易于实现系列化,通用化,便于实际制造和推广使用。(答对 1 个加 1 分,答对 3 个加 2 分,满分 5 分)

59. 答:千分尺测量螺杆的螺距为 0.5 mm(1 分),当活动套管转动一周时,测量螺杆就移动 0.5 mm(1 分),活动套管圆周上共刻 50 等分的小格,因此当它转过一个格(1/50 周)时,测量螺杆就进或退出:$0.5\times1/50=0.01$(2 分),这就是千分尺的刻线精度,即刻线原理(1 分)。

60. 答:各类结构钢可使用 3%～5%乳化液、7%硫化乳化液(2 分),不锈钢、耐热钢,可使用 3%肥皂加 2%亚麻油水溶液,硫化切削油作冷却润滑液(3 分)。

61. 答:产生积屑瘤的因素有很多,如工件的材料、切削速度、每转进给量、刀具前角数值前刀面表面粗糙度以及切削液,润滑情况等(2 分)。

控制积屑瘤产生的主要措施是提高或降低切削速度、增大前角,减少每转进给量、提高前刀面的粗糙度、合理选用切削润滑液等(3 分)。

62. 答:钻孔时出现“引偏”是经常会碰到的,它直接影响了钻孔质量,因此必须采用下面几项措施:(1)钻孔前,先加工端面,可使钻头开始切入工件时,两刀刃受力不会相差太大。(2)先用 90°锋角的直径大而长度较短的钻头预钻一个凹坑,这样使钻头开始切削时,横刃不受力。(3)用导向套引导钻头沿着正确的方向送进,这样可减少引偏,但对较长的孔效果不大。(答对 1 个加 2 分,满分 5 分)

63. 答:(1)选用精度较高的钻床,各项精度应符合或接近一级精度的钻床的规定。(2)使用较新或各部分尺寸精度接近公差要求的钻头。(3)钻头的两个切削刃需尽量修磨对称,两刃的轴向应控制在 0.05 mm 范围内使两刃负荷均匀,以提高切削稳定性。(4)预钻孔时,应防止产生较多的硬层,否则会增加钻削符合和磨损精孔钻头。(5)钻削中,要有充足的冷却润滑液。(答对 1 个加 1 分,满分 5 分)

64. 答:(1)质量教育工作;(2)质量责任制;(3)标准化工作;(4)计量工作;(5)质量信息工作。(答对 1 个加 1 分,满分 5 分)

65. 答:(1)铰孔与孔中心不重合;(2)进给量和铰削余量太大;(3)切削速度太高,使铰刀温度上升,孔径增大。(答对 1 个加 2 分,满分 5 分)

66. 答:(1)塑性材料上套丝没有使用冷却润滑液,造成螺纹被撕坏;(2)套丝时没有反转割断切屑,造成切削堵塞,咬坏螺纹;(3)圆杆直径太大;(4)板牙歪斜太多而强行借正。(答对 1 个加 1 分,满分 5 分)

67. 答:柴油机活塞环磨损到一定程度后,其密封性下降,会造成气缸明显漏气(3 分),柴油机功率降低,燃油、润滑消耗量增加,影响柴油机的经济指标(2 分)。

68. 答:(1)最底最高转速与相应的名义转速允差为±10 r/min。(2)当空载时,控制手柄从 1 位迅速移到 16 位时，柴油机不许停机。(3)当空载时，控制手柄从 16 位迅速移至零位时，柴油机不许停机。(4)当自动停车电磁阀断电时，须保证柴油机停机。(5)当按动紧急停机按钮时，须保证柴油机停机。(答对 1 个加 1 分，满分 5 分)

69. 答：油漆涂在物体表面形成连续涂膜。此膜能自行起物理变化与化学变化，干燥后牢固的粘在物体表面，成为一层坚实的外皮，使物体表面与大气隔绝，起到防锈、防腐、防污以及装饰、美化、绝缘、伪装等作用(5 分)。

70. 答：握刷正确与否直接影响漆膜涂刷质量。一般正常握刷，刷柄应放在拇指与食指紧握住刷柄，中指至小指抵住刷柄，向上及向左用力推刷，向下及向左用力拉刷，一刷跟一刷，节奏均匀，所涂刷油漆膜平整光洁，刷纹一致(5 分)。

六、综 合 题

1. 解：弦长＝系数×半径(3 分)

弦长＝0.618 0×40

　　＝24.72(mm) (5 分)

答：弦长为 24.72 mm(2 分)。

2. 答：螺纹标记 M24×1.5－3h－S 含义如图 1 所示。

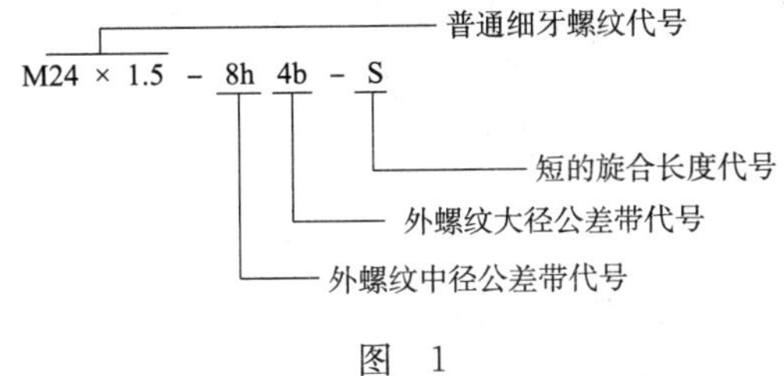

图 1

$d=24$ (2 分)

$d_3=d-0.649\,5P=24-0.649\,5\times1.5=23.026$ (2 分)

$d_2=d-1.082\,5P=24-1.082\,5\times1.5=22.376$ (2 分)

$d_0=0.577P$ (2 分)

$M=d_3+8d_0-0.866P$

$=23.026+8\times0.577\times1.5-0.866\times1.5=28.651$ (2 分)

3. 答：独立原则指图样上给定的形位公差与尺寸公差相互无关，分别满足要求的一种公差原则(2 分)。

最大实体原则是被测要素或(和)基准要素偏离最大实体状态时，而形状、定向、定位公差获得补偿的一种公差原则(2 分)。

包容原则要求实际要素处处位于理想形状的包容面内的一种公差原则，而理想形状的尺寸为最大实体尺寸(2 分)。

①、②遵守最大实体原则，遵守 VC 边界。

⑤遵守包容原则，遵守 MMC 边界。

③、④遵守独立原则，遵守 VC 边界。

①ϕ12h8 的轴线对基准的同轴度公差为 0.02。

②ϕ50D7 的轴心线的直线度公差为 0.01，采用最大实体原则。

③ϕ50D7 圆柱面的圆度公差为 0.005。(4 分)

4. 答：安全操作规程是为了防止和清除在生产过程中的伤亡事故，保证劳动者的安全而制定的规程(2 分)，是前人在长期的生产实践中以血的教训得出的经验(2 分)，它们是生产的客观规律的反映(2 分)，违背它就要受到客观律的惩罚，就会发生事故(2 分)，所以必须严格遵守安全操作规程(2 分)。

5. 答：使电气设备在额定值下安全正常工作，超过额定值 220 V 称为过载(3 分)，会损坏电阻炉或缩短使用寿命(2 分)，低于额定值 220 V 称为轻载(3 分)，电阻炉发热不足(2 分)。

6. 答：依靠张紧在带轮上的带与带轮间的摩擦力或啮合来传递动力的装置，称为带传动(2 分)。V 带传动的特点：工作平稳、噪声小、结构简单、不需要润滑、缓冲吸振、制造容易、有过载保护作用，并能适应两轴中心距较大的传动(6 分)。但传动比不精确、传动效率低，带寿命较短(2 分)。

7. 答：如图 2 所示(10 分)。

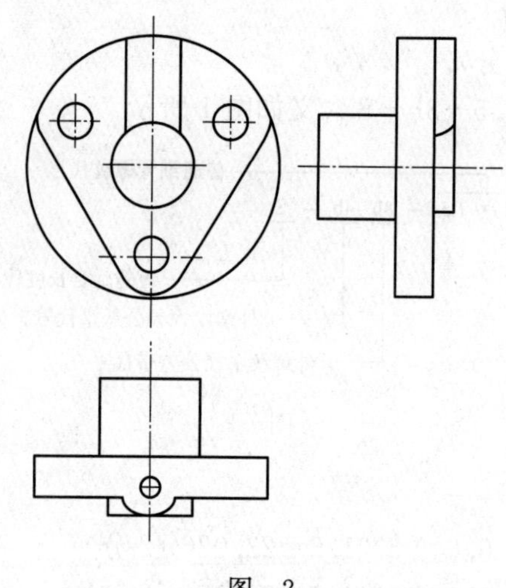

图 2

8. 解：$v=\dfrac{10\times500\times\pi}{1\ 000\times60}=0.26(\mathrm{m/s})$ (10 分)

答：切削速度为 0.26 m/s。

9. 解：$a=40.06+\dfrac{10.02}{2}+\dfrac{10.04}{2}=50.09(\mathrm{mm})$ (10 分)

答：两孔中心距为 50.09 mm。

10. 解：$\dfrac{n_1}{n_2}=\dfrac{z_2}{z_1}, n_2=\dfrac{n_1\cdot z_1}{z_2}=\dfrac{800\times24}{36}=533(\mathrm{r/min})$ (10 分)

答：n_2 为 533 r/min。

11. 解：因为划 30 等分时，手柄转一周后，再在此孔圈上转过 22 个孔距(4 分)。

$n=\dfrac{40}{z}\quad n=\dfrac{40}{30}=1+\dfrac{1}{3}=1+\dfrac{1\times22}{3\times22}=1+\dfrac{22}{66}$ (6 分)

12. 答：如图 3 所示(10 分)。

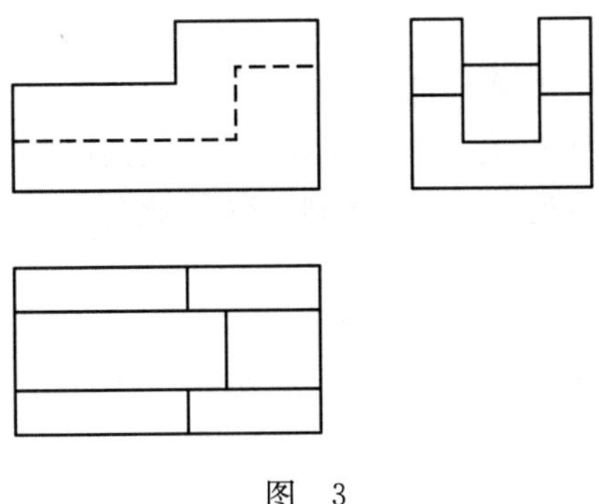

图 3

13. 答:如图 4 所示(10 分)。

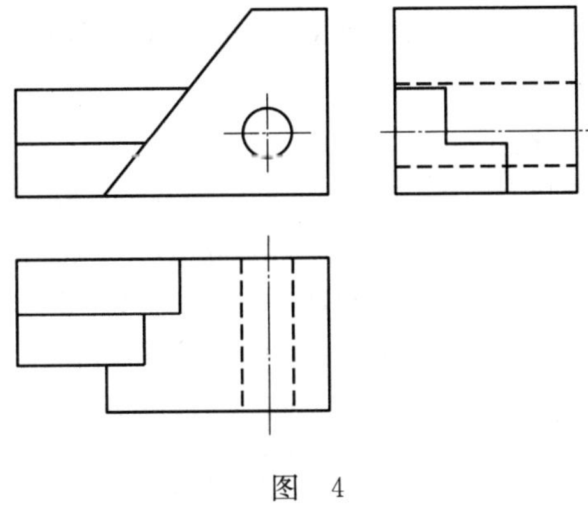

图 4

14. 答:(1)10;(2)全;阶梯;(3)外形;配合;装配;(4)件 1、件 4 定位;件 4 连接。(每小题 2 分,共 10 分)

15. 答:1—锋角、2—主切削刃、3—前面、4—副后面、5—后面、6—横刃斜角、7—横刃。(每项 1 分,每两项 3 分,共 10 分)

16. 解:$k=\frac{D-d}{L}=\frac{50-40}{100}=\frac{1}{10}$ (10 分)

答:锥体的锥度为$\frac{1}{10}$。

17. 解:因为 1 英寸=25.4 mm,则螺距为$\frac{25.4}{19}=1.337$(mm) (10 分)。

答:其螺距为 1.337 mm。

18. 解:因为普通圆锥销的锥度为$\frac{1}{50}$,且有 $k=\frac{D-d}{L}$,则:

$d=D-L\cdot k=6-50\times\frac{1}{50}=5$(mm) (10 分)

答:销子小端直径为 5 mm。

19. 解:因为普通楔键的斜度$\frac{1}{100}$,有:

$h_2=h_1-\frac{1}{100}=11-100\times\frac{1}{100}=10$(mm) (10 分)

答:该楔键的小端尺寸为 10 mm。

20. 答:空车安全阀由盖形螺母、弹簧、阀杆、阀、防松调整螺母、放风口调整螺母、气室套、阀座体组成。其性能要求与用途为:当空车为紧急制动后,制动缸的压强跳跃上升 190～210 kPa 时,安全阀开始排风,降到 190 kPa,制动时间是 5～6 s。可以防止制动缸压强太高,制动力过强而擦伤车轮。

21. 解:$D_0=8-1.25=6.75$(mm) (5 分)

$h_0=h+0.7D=20+0.7\times8=25.6$(mm) (5 分)

答:钻底孔直径为 6.75 mm,钻孔深度为 25.6 mm。

22. 解:$D=1.155S=1.155\times16=18.5$(mm) (8 分)

答:应选用直径为 18.5 mm 的圆柱(2 分)。

23. 解:$\dfrac{14.20\times0.0200\times\dfrac{65.38}{1000}}{0.5000\times\dfrac{25}{250}}\times100=37.1$(mm) (10 分)

答:圆形环展开长为 37.1 mm。

24. 解:钻底孔直径 $D_0=D-P=10-1.5=8.5$(mm) (5 分)

钻底孔深度:$h_0=h+0.7D=25+0.7\times10=32$(mm) (5 分)

25. 解:已知 M16 大径 $d=16$ mm(2 分),螺距 $P=2$ mm(2 分),则

中径:$d_2=d-0.6495\times2=16-0.6495\times2=14.701$(mm) (2 分)

小径:$d_1=d-1.0825P\times2=16-1.0825\times2=13.835$(mm) (2 分)

牙高:$h=0.5413P=0.5413\times2=1.0826$(mm) (2 分)

26. 答:(1)实际钢丝的拉力(3 分);

(2)钢丝绳的许用拉力(3 分);

(3)经过计算钢丝绳的实际拉力小于钢丝绳的许用拉力,因此如此捆绑是安全的(4 分)。

27. 解:$d=S/\tan30°=22/0.577=38.1$(mm) (8 分)

答:最大直径 d 是 38.1 mm(2 分)。

28. 答:(1)$B_\triangle$ 为封闭环,B_1 为增环,B_2、B_3 为减环(2 分)。

(2)B_3 基本尺寸$=B_1-B_2=20$ (2 分)。

(3)$B_{\triangle\max}=B_{1\max}-(B_{1\min}+B_{3\min})$;

$B_{3\min}=19.86$ mm;

$B_{\triangle\min}=B_{1\min}-(B_{1\max}+B_{3\max})$;

$B_{3\max}=19.9$ mm (2 分)。

(4)$B_3=20^{-0.10}_{-0.14}$ mm (2 分)。

29. 答:如图 5 所示(10 分)。

30. 解:若将 2/3 的圆周 7 等分,对于整圆来说则分成 $7\div(2/3)=10.5$ 等分(8 分)。

选 42 孔,$42\times\dfrac{17}{21}=34$(2 分)。

答:手柄转 3 圈又 2 个孔,即可划另一个孔。

31. 答:孔的配合公差:

$L_{\max}=50+0.025=50.025$ (2 分)

$L_{\min}=50+0=50$ (2 分)

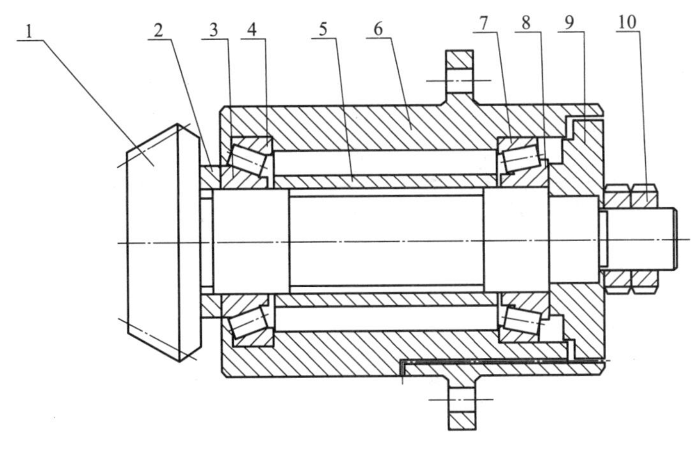

图 5

1—圆锥齿轮;2—垫圈;3—轴承内圈;4—轴承外圈;5—隔套;6—轴承盒;7—轴承外圈;8—轴承内圈;9—挡圈;10—螺母

轴的配合公差:

$l_{max}=50+0.018=50.018$ (2 分)

$l_{min}=50+0.002=50.002$ (2 分)

上极限偏差:

$X_{max}=E_s-e_i=0.025-0.002=+0.023$ (1 分)

下极限偏差:

$Y_{max}=E_I-e_s=0-0.018=-0.018$ (1 分)

32. 解:$L=L_1-d_1/2-d_2/2=80.02-10.02/2-9.98/2=70.02$(mm) (10 分)

答:两孔的实际中心距 L 为 70.02 mm。

33. 答:正确使用和保养锉刀:(每项 2 分,共 10 分)

(1)不要用锉刀锉毛坯面的硬皮和淬硬的工件。

(2)新锉刀要先用一面,使用一段时间后再用另一面。

(3)锉屑嵌入齿轮要用锉刷及时刷去。

(4)锉刀上不能沾水。

(5)锉刀放置时,不要与其他锉刀、硬物、刀具等碰撞,也不能重叠堆放。

34. 答:产品的装配工艺过程由四部分组成:(1)装配前的准备工作,包括研究和熟悉装配图及装配工艺;对零件进行清理及清洗,对某些零件进行修配,密封试验及平衡工作。(2)装配工件,它通常分为部装和分装。(3)调整、精度检验和运转试验。(4)油漆、涂油和装箱。(每项 2.5 分,共 10 分)

35. 答:当装配精度要求尺寸很高,装配尺寸链各组成环的零件尺寸加工精度又难以满足要求时,可将各组成环零件尺寸的公差适当放大到合理可行的数据。装配前,按实际尺寸的大小把零件分成若干组,然后,将分组的零件按对应尺寸,大的与大的相配,小的与小的相配,这种装配方法叫作选配装配法。(4 分)

(1)优点:①零件经分组后进行装配,提高了配合精度。②由于零件制造公差放大,因此降低了加工成本。(3 分)

(2)缺点:①增加了零件进行测量、分组工作检测设备。②当零件的实际尺寸分布不均匀时,分组后的各组零件数多少不一,装配后会剩下多余的零件,故只适用于成批大量生产。(3 分)

装配钳工(中级工)习题

一、填 空 题

1. 大型工件划线时，如没有长的钢直尺，可用(　　)代替；没有大的直尺则可用线坠代替。

2.“三级教育”是安全教育的重要实施途径，包括入厂教育、(　　)、岗位教育三级。

3. 团结合作、(　　)，是社会主义职业道德的一个重要规范，长期坚持将有利于培养现代企业的团队精神。

4. 设备维护保养是指对设备在运行过程中由于(　　)变化而引出的大量、常见问题的及时处理。

5. 在有旋转零件的设备旁穿过肥大服装属于(　　)装束。

6. 对具有噪声、震动的作业应采取(　　)、减震和防震等安全技术措施。

7. 安全生产是指在保证(　　)的前提下，进行生产活动。

8. 在划线涂料中通常将硫酸铜溶液用于(　　)划线。

9. 当投射线互相平行，并与投影面垂直时，物体在投影面上的投影叫正投影。按正投影原理画出的图形叫(　　)

10. 三视图的投影规律是：主、俯视图(　　)；俯、左视图宽相等；主、左视图高平齐。

11. $\overset{6.3}{\bigtriangledown}$ 表示用去除材料的方法获得的表示，其(　　)的最大允许值为 6.3 μm。

12. 当机件内部结构不能用单一剖切平面剖开，而是采用几个互相平行的剖切平面将其剖开，这种剖视图称为(　　)。

13. 1∶2 的比例是(　　)的比例。

14. 切削时，切屑流出的表面称为(　　)。

15. 形位公差在图形中的标注，(　　)文字说明要尽量少用或不用。

16. 前刀面与后刀面的交线称为(　　)。

17. 在测量过程中，由一些无法控制的因素造成的误差称为(　　)。

18. 三角带传动具有能缓和(　　)、工作平稳、噪声小、结构简单、制造容易的特点。过载时打滑，能防止其零件损坏，常用于两轴中心距较大的场合。

19. 在液压传动中，压力是物体在(　　)上承受的力的大小。

20. 目前切削刀具常用硬质合金有(　　)硬质合金、钨钴钛类硬质合金等。

21. 磨削所用的砂轮的特性包括：磨料的(　　)、结合剂、组织、形状、尺寸等。

22. 内径千分尺测量范围有限，为扩大范围可采用(　　)的方法。

23. 内径百分表由(　　)和表架组成，主要用以测量孔径及其形状误差。

24. 金属在外力作用下抵抗塑性变形和破坏的能力称强度，强度常用应力值表示，其符号为(   ),单位为 Pa。

25. T12A 钢按用途分类属于碳素工具钢,按含碳量分类属于(   ),按质量分类属于优质钢。

26. 适合加工脆性材料的是钨钴类硬质合金,如 YG6X,适合加工韧性材料的是钨钴钛合金,如(   )。

27. 为改善不良组织和降低硬度,结构钢常用的是完全退火,而工具钢常用的是(   )。

28. Tr40LH-7H 表示梯形内螺纹,大径 40 mm,左旋,7H 表示(   )。

29. 铰链四杆机构的三种基本形式是:曲柄摇杆机构,双曲柄机构和(   )机构。

30. 带传动是依靠带间的(   )来传递运动和功率的。若传动功率超过负荷,带在轮上打滑具有过载保护作用。

31. 按齿轮的传动方式分类有平行轴传动、相交轴传动和(   )三类。

32. 液压传动中油液中混入空气易影响工作性能,引起(   )、振动和噪声。

33. 千分尺是由尺架、固定测砧、测微头、测力装置、(   )和隔热装置六部分组成。

34. 钢的热处理是将钢在固态下加热、保温和冷却的操作来改变(   ),从而获得所需性能的一种工艺方法。

35. 正火的目的,对(   )来说与完全退火相似。

36. 低温回火是指回火温度为(   ),得到回火马氏体组织,可在基本保持淬火高硬度的前提下,适当提高钢的韧性和减小淬火内应力。

37. 将钢材经过淬火后,再(   ),是获得回火索氏体组织的热处理方法。

38. 电流的大小和方向(   )时间变化的电流,称为恒定电流,简称直流,以字母 I 表示。

39. 电对人身伤害分为(   )和电伤。

40. 钻削时由排屑螺旋槽排出的带状切屑,随钻头一起旋转,(   )操作者的手。

41. 目前常用的齿轮齿形有渐开线齿形、摆线齿形和(   )齿形。

42. 量块在使用前,先用(   )洗去防锈油,再用鹿皮或软绸擦干净。

43. 钻孔尺寸精度一般为(   ),因此,一般说来钻孔是属于粗加工类别,其表面粗糙度的 Ra 值也一般大于 2.5 μm。

44. 铰孔一般是用于中、小孔的(   ),精度一般可以达到 IT7 级,表面粗糙度的 Ra 值可小于 0.8 μm。

45. 把带电设备的金属外壳在与大地可靠连接的同时,把三相四线中(   )与带有电器设备的金属外壳可靠地连接,这就是机床的保护接地措施。

46. 研磨圆柱表面时,工件和研具之间必须是在相对作旋转运动的同时,还应作(   )。

47. 简单尺寸链的计算方法有完全互换法、选择装配法、修配法和(   )法四种。

48. 装配尺寸链的计算方法有极值法和(   )两种。

49. 零件加工后的实际几何参数(尺寸、形状和位置)与(   )的符合程度称为加工精度。两者不符合的程度称为加工误差。加工精度越高,则加工误差越小。

50. 由于采用(   )而产生的误差称为理论误差。

51. 一个圆柱直齿轮顶圆直径为 42 mm,齿数为 19,它的模数为(   )。

52. 水平仪主要用于检验零件的平直度、机件相互位置的平行度,在设备安装时用来调整(   )。

53. 三视图之间存在以下投影规律：主视图与俯视图长对正；主视图与左视图高平齐；俯视图与左视图(　　)。

54. 常用的剖视图有全剖视图、半剖视图和(　　)视图三种。

55. 常用的剖面图有移出剖面和(　　)二种。

56. 当形位公差的附加要求需要用文字说明时，属于被测要素数量的说明，应注写在公差框格的(　　)。

57. 制造丝锥、板牙等形状复杂、切削速度不高的刀具，常用的牌号是(　　)。

58. 将节流阀安在液压缸的(　　)上，称为进油路节流调速。

59. 用电器行程开关实现的顺序动作回路可利用(　　)使动作顺序可靠。

60. 理论误差是由于采用了(　　)加工运动或近似的刀具轮廓而产生的。

61. 某液压千斤顶，小活塞面积为 1 cm^2，大活塞为 100 cm^2。当在小活塞加上 10 N 力时，如果不计摩擦力等，大活塞可产生(　　)N 的力。

62. 选用哪种钻床夹具，取决于工件上(　　)的分布情况。

63. 刃磨成形车刀、铰刀、尖齿、铲齿铣刀，均在(　　)磨床上进行。

64. 已知流经管道液体的流速为 v(m/s)，管道截面积为 A(平方米)，则进入管道的流量 Q=(　　)m^3/s。

65. 麻花钻愈近钻心处，前角愈小，后角(　　)。

66. 万能分度头的型号有 FW250 型、FW200 和(　　)三种规格。

67. 钻床上常用的钻头套按内外孔(莫氏)锥度共分(　　)种号数。

68. M12×1.5LH－7H 左表示普通细牙内螺纹，大径 12 mm，螺距 1.5 mm，7H 表示(　　)，左旋。

69. 磨削时的主运动是(　　)。

70. 在滚齿和插齿加工中，一把刀具可以准确加工出同一模数的(　　)齿数的齿轮。

71. 为了保证导轨副的接触刚度和运动精度，导轨和配合面必须有良好的接触，可用涂色法检查，对于刮削的导轨，以导轨表面(　　)来判断。

72. 对于过盈配合在装配时，如果包容件不适宜选用热装配法，则也可用(　　)被包容件来装配。

73. 磨削螺纹对刀时，如砂轮偏离螺旋槽，则可旋转(　　)手轮，使砂轮与螺旋槽对正。

74. 一般螺纹磨床采用的切削液为(　　)。

75. 在无心外圆磨床上用通磨法磨削细长轴时，为防止振动，可将工件中心调整至(　　)导轮和磨削轮中心连线。

76. 钻床用钻套按其结构和使用情况的不同，可分为：固定钻套、可换钻套、(　　)和特殊钻套四种。

77. 麻花钻当刃磨的后角大时，横刃斜角就会减小，横刃长度也随之变长，钻孔时，钻削的轴向阻力大，且(　　)。

78. 常用的分度方法有：直接分度法；简单分度法；角度分度法；差动分度法；近似分度法；(　　)。

79. 工件加工前进行划线作业，所划线条的种类主要有基准线、加工线、(　　)和找正线等。

80. 对特大型工件划线,为减少翻转次数或不翻转工件,常采用(　　)法进行划线。

81. 对工件不平行的多个平面上进行互有关联的划线,称为(　　)。

82. 样板划线可以简化划线程序,提高(　　)。

83. 锥形锪钻的锥角有 60°、75°、90°、120°四种。其中(　　)用得最多。

84. 麻花钻一般用高速钢制成,淬硬至 HBC62～68,由柄部、颈部及(　　)构成。柄部有直柄和锥两种。

85. 钻削时常用的冷却润滑液种类有乳化液和油类。前者主要用来冷却钻头和工件;后者主要起润滑作用,用于降低被加工表面的(　　)。

86. 钻削用量包括:(　　)、进给量、切削速度。

87. 钻削中,切削速度 v 和进给量 f 对生产率影响相同;对钻头的(　　)来说,切削速度 v 比进给量 f 大。

88. 选择铰削余量时,应考虑铰孔的精度、(　　)、孔径大小、材料软硬和铰刀的类型等因素的综合影响。

89. 麻花钻、丝锥等刀具的截形为曲线的齿沟,应在铣床上用(　　)加工。

90. 可调试管子板牙由(　　)为一组,用来套管子外螺纹。

91. 螺纹公差带,由其相对于基本牙型的(　　)和大小所组成。

92. 标准螺纹代号的表示顺序是:牙型、大径×(　　)、精度等级、旋向。

93. 螺纹要素包括牙型、公称直径、螺距、线数、螺纹公差带、旋向和(　　)等。

94. 用刮刀在工件表面上(　　)的金属,以提高工件加工精度的操作叫刮削。

95. 平面刮削有单个平面刮削和组合平面刮削;曲面刮削有内(　　)面、内圆锥面和球面刮削。

96. 平面刮刀中的精刮刀,其楔角 β 应磨成 97.5°左右,刀刃圆弧半径应比细刮刀(　　)些。

97. 刮花的目的是使(　　),并能使滑动件之间造成良好的润滑条件。

98. 显示剂是用来了解刮削前(　　)的位置和大小。

99. 红丹粉分铅丹和铁丹两种,广泛用于(　　)的显示剂。

100. 研磨可使工件达到精确的尺寸,精确的几何形状和很小的(　　)。

101. 一般研磨平面的方法有,工件沿平板表面作 8 字形、仿 8 字形或(　　)运动轨迹进行研磨。

102. 研磨工具是保证研磨工件(　　)正确的主要因素,常用的研磨工具有平板、环、棒。

103. 常用的研具材料有灰铸铁、(　　)、软钢和铜。

104. 研磨剂是由(　　)和研磨液调和而成的混合剂。

105. 磨料的粗细用(　　)表示,分磨粒、磨粉、微粉三个组别。

106. 组成装配尺寸链方法有(　　)法、选配法、修配法和调整法。

107. 常用的清洗液有(　　)、煤油、柴油和化学清洗液。

108. 平键连接靠平键的(　　)与键槽的两侧面的接触传递扭矩。

109. 键是用来连接轴和轴上零件的,主要用于轴向固定以传递转矩的一种(　　)零件。

110. 松键连接所用的键有普通平键、(　　)键、导向平键和滑键等。

111. 普通平键连接适用于高精度,传递重载荷、冲击及(　　)向转矩的场合。

112. 齿轮跑合的方式有两种,(　　)和电火花跑合。

113. 试验台是由(　　)与安装机构组成。

114. 单向阀的作用是允许液体向(　　)流动,不能反向流动。

115. 钳工使用的压力机的类型有(　　)、摩擦压力机和液压压力机三种。

116. 卡规的尺寸是按零件被测处的(　　)做的。按最大极限尺寸做的叫过端,按最小极限尺寸做的叫不过端。

117. 塞规的尺寸是按零件被测处的(　　)做的。按最大极限尺寸做的叫不过端,按最小极限尺寸做的叫过端。

118. 螺纹从左向右升高的叫右旋螺纹;螺纹从右向左升高的叫(　　)螺纹。

119. 黏合剂按使用的材料分,有(　　)黏合剂和有机黏合剂两大类。

120. 弯曲管子时,弯管的最小半径必须大于管子直径的(　　)倍。

121. 爬行是液压设备中常见的不正常运动状态,其现象显著时为(　　)。一般发生在低速相对运动情况。

122. 游标卡尺的尺身每一格为 1 mm,游标共有 50 格,当两量爪并拢时,游标的 50 格正好与尺身的 49 格对齐,则该游标卡尺的读数精度为(　　)mm。

123. 游标卡尺只适用于中等精度尺寸的测量和检验,高度游标卡尺用来测量零件的高度尺寸和进行钳工(　　)。

124. 水平仪的读数方法有相对读数法和(　　)读数法。

125. 用经纬仪测量机床回转台的分度误差时,常与(　　)配合组成一个光学基准系数。

126. 游标每小格为 19/20 mm 的游标卡尺,尺身每小格与游标每小格之差为(　　)mm。

127. 正弦规可用来检验(　　)的锥度。

128. 零件的密封试验按承受工作压力的大小有(　　)法和气压法。

129. 螺纹连接是一种可拆卸的(　　)连接,分为普通螺纹连接和特殊螺纹连接。

130. 机器加工车间常见的防护装置有防护罩、(　　)、防护栏杆和防护网待等。

131. 万能角度尺按游标的测量精度分 $5'$和(　　)分两种。

132. 滚动轴承装配时,外圈与箱体孔的配合采用(　　),内圈与轴的配合采用基孔制。

133. 手用铰刀(　　)在钻床上使用。

134. 铰孔留量要适当,铰孔前的底孔最好要经过(　　)。

135. 錾子的握法有(　　)、反握法和立握法三种握法。

136. S7332 表示(　　)磨床。

137. 工件的圆周速度应与(　　)保持一定的比例关系。

138. 磨削软金属和有色金属材料时,为防止磨削时产生堵塞现象,应选择(　　)的砂轮。

139. 工件在花盘上用几个压板压紧时,夹紧力方向应(　　)于工件的定位基准面。

140. 花盘主要用于装夹(　　)的工件,如铣刀、支架、连杆等。

141. 用横向磨削法磨削平面,精磨时,横向进给量为(　　)。

142. 横向磨削法磨削平面的接触面积比深度磨削法(　　)。

143. 齿轮在轴上固定,当配合要求过盈量不大时,应采用(　　)法。

144. 当粗刮到每 25 mm×25 mm 方框内有 2～3 个研点,可转入细刮。在整个刮削表面上达到(　　)时,细细结束。

145. 粗刮目相看时,显示剂应涂在标准表面上,精刮时,显示剂应涂在(　　)。

146. 进行细刮时,推研后显示出有些发亮的研点,应(　　)。

147. 在车床上研磨外圆柱面,当出现与轴线小于45°交叉网纹时,说明研磨环的往复移动速度(　　)。

148. 圆柱齿轮的装配,一般是先把(　　)装在轴上,再把齿轮轴部件装入箱体。

149. 被测量轴线只有与标准量的测量轴线重合或在其延长线上时,测量才会得到精确的结果。该原则称为(　　)。

150. 一般齿轮传动不要求很高的运动精度和工作平稳性,但要求接触精度较高和(　　)。

151. 分度头其传动原理:在分度头的手柄轴上空套着一个套筒,套筒一端装有分度盘,另一端有(　　),它与挂轮轴上有螺旋齿轮相啮合,使螺杆带动蜗轮转动进行分度。

152. 刮削精度的检查方法有:刮削研点的检查和(　　)误差检查。

153. 装配动连接花键时,花键孔在花键轴上应(　　)没有阻滞现象,但间隙应适当。

154. 工件的实际定位点数,如不能满足加工要求,少于应有的定位点数,称为(　　)定位,这在加工中是不允许的。

155. 钻孔、铰孔、拉孔及攻螺纹等加工方法,是采用(　　)来控制其尺寸的精度。

156. 在车床上单端夹持成悬臂状态的工件,其刚度较低,车削外圆后将产生(　　)误差。

157. 由于砂轮不平衡而产生的振动,属于(　　)振动。

158. 过度的冷作硬化会使工件表面产生(　　)及剥落,加剧磨损。

159. 翻转式个别模由于加工一个零件要翻动几次,因此夹具和工件有总重不宜超过10 kg。加工时由于钻模不能固定,所以加工孔径一般不宜超过(　　)mm。

160. 在立式钻床上加工位置精度较高的孔时建议采用(　　)钻模。

161. 间隙密封的相对运动件配合面之间的间隙为(　　)mm。

162. 蓄能器应将油口向下(　　)安装。

163. 温差装配法的基本原理是使过盈配合件之间的过盈量(　　)。

164. 液压套合法操作时达到压入行程后,应先缓慢消除(　　)的油压。

165. 同步带的使用温度范围为(　　)。

166. 热胀装配法采用喷灯加热属于(　　)加热方法。

167. 温差法装配时,合适的装配间隙是(　　)d(d为配合直径)。

168. 在某淬硬钢工件上加工内孔 ϕ15H5,表面粗糙度为 Ra0.2 μm,工件硬度为30～35HRC,应选择适当的加工方法为(　　)。

二、单项选择题

1. 机床操作者在操作机床时,为确保安全生产,不应(　　)。

(A)检查机床上危险部件的防护装置　　(B)保持场地整洁

(C)配戴护目镜　　(D)穿领口敞开的衬衫

2. 设备的检查是对设备的运行情况、(　　)、磨损程度进行检查和校验。

(A)外观状态　　(B)内部工作　　(C)工作性能　　(D)故障隐患

3. 在已加工表面上划线前,一般应涂上(　　)。

(A)石灰水 (B)蓝油 (C)红丹油 (D)水

4. 划线在选择尺寸基准时，应使划线时尺寸基准与图样上(　　)基准一致。

(A)测量基准 (B)装配基准 (C)设计基准 (D)工艺基准

5. 开口销与(　　)零件合用，用于锁定其他零件。

(A)弹簧 (B)螺栓 (C)螺母 (D)槽形螺母

6. 标准群钻上的分屑槽应磨在一条主切削刃的(　　)段。

(A)外刃 (B)内刃 (C)圆弧刃 (D)横刃

7. 液压泵将机械能转变为液压油的(　　)；而液压缸又将这能量转变为工作机构运动的机械能。

(A)电能 (B)动压能 (C)机械能 (D)压力能

8. 普通高速钢是指加工一般金属材料用的高速钢，常用牌号有 W18Cr4V 和(　　)两种。

(A)CrWMn (B)9SiCr (C)W12Cr4V4Mo (D)W6Mo5Cr4V2

9. 碳素钢按含碳量多少分低碳钢、中碳钢和高碳钢，其中高碳钢含碳量(　　)。

(A)大于 0.25％ (B)大于 0.40％ (C)大于 0.60％ (D)大于 0.80％

10. 将钢加热到 Ac3 或 Accm 以上(　　)，保温一定时间，随后在空气中冷却下来的热处理工艺，称为正火。

(A)50 ℃～70 ℃ (B)70 ℃～80 ℃ (C)80 ℃～90 ℃ (D)30 ℃～50 ℃

11. 螺纹传动中导程(S)与螺杆(或螺母)的移动距离(L)之间的关系为(　　)。

(A)$L=S/N$ (B)$L=N\cdot S$ (C)$L=S+N$ (D)$L=N/S$

12. 在平行于螺纹轴线的剖视图中，内螺纹的牙顶和螺纹终止线用(　　)绘制。

(A)粗点划线 (B)细实线 (C)粗实线 (D)虚线

13. 为了保证压板与工作面良好接触，螺旋压板机构必须采用(　　)。

(A)浮动压块 (B)固定压块 (C)浮动螺钉 (D)固定螺钉

14. 机件上与投影面(　　)的平面(或直线)，它在该投影面上的投影上反映实形。

(A)平形 (B)垂直 (C)倾斜 (D)平行或垂直

15. 在正常配置的三个基本视图中，机件上对应部分的主、左视图(　　)。

(A)高平齐 (B)长对正 (C)宽相等 (D)宽不等

16. 花键工作长度的终止端用(　　)绘制。

(A)细实线 (B)粗实线 (C)虚线 (D)点划线

17. 在零件图中注写极限偏差时，上下偏差小数对齐，小数点后位数相同，零偏差(　　)。

(A)必须标出 (B)不必标出 (C)文字说明 (D)用符号表示

18. 与外螺纹牙顶或内螺纹牙底相重合的假想圆柱面的直径叫(　　)。

(A)中径 (B)小径 (C)公称直径 (D)大径

19. 零件图的尺寸标注必须符合(　　)标准的规定画法。

(A)国家 (B)部颁 (C)行业 (D)工厂

20. 在表面粗糙度的评定参数中，微观不平度十点高度代号是(　　)。

(A)Rg (B)Ra (C)Rb (D)Rz

21. 以下选项中，(　　)不是造成錾削面粗糙的常见原因。

(A)錾子刃口崩裂 (B)锤击力不均匀

(C)錾削后角过大　　(D)錾子头部被锤击平

22. J2 型光学经纬仪的精度为 2″,是(　　)的。

(A)测长　　(B)测圆　　(C)测面　　(D)测角

23. 应用最普遍的夹紧机构有(　　)。

(A)简单夹紧装置　　(B)复合夹紧装置

(C)连杆机构　　(D)螺旋机构

24. 利用已精加工且面积较大平面的导向平面定位时,应选择的基本支承是(　　)。

(A)支承板　　(B)支承钉　　(C)自由支承　　(D)浮动支承

25. 工件定位基准与设计基准重合时,基准不重合误差为(　　)。

(A)正数　　(B)负　　(C)零　　(D)分数

26. 使用锉刀时不能(　　)。

(A)推锉　　(B)单手锉　　(C)双手锉　　(D)来回锉

27. 锯路有交叉形还有(　　)。

(A)波浪形　　(B)八字形　　(C)鱼鳞形　　(D)螺旋形

28. 修磨钻铸铁的群钻,主要是磨出二重顶为(　　)。

(A)60°　　(B)70°　　(C)80°　　(D)90°

29. 孔的精度要求较高和表面粗糙度值要求较小时,选用主要起(　　)作用的切削液。

(A)润滑　　(B)冷却　　(C)冷却和润滑　　(D)摩擦

30. 一般工件钻直径超过 30 mm 的大孔,可分二次钻削,先用(　　)倍孔径的钻头钻孔,然后要求孔径一样的钻头钻孔。

(A)0.3～0.4　　(B)0.5～0.7　　(C)0.8～0.9　　(D)1～1.2

31. 使用普通高速钢铰孔,加工材料为钢时,切削速度不应超过(　　)。

(A)8 m/min　　(B)10 m/min　　(C)15 m/min　　(D)20 m/min

32. 在钢和铸铁的工件上加工同样直径的内螺纹时,钢件的底孔直径比铸铁的底孔直径(　　)。

(A)稍小　　(B)稍大　　(C)相同　　(D)可能大可能小

33. 显示剂的种类有红丹粉和(　　)。

(A)铅油　　(B)兰油　　(C)机油　　(D)矿物油

34. 细刮的接触点要求达到(　　)。

(A)2～3 点/25×25 mm^2　　(B)12～15 点/25×25 mm^2

(C)20 点/25×25 mm^2　　(D)25 点/25×25 mm^2

35. 对角研只适合刮削(　　)的原始平板。

(A)长条形　　(B)正方形　　(C)圆形　　(D)三角形

36. 装配工艺规程的内容包括(　　)。

(A)所需设备工具时间定额　　(B)设备利用率

(C)厂房利用率　　(D)耗电量

37. 分度头中手柄心轴上的蜗杆为单头,主轴上的蜗轮齿数为 40。当手柄转过一周,分度头主轴转过(　　)周。

(A)1　　(B)1/2　　(C)1/4　　(D)1/40

38. 在铸造生产中，水玻璃的模数过高过低都不能应用，一般是将模数调整到(　　)才能使用。

(A)$M=1\sim2$　　(B)$M=2\sim3$　　(C)$M=3\sim4$　　(D)$M=4.5\sim5.5$

39. 修理砂型或砂芯的较大平面，通常使用的修型工具是(　　)。

(A)墁刀　　(B)提钩　　(C)半圆　　(D)双头铜勺

40. 在箱体孔加工中，经常采用浮动镗刀镗孔，这符合(　　)原则。

(A)基准统一　　(B)基准重合　　(C)互为基准　　(D)自为基准

41. 螺旋机构中，丝杠与螺母的配合精度决定着丝杠的(　　)精度和定位精度，故必须做好调整工作。

(A)回转　　(B)传动　　(C)定位　　(D)导向

42. 密封处的圆周速度小于 7 m/s，工作温度在－40～100 ℃时；采用(　　)密封装置。

(A)毡圈式　　(B)皮碗式　　(C)阻油槽式　　(D)迷宫式

43. 内锥外柱式轴承与外锥内柱式轴承的装配过程大体相似，修整时，不同点是只需修整(　　)。

(A)外锥面　　(B)外柱面　　(C)内锥孔　　(D)内柱孔

44. 螺旋机构的丝杆与螺母必须同轴，丝杆轴线必须和基准面(　　)。

(A)垂直　　(B)平行　　(C)相交　　(D)倾斜

45. 液压传动的特点有(　　)。

(A)可与其他传动方式联用，但不易实现远距离操纵和自动控制

(B)速度、扭矩、功率可作无级调节

(C)能迅速转向、变速、传动准确、效率高

(D)不能实现系统过载的保护与保压

46. 大小齿轮啮合，往往小齿轮磨损快，为了避免大齿轮磨损，就必须(　　)。

(A)更换小齿轮　　(B)更换大齿轮　　(C)二者都换　　(D)修复小齿轮

47. 畸形工件划线时，要求工件重心或工件与夹具的组合重心应落在支承面内，否则必须加上相应的(　　)。

(A)支承板　　(B)支承钉　　(C)辅助支承　　(D)V 形块

48. (　　)间隙是直接影响丝杆螺母副的传动精度。

(A)轴向　　(B)法向　　(C)径向　　(D)齿顶

49. 用检验棒校正丝杆螺母副同轴度时，为削除检验棒在各支承孔中的安装误差，可将检验棒转过(　　)后再测量一次，取其平均值。

(A)60°　　(B)180°　　(C)90°　　(D)360°

50. 一般刮削导轨的表面粗糙度在 Ra (　　)以下。

(A)0.2　　(B)0.4　　(C)0.8　　(D)1.6

51. 声级计是依靠(　　)将被测声波变为电信号，最后在表头上指示出读数。

(A)微音器(传感器)　　(B)扩大器　　(C)检音器　　(D)记录仪

52. 泄漏故障的检查方法有超声波检查、涂肥皂水、涂煤油和(　　)等多种方法。

(A)升温检查　　(B)加压试验　　(C)性能试验　　(D)超速试验

53. 蜗轮副正确的接触斑点位置应在(　　)位置。

(A)蜗杆中间 (B)蜗轮中间
(C)蜗轮中部稍偏蜗杆旋出方向 (D)蜗轮中部稍偏蜗杆旋入方向

54. 合理调整轴承间隙,能保证轴承寿命,提高轴的(　　)。
(A)旋转速度 (B)旋转精度 (C)旋转方向 (D)表面粗糙度

55. 零件图的识读方法分五步进行,首先是(　　)。
(A)分析视图 (B)分析形体 (C)看标题栏 (D)分析尺寸

56. 孔的最大极限尺寸与轴的最小极限尺寸的代数差为负值叫作(　　)。
(A)最大间隙 (B)最小间隙 (C)最小过盈 (D)最大过盈

57. 碳素结构钢用来制造(　　)机械零件。
(A)重要 (B)不重要 (C)刀具 (D)模具

58. 铸铁中的碳与铁化合成渗碳体的化合物形式存在,此铸铁叫(　　)。
(A)白口铸铁 (B)灰口铸铁 (C)球墨铸铁 (D)可锻铸铁

59. 一般来说,晶粒越(　　),金属材料的力学性能越好。
(A)细小 (B)粗大 (C)一般 (D)大小不一

60. 中温回火的温度范围应选择(　　)。
(A)50～150 ℃ (B)150～250 ℃ (C)350～450 ℃ (D)500～650 ℃

61. 去除应力退火,一般是加热到(　　)摄氏度,经保温一段时间后,随炉冷却至 300 ℃以下出炉。
(A)400～500 (B)500～650 (C)600～650 (D)800～900

62. 渗碳处理过程中,渗碳层的渗碳速度一般为(　　)。
(A)1～0.5 mm/h (B)0.5～2.5 mm/h
(C)3～5 mm/h (D)5～7 mm/h

63. C650 型车床主轴电动机制动采用(　　)制动。
(A)机械 (B)电气 (C)能耗 (D)反接

64. 用机械加工的方法修理曲轴,按轴颈配轴瓦的修理方法是(　　)。
(A)标准尺寸修理 (B)修理尺寸法 (C)附加零件法 (D)机械修复法

65. 切削时控制切削流出方向的主要刀具角度是(　　)。
(A)前角 (B)后角 (C)主偏角 (D)副偏角

66. 钻削塑性材料时,以产生(　　)为主。
(A)崩碎切削 (B)粒状切削 (C)节状切削 (D)带状切削

67. 新钻头一般要经刃磨才能使用,这主要是因为新钻头(　　)。
(A)没有切削刃 (B)没有前角 (C)后角为 0° (D)锋角太大

68. 矫正和弯曲一般只适用于(　　)的材料。
(A)塑性好 (B)塑性差 (C)强度好 (D)强度差

69. 硫酸铜涂料用于(　　)工件表面的划线,可使线条清晰。
(A)毛坯件 (B)粗加工件 (C)精加工 (D)任何加工件

70. 划线时选用未经切削加工过的毛坯面做基准,使用次数只能为(　　)次。
(A)一 (B)二 (C)三 (D)四

71. 为保证圆滑地连接,必须准确求出圆弧的圆心及被连接段的(　　)。

(A)交点 (B)切点 (C)圆点 (D)半径

72. 经过划线确定加工时的最后尺寸,在加工过程中应通过( )来保证尺寸准确。

(A)测量 (B)划线 (C)加工 (D)设备精度

73. 变形铝合金中,不能由热处理强化的是( )。

(A)硬铝 (B)锻铝 (C)防锈铝 (D)超硬铝

74. 钻头的横刃太长时,钻削时的轴向力会增大,所以一般横刃斜角取( )。

(A)65° (B)55° (C)45° (D)75°

75. 铰刀的前角是( )。

(A)−10° (B)10° (C)0° (D)20°

76. M6～M24 的丝锥每套为( )。

(A)一件 (B)两件 (C)三件 (D)四件

77. 攻螺纹前的底孔直径应( )螺纹小径。

(A)略大于 (B)略小于 (C)等于 (D)远大于

78. 合理选择切削液,可减小塑性变形和刀具与工件之间的摩擦,使切削力( )。

(A)增大 (B)减小 (C)不变 (D)都不是

79. 切削过程中的变形和摩擦所消耗的功转化为( )叫作切削热。

(A)机械能 (B)电能 (C)热能 (D)动能

80. 錾子刃磨时,经常浸水冷却,以免錾子( )。

(A)退火 (B)回火 (C)正火 (D)淬火

81. 麻花钻顶角愈小,则轴向力愈小,刀尖角增大,有利于( )。

(A)切削液的进入 (B)散热和提高钻头的寿命

(C)排屑 (D)无影响

82. 标准群钻在标准麻花钻上磨出( )。

(A)T 形槽 (B)V 形槽 (C)三角形槽 (D)月牙槽

83. 刮削是用刮刀在工件表面上刮去一层很薄的金属,以提高工件加工( )。

(A)尺寸 (B)强度 (C)耐磨性 (D)精度

84. 进行细刮时,推研后显示出有些发亮的研点,应( )。

(A)重些刮 (B)轻些刮 (C)不轻也不重的刮 (D)长刮法

85. 平面粗刮刀的楔角一般为( )。

(A)90°～92.5° (B)95° (C)97.5°左右 (D)85°～90°

86. 标准平板是检验刮削的( )。

(A)基本工具 (B)基本量具 (C)一般量具 (D)精密量具

87. 调和显示剂时,粗刮可调得( )。

(A)干些 (B)稀些 (C)湿些 (D)稠些

88. 用水平仪或自准直仪,测量表面较长零件的直线度误差属于( )测量法。

(A)直接 (B)比较 (C)角差 (D)线差

89. 光学合像水平仪与框式水平仪比较,突出的特点是( )。

(A)通用性好 (B)精度高

(C)测量范围大 (D)可直接读出读数

90. 发现精密量仪具不正常现象时应(　　)。

(A)进行报废　　(B)及时送交计量检修

(C)继续使用　　(D)边用边修

91. 可微动调解游标卡尺由(　　)和副尺及辅助游标组成。

(A)尺架　　(B)主尺　　(C)钻座　　(D)长管

92. 万能角度尺,仅能测量(　　)的外角和 40°～180°的内角。

(A)0～90°　　(B)0～180°　　(C)90°～180°　　(D)0～360°

93. 用经纬仪测量机床回转台的分度误差时,常与(　　)配合,组成一个测量光学基准系统。

(A)读数望远镜　　(B)五角棱镜　　(C)平面反射镜　　(D)平行光管

94. 正弦规可用来检验(　　)的锥度。

(A)内圆锥　　(B)外圆锥　　(C)内圆锥和外圆锥　　(D)圆锥

95. 合像水平仪是一种用来测量对水平位置或垂直位置的微小角度偏差的(　　)量仪。

(A)数值　　(B)几何　　(C)角值　　(D)线值

96. 在机械油的选用中,号数大的使用于(　　)。

(A)高速轻载　　(B)低速重灾　　(C)高温　　(D)低温

97. 工件装夹时间过长,使工时定额中的(　　)时间增加。

(A)辅助　　(B)服务　　(C)休息　　(D)基本

98. 装配精度完全依赖于零件加工精度的装配方法,即为(　　)。

(A)完全互换法　　(B)修配法　　(C)选配法　　(D)调整装配法

99. 精益生产方式的关键是实行(　　)

(A)准时化生产　　(B)自动化生产　　(C)全员参与　　(D)现场管理

100. 在车床上研磨外圆柱面,当出现与轴线大于 45°交叉网纹时,说明研磨环的往复速动(　　)。

(A)太快　　(B)太慢　　(C)适中　　(D)快

101. 依靠液体流动的能量来输送液体的泵是(　　)。

(A)容积泵　　(B)叶片泵　　(C)流体作用泵　　(D)齿轮泵

102. 溢流阀用来调节液压系流中的恒定的(　　)。

(A)流量　　(B)压力　　(C)方向　　(D)位置

103. 过盈装配时,包容件孔端和被包容件进入端的倒角应取(　　)。

(A)1°～5°　　(B)5°～10°　　(C)10°～15°　　(D)15°～20°

104. 圆锥面过盈连接是依靠孔、轴相对(　　)位移而实现相互压紧的。

(A)轴向　　(B)径向　　(C)旋向　　(D)同步

105. 在油管中,只用作回油管和泄油管的是(　　)。

(A)铜管　　(B)钢管　　(C)塑料管　　(D)尼龙管

106. 圆锥齿轮接触斑点的检查,正确的位置是,空载时,接触斑点应靠近轮齿(　　)。

(A)大端　　(B)小端　　(C)中部　　(D)可能大端或小端

107. 齿轮接触精度的主要指标是接触斑点,一般传动齿轮在轮齿上的高度上接触斑点不少于(　　)。

(A)20%～25% (B)30%～50% (C)60%～70% (D)75%～85%

108. 过盈连接的对中性(　　)。

(A)差 (B)较差 (C)较好 (D)好

109. 花键装配时，套件在轴上固定，当过盈较大时，可将套件加热到(　　)后进行装配。

(A)40～60 ℃ (B)40～80 ℃ (C)50～80 ℃ (D)80～120 ℃

110. 用样冲在螺钉头直径上冲几处凹坑来防松的方法叫(　　)防松。

(A)点铆法 (B)增加摩擦力 (C)铆接 (D)双螺母

111. 导向键固定是在轴槽上，并用(　　)固定。

(A)螺栓 (B)螺钉 (C)点焊 (D)点铆

112. 检验蜗杆箱轴心线的垂直度要用(　　)。

(A)千分尺 (B)游标尺 (C)百分尺 (D)量角器

113. 蜗杆传动机构的装配顺序应根据具体结构情况而定，一般先装配(　　)。

(A)蜗轮 (B)蜗杆 (C)结构 (D)啮合

114. 皮碗式轴承密封，密封处的工作温度一般为(　　)。

(A)－50～0 ℃ (B)－40～100 ℃ (C)0～50 ℃ (D)50～100 ℃

115. 压力阀的装配要点：弹簧两端面磨平，使两端与中心线(　　)。

(A)平行 (B)垂直 (C)倾斜 (D)相交

116. 钻"骑马"孔前，心冲眼要打在(　　)。

(A)缝线上 (B)软材料 (C)硬材料 (D)辅材上

117. 东风$_4$型内燃机车的机油泵，油泵上体装有限压阀，当油泵压送的机油压力(　　)允许值时限压阀开启，于是机油通过限压阀流回油底壳。

(A)不等于 (B)小于 (C)等于 (D)超过

118. 在孔快要钻穿时，必须减少(　　)，钻头才不易损坏。

(A)进给量 (B)吃刀深度 (C)切削速度 (D)润滑液

119. 标准群钻圆弧刃上各点的前角(　　)。

(A)比麻花钻大 (B)比麻花钻小 (C)与麻花钻相等 (D)为一定值

120. 小型V形铁一般用中碳钢经(　　)加工后淬火磨削而成。

(A)刨削 (B)车削 (C)铣削 (D)钻削

121. 钻铸铁的钻头后角一般比钻钢材料时大(　　)。

(A)1°～3° (B)3°～5° (C)5°～7° (D)6°～8°

122. 在最高速运转时，主轴稳定温度，滑动轴承不能超过(　　)。

(A)50 ℃ (B)60 ℃ (C)80 ℃ (D)70 ℃

123. 锥形锪钻的前角为(　　)。

(A)30° (B)0° (C)－30° (D)－54°

124. 测量轴套的椭圆度应选用(　　)。

(A)内径百分表 (B)外径千分表 (C)块规 (D)游标卡尺

125. 研磨面出现表面不光洁时，是(　　)。

(A)研磨剂太厚 (B)研磨时没调头

(C)研磨剂混入杂质 (D)磨料太厚

126. 矫正一般材料通常用(　　)。

(A)软手锤　(B)拍板　(C)钳工手锤　(D)抽条

127. 按矫正时产生矫正力的方法可分为手工矫正、机械矫正和(　　)等。

(A)冷矫正和火焰矫正　(B)冷矫正和高频热点矫正

(C)火焰矫正和高频热点矫正　(D)冷矫正与热矫正

128. 按矫正时被矫正工件的温度分类可分为(　　)两种。

(A)冷矫正,热矫正　(B)冷矫正,手工矫正

(C)热矫正,手工矫正　(D)手工矫正,机械矫正

129. 直径 8 mm 以下的钢铆钉,铆接时一般情况下(　　)。

(A)热铆　(B)冷铆　(C)混合铆　(D)液压铆

130. 具有铆接压力大、动作快、适应性好、无噪声的先进铆接方法是(　　)。

(A)液压铆　(B)风枪铆　(C)手工铆　(D)强密铆

131. 铆距是指铆钉与铆钉间或铆钉与铆接板边缘的(　　)。

(A)距离　(B)位置　(C)大小　(D)排列

132. 过盈连接装配方法对要求较低配合长度较短过度配合采用(　　)压入法。

(A)冲击　(B)压力机　(C)干冰冷轴　(D)中击

133. 按铆接使用要求不同可分为活动铆接和(　　)。

(A)强固铆接　(B)紧密铆接　(C)强密铆接　(D)固定铆接

134. 用半圆头铆钉铆接时,留作铆合头的伸出部分长度,应为铆钉直径的(　　)。

(A)0.8～1.2 倍　(B)1.25～1.5 倍

(C)0.8～15 倍　(D)1.5～2 倍

135. 按照黏合剂主要是由磷酸溶液和(　　)两大类。

(A)有机黏合剂　(B)双氧黏合剂　(C)501 黏合剂　(D)502 黏合剂

136. 无机黏合剂主要是由磷酸溶液和(　　)组成。

(A)碳化物　(B)硫化物　(C)碱化物　(D)氧化物

137. 在研磨过程中,氧化膜迅速形成,即是(　　)作用。

(A)物理　(B)化学　(C)机械　(D)科学

138. 研磨平板主要用来研磨(　　)。

(A)外圆柱面　(B)内圆柱面　(C)平面　(D)圆柱孔

139. 群钻是利用(　　)合理刃磨而成的。

(A)丝锥　(B)麻花钻　(C)中心钻　(D)铣刀

140. 标准群钻主要用来钻削(　　)。

(A)铜　(B)铸铁

(C)碳钢和合金结构钢　(D)工具钢

141. 过盈连接是依靠孔和轴配合后的(　　)达到紧固连接目的。

(A)过盈值　(B)预紧力　(C)内力　(D)拉力

142. 铰孔结束后,铰刀应(　　)退出。

(A)正转　(B)反转　(C)正反转均可　(D)直接拔出

143. 铰削少量的非标孔,应使用(　　)铰刀。

(A)整体圆柱铰刀 (B)螺旋槽手用铰刀
(C)可调节的手用铰刀 (D)机用铰刀

144. 在铰削有键槽孔时,必须采用(　　)铰刀。
(A)螺旋槽 (B)直槽 (C)可调节 (D)机用

145. 震动标准从使用者的角度可以分为两类,即运行管理标准和制造厂(　　)。
(A)工艺 (B)设计 (C)制作 (D)出厂

146. 圆板牙的前角数值沿切削刃从小径到大径(　　)。
(A)没变化 (B)由小变大 (C)有大变小 (D)有小变大变小

147. 板牙的中间一段是校准部分,也是套螺纹时的(　　)。
(A)切削部分 (B)排削部分 (C)夹持部分 (D)导向部分

148. 用板牙在钢件上套螺纹时,材料因受挤压而变形,牙顶会(　　)。
(A)降低 (B)不变 (C)变高 (D)变高或降低

149. 根据封闭环公差,合理分配各组成环公差的过程叫(　　)。
(A)装配方法 (B)检验方法 (C)调整法 (D)解尺寸链

150. 解尺寸链是根据装配精度合理分配(　　)公差的过程。
(A)形成环 (B)组成环 (C)封闭环 (D)结合环

151. 装配精度和装配技术要求常常是装配尺寸链的(　　)。
(A)封闭环 (B)增环 (C)减环 (D)组成环

152. 装配轴承内圈时应先检查其内锥面与主轴锥面的接触面积,一般应大于(　　)%。
(A)50 (B)80 (C)20 (D)30

153. 双头螺栓与机体连接时,其轴心线必须与机体表面垂直,可用(　　)检查。
(A)角尺 (B)百分表 (C)游标卡尺 (D)块规

154. 万能外圆磨床被加工表面有螺旋线形成的主要原因是机床(　　)不好。
(A)强度 (B)刚度 (C)精度 (D)质量

155. 万能外圆磨床被加工表面有螺旋线形成的主要原因是磨削压力(　　)等。
(A)歪斜 (B)偏心 (C)过小 (D)过大

156. 进给箱和后托架丝杆安装孔中心线与床身导轨应保持(　　)。
(A)平行 (B)对称 (C)同轴 (D)同心

157. 进给箱、溜板箱和托架调整合格后即配作定位销钉,以确保(　　)不变。
(A)高度 (B)位置 (C)距离 (D)角度

158. 主轴箱是以(　　)和凸块底面与床身接触来保证正确安装位置。
(A)底平面 (B)侧平面 (C)上平面 (D)中心面

159. 丝杆两轴承中心线和开合螺母中心线对床身导轨应保持(　　)。
(A)平行度 (B)倾斜度 (C)同轴度 (D)垂直度

160. 节流器在静压轴承中具有十分重要的作用,(　　)个相对的油枪才有压力差,轴承才具有承载能力。
(A)八 (B)六 (C)四 (D)两

161. 静压轴承装入壳体孔后,用(　　)方法,使前后轴承孔同心,并与轴承保持一定的配合间隙。

(A)研磨 (B)刮削 (C)锉配 (D)铰削

162. 静压轴承润滑油的黏度必须按设计要求选用,将油加入油箱时必须经过(　　)。

(A)加热 (B)过滤 (C)冷却 (D)混合

163. 由于静压导轨面较长,封油面的实际间隙又不一定处处相等,故应有良好的导轨安装(　　)。

(A)位置 (B)方向 (C)基准 (D)角度

164. 蜗杆传动常用于转速(　　)变化的场合。

(A)上升 (B)急剧上升 (C)降低 (D)急剧降低

165. 蜗杆传动齿侧间隙检查,一般用(　　)测量。

(A)铅线 (B)百分表 (C)塞尺 (D)千分尺

166. 蜗轮正确接触斑点,应在蜗轮中部稍偏于(　　)方向。

(A)蜗轮旋出 (B)蜗轮旋入 (C)蜗杆旋出 (D)蜗杆旋入

167. 直接影响丝杆螺母传动准确性的是(　　)。

(A)径向间隙 (B)同轴度 (C)径向跳动 (D)轴向间隙

168. 双向运动的丝杆螺母应用(　　)螺母来消除双向轴向间隙。

(A)一个 (B)两个 (C)四个 (D)六个

169. 消除机构的消隙力方向应和切削力 P_x 的方向(　　)。

(A)一致 (B)相反 (C)垂直 (D)倾斜

170. 人为地控制主轴及轴承内外圈径向跳动量及方向,合理组合提高装配精度的方法是(　　)。

(A)定向装配 (B)轴向装配 (C)主轴装配 (D)间隙调整

171. 为了减少环境温度变化对机床的影响,可将一些精密机床放在(　　)室内进行工作。

(A)高温 (B)低温 (C)降温 (D)恒温

172. 某些旋转机械的启动或停机过程中,当经过某一转速附近时,会出现剧烈(　　)。

(A)摇动 (B)震动 (C)晃动 (D)摆动

三、多项选择题

1. 一张完整的装配图应具有(　　)4 部分内容。

(A)一组图形 (B)必要的尺寸 (C)技术要求 (D)热处理要求

(E)零件序号、明细栏和标题栏

2. 互换装配法的特点为(　　)。

(A)装配操作简单,生产效率高 (B)便于组织流水线作业及自动化装配

(C)便于采用协作方式组织专业化生产 (D)零件磨损后便于更换

(E)加工精度要求不高

3. 互换配合的零件,为了达到相应的配合精度,有(　　)装配方法。

(A)安全互换装配法 (B)选择装配法

(C)调整装配法 (D)修配装配法

4. 橡胶密封材料的优点有(　　)。

(A)耐高温 (B)耐水性 (C)易于压模成型 (D)高弹性

5. 关于粗基准的选用,以下叙述正确的是( )。

(A)应选工件上不需加工表面作粗基准

(B)当工件要求所有表面都需加工时,应选加工余量最大的毛坯表面作粗基准

(C)粗基准若选择得当,允许重复使用

(D)粗基准只能使用一次

6. 装配尺寸链中的封闭环,其实质就是( )。

(A)组成环 (B)要保证的装配精度

(C)装配过程中,间接获得的尺寸 (D)装配过程最后自然形成的尺寸

7. 千分尺是由( )组成。

(A)尺架 (B)测量螺杆 (C)测力装置

(D)手柄 (E)锁紧装置

8. 表面粗糙度的测量方法有( )。

(A)比较法 (B)光切法 (C)干涉法

(D)针描法 (E)接触法

9. 轴承合金(巴氏合金)是由( )等组成的合金。

(A)锡 (B)锑 (C)铝

(D)锌 (E)铜

10. 箱体类零件上的表面相互位置精度是指( )。

(A)各重要平面对装配基准的平行度和垂直度

(B)各轴孔的轴线对主要平面或端面的垂直度和平行度

(C)各轴孔的轴线之间的平行度、垂直度或位置度

(D)各主要平面的平面度和直线度

11. 对于尺寸链下列说法正确的是( )。

(A)尺寸链中只有一个封闭环

(B)装配尺寸链中,封闭环是装配技术要求

(C)增环是指在其他组成环不变的条件下,某组成环增大时,封闭环也随之增大

(D)减环是指在其他组成环不变的条件下,某组成环减小时,封闭环也随之减小

(E)封闭环是指在零件加工或机器装配过程中,直接得到的尺寸

12. 完全互换装配法的特点是( )。

(A)装配操作简便

(B)生产效率高

(C)容易确定装配时间,便于组织流水装配线

(D)零件磨损后,便于更换

(E)只适用于中、小批量生产

13. 零件图上的技术要求包括( )。

(A)表面粗糙度 (B)尺寸公差 (C)热处理 (D)表面处理

14. 零件加工精度包括( )。

(A)绝对位置 (B)尺寸 (C)几何形状 (D)相对位置

15. 图样中的尺寸由(　　)组成,通常以(　　)为单位。

(A)数字　(B)字母　(C)长度单位

(D)符号　(E)毫米

16. 钢件渗碳后以淬火低温回火处理后,表面具有高的(　　),心部仍保持高韧性。

(A)硬度　(B)强度　(C)耐磨性　(D)塑性

17. 内径百分表由(　　)组成,主要用以测量孔径及其形状误差。

(A)百分表　(B)表架　(C)表托　(D)表杆

18. 钢的热处理是将钢在固态下(　　)的操作来改变其内部组织,从而获得所需性能的一种工艺方法。

(A)加热　(B)融化　(C)保温　(D)冷却

19. 简单尺寸链的计算方法有(　　)四种。

(A)完全互换法　(B)极值法　(C)选择装配法

(D)调整法　(E)修配法

20. 水平仪的读数方法有(　　)读数法。

(A)相对　(B)水平　(C)垂直　(D)绝对

21. 内径千分尺是用来测量零件(　　)等尺寸的。

(A)内径　(B)槽宽　(C)外圆　(D)深浅

22. 尺寸公差的计算公式为(　　)。

(A)最大极限尺寸－最小极限尺寸　(B)下偏差－上偏差

(C)上偏差－下偏差　(D)(上偏差＋下偏差)/2

23. 标准公差等级代号是由(　　)组成。

(A)符号 T　(B)公差　(C)符号 IT　(D)数字

24. 三视图的投影规律是(　　)视图长对正;(　　)视图宽相等;(　　)视图高平齐。

(A)主　(B)俯　(C)左　(D)右

25. 下列表示形状公差的是(　　)。

(A)直线度　(B)平行度　(C)平面度　(D)垂直度

26. 下列表示位置公差的是(　　)。

(A)圆柱度　(B)同轴度　(C)对称度　(D)面轮廓度

27. 合像水平仪比框式水平仪(　　)。

(A)气泡达到的稳定时间长　(B)气泡达到的稳定时间短

(C)测量范围大　(D)测量范围小

(E)精度低

28. 任何工件的几何形状都是由(　　)构成的。

(A)点　(B)线　(C)面　(D)体

29. 属于金属材料工艺性能的是(　　)、切削加工性和焊接性。

(A)热膨胀性　(B)铸造性　(C)可锻性　(D)防腐性

30. 下列立体的表面属于展面的是(　　)。

(A)球面　(B)锥面　(C)柱面　(D)螺旋面

31. 常用的铸铁的性能优点有(　　)。

(A)抗拉强度高、冲击韧性好　(B)良好的铸造性能
(C)可加工性能好　(D)良好的减振性能
(E)低的缺口敏感

32. 表示基孔制配合的有(　　)。
(A)H7/g6　(B)K7/h6　(C)H10/d6　(D)C10/h11

33. 材料在弯曲结束并撤去外力后,其回弹的影响因素有(　　)等。
(A)材料的力学性能　(B)弯曲线的方向
(C)零件的形状　(D)材料的相对弯曲半径

34. 划线时使用的基准工具有(　　)。
(A)划线平台　(B)角尺　(C)万能角尺　(D)V形铁

35. 划线时使用的辅助工具有(　　)。
(A)划规　(B)划线盘　(C)方箱　(D)分度头

36. 对于工件进行划线步骤中,一般要考虑的情况有(　　)。
(A)工件的图样和加工工艺　(B)借料
(C)找正　(D)工件装夹

37. 利用分度头可在工件上划出(　　)或不等线。
(A)水平线　(B)垂直线　(C)倾斜线　(D)等分线

38. 对于大型工件的划线,当第一划线位置确定后,应选择大而平直的面,作为安置基面,以保证划线时(　　)。
(A)准确　(B)平稳　(C)安全　(D)简易

39. 扁錾用来錾削(　　),应用最为广泛。
(A)分割曲线形板料　(B)凸缘　(C)毛刺　(D)分割材料

40. 錾削的工作范围主要是去除毛坯的凸缘(　　)。
(A)分割材料　(B)去除毛坯的毛刺　(C)錾削平面　(D)錾削油槽

41. 錾子热处理包括(　　)。
(A)淬火　(B)回火　(C)正火　(D)退火

42. 锉刀的种类有(　　)。
(A)钳工锉　(B)机工锉　(C)异形锉
(D)整形锉　(E)平锉

43. 锉削加工中平面锉法有(　　)。
(A)顺向锉法　(B)交叉锉法　(C)推锉法　(D)逆向锉法

44. 锉刀的选用要根据被加工件的(　　)等实际情况综合考虑。
(A)形状　(B)大小　(C)材料性质　(D)刚度

45. 锯割时为了防止锯条(　　),需要使锯条俯仰一个角度,即起锯角。起锯角一般以15°最为适宜。
(A)跳动　(B)断锯条　(C)断齿　(D)侧滑

46. 锯条的选择是根据所锯材料的(　　)来选择。
(A)硬度　(B)刚度　(C)厚薄　(D)塑性

47. 锯路有(　　)。

(A)交叉形　(B)直线形　(C)凹凸形　(D)波浪形

48. 钻削用量应包括(　　)。

(A)切削深度　(B)进给量　(C)切削速度　(D)钻头直径

49. 麻花钻是由(　　)组成。

(A)工作部分　(B)柄部　(C)颈部　(D)头部

50. 下列叙述对于钻削相交孔说法正确的是(　　)。

(A)先钻直径较大的孔,再钻直径较小的孔

(B)先钻直径较小的孔,再钻直径较大的孔

(C)孔与孔即将钻穿时须减小进给量

(D)孔与孔即将钻穿时须增大进给量

(E)一般分 2～3 进行钻、扩孔加工

51. 选择铰削余量时,应考虑(　　)等因素的综合影响。

(A)铰孔的精度　(B)表面粗糙　(C)孔径的大小

(B)材料的软硬　(E)铰刀的种类

52. 麻花钻的切削角度有(　　)。

(A)顶角　(B)横刃斜角　(C)后角

(D)螺旋角　(E)前角

53. 铰刀选用的材料是(　　)。

(A)中碳钢　(B)高速钢　(C)高碳钢　(D)铸铁

54. 下列对标准麻花钻的缺点叙述正确的是(　　)。

(A)横刃较长,横刃处前角为零　(B)主切削刃上各点前角大小不一样

(C)棱边处负后角为负值　(D)靠近钻心处前角为负

(E)主切削刃长,且全宽参与切削

55. 螺纹的要素包括(　　)、螺纹公差带、旋向和旋合长度。

(A)牙型　(B)公称直径　(C)螺距或导程　(D)头数

56. 丝锥的几何参数主要有(　　)。

(A)切削锥角　(B)前角　(C)后角

(D)切削刃方向　(E)倒锥量

57. 攻丝常用的工具是(　　)。

(A)板牙　(B)板牙架　(C)丝锥　(D)铰手

58. 套丝常用的工具是(　　)。

(A)圆板牙　(B)板牙铰手　(C)扳手

(D)螺刀　(E)六角扳手

59. 梯形和矩形螺纹的主要用途为(　　)等。

(A)台虎钳　(B)千斤顶　(C)压力机　(D)传动丝杠

60. 常用的磨料有(　　)。

(A)氧化物磨料　(B)碳化物磨料　(C)金刚石磨料　(D)球墨铸铁

61. 研磨为精加工,能得到(　　)。

(A)精确的尺寸　(B)准确的几何形状

(C)精确的形位精度　　(D)极细的表面

62. 刮刀分为(　　)。

(A)硬刮刀　　(B)软刮刀　　(C)平面刮刀

(D)直线刮刀　　(E)曲面刮刀

63. 为了使显点正确,在刮削研点时,使用校准工具应注意伸出工件刮削面的长度应(　　),以免压力不均。

(A)大于工具长度的 1/5～1/4　　(B)小于工具长度的 1/5～1/4

(C)短且重复调头几次　　(D)沿固定方向移动

(E)卸荷

64. 刮削精度检查包括(　　)。

(A)尺寸精度　　(B)形状精度　　(C)位置精度

(D)接配精度　　(E)表面精度

65. 刮削时常用显示剂的种类有(　　)。

(A)红丹粉　　(B)蓝油　　(C)机油

(D)煤油　　(E)松节油

66. 研磨常用的固态润滑剂有(　　)。

(A)硬脂酸　　(B)石蜡　　(C)油酸

(D)黄油　　(E)脂肪酸

67. 研磨棒常用于修复(　　)的圆度、圆柱度级表面粗糙度超差。

(A)轴承孔　　(B)圆柱孔　　(C)固定孔

(D)圆锥孔　　(E)轴套孔

68. 常用的研具材料有(　　)。

(A)灰铸铁　　(B)球墨铸铁　　(C)软钢

(D)铝　　(E)铜

69. 通过刮削,能使工件(　　)。

(A)表面光洁　　(B)接触精度高

(C)表面粗糙度值增大　　(D)表面粗糙度值减小

70. 薄钢件或有色金属制件,矫正时应使用(　　)。

(A)铁锤　　(B)铜锤　　(C)木锤

(D)橡皮锤　　(E)铝锤

71. 工件矫正时,检验工具有(　　)。

(A)平板　　(B)直角尺　　(C)直尺

(D)百分表　　(E)手锤

72. 弯管按其制作方法的不同,可分为(　　)。

(A)煨制弯管　　(B)滚动弯管　　(C)冲压弯管　　(D)焊接弯管

73. 煨制弯管具有良好的(　　)等优点。

(A)弯曲半径小　　(B)伸缩性　　(C)耐压高　　(D)阻力小

74. 在钣金放样工作中,常用的展开方法有(　　)。

(A)平面展开法　　(B)平行线法　　(C)放射线法　　(D)三角形法

75. 金属材料变形有(　　)。
(A)直线变形　(B)曲线变形　(C)塑性变形
(D)弹性变形　(E)翘曲变形

76. 产品装配工艺过程包括(　　)。
(A)准备阶段　(B)装配阶段　(C)调试阶段
(D)试验阶段　(E)检验阶段

77. 装配比较复杂产品的装配工作可分为(　　)过程。
(A)组件装配　(B)分部装配　(C)部件装配　(D)总装配

78. 装配作业的组织形式一般分为(　　)两种形式。
(A)流水线装配　(B)固定式装配　(C)自动装配　(D)移动式装配

79. 装配的主要工作包括(　　)。
(A)零件的清洗　(B)整形　(C)补充加工
(D)零件的预装　(E)组装　(F)调整

80. 对于调整装配法的特点下列说法正确的是(　　)。
(A)装配时零件不需修配加工,只靠调整就能达到装配精度
(B)调整法容易影响配合件的精度
(C)调整法不容易影响配合件的精度
(D)调整装配法装配时零件需修配加工
(E)调整装配法需要边修配边调整才能达到装配精度

81. 对于修配装配法下列说法正确的是(　　)。
(A)修配装配法适用于单件和小批量生产
(B)修配装配法适用于装配精度高的场合
(C)修配装配法解尺寸链的主要任务是确定修配环在加工时的实际尺寸,保证修配时有足够的、而且最小的修配量
(D)修配装配法解尺寸链的主要任务是确定修配环在加工时的实际尺寸,保证修配时有足够的、而且最大的修配量。
(E)修配装配法适用于装配精度不高的场合

82. 对于装配尺寸链的计算下列叙述正确的是(　　)。
(A)封闭环的基本尺寸等于各增环的基本尺寸之和减去各减环基本尺寸之和
(B)封闭环的基本尺寸等于各增环的基本尺寸之和加上各减环基本尺寸之和
(C)封闭环的最大极限尺寸等于各增环的最大极限尺寸之和减去各减环最小极限尺寸之和
(D)封闭环的最大极限尺寸等于各增环的最大极限尺寸之和加上各减环最小极限尺寸之和
(E)封闭环的公差等于各组成环的公差之和

83. 下列属于一般产品装配精度的是(　　)。
(A)平行度　(B)垂直度　(C)相互运动精度
(D)配合精度　(E)接触精度

84. 可进行静平衡的调整方法有(　　)。

(A)平衡杆法 (B)平衡块 (C)闪光测试法 (D)粘橡皮泥法

85. 以下说法正确的是(　　)。

(A)动不平衡的旋转体一般都同时存在静不平衡

(B)对于长径比比较小且转速不高的旋转件,需做动平衡

(C)在低速动平衡前一般都要经过静平衡

(D)高速动平衡前要先做低速动平衡

86. 分度头中手柄心轴上的蜗杆为单头,主轴上的蜗轮齿数为 40,当手柄转过 1 周,分度头主轴转过(　　)周,这是分度头的(　　)原理。

(A)1/40 (B)3/40 (C)分度 (D)结构

87. 常用的分度头有(　　)等几种。

(A)FW100 (B)FW110 (C)FW125 (D)FW160

88. 分度头的主轴轴心线能相对于工作台面(　　)移动。

(A)向上 45° (B)向上 90° (C)向下 10° (D)向下 45°

89. 钻床要进行维护和保养,其日常维护保养工作的内容有(　　)。

(A)延长机床的使用寿命 (B)延长钻床的工作精度

(C)减少设备发生事故 (D)保持设备完好率

90. 立钻电动机的二级保养要按需要(　　),更换(　　)。

(A)拆洗电机 (B)更换电机 (C)1 号钙基润滑脂 (D)锂基润滑脂

91. 立式钻床的主要部件包括(　　)。

(A)主轴变速箱 (B)进给变速箱 (C)进给机构 (D)主轴

(E)进给手柄

92. 螺纹连接是一种可拆卸的固定连接,分为(　　)连接。

(A)普通螺纹 (B)梯形螺纹 (C)紧配螺纹 (D)三角螺纹

93. 螺纹连接常用的防松方法有(　　)。

(A)摩擦力防松 (B)机械防松 (C)冲边法防松 (D)粘合法防松

94. 螺纹装配有(　　)的装配。

(A)双头螺栓 (B)螺母和螺钉 (C)紧固件 (D)普通螺纹

95. 松键装配在(　　)方向,键与轴槽的间隙是(　　)。

(A)键宽 (B)键长 (C)0.1 mm (D)0.05 mm

96. 当轴上安装的零件需要沿轴向移动时,可采用(　　)连接。

(A)普通平键 (B)导向平键 (C)楔键 (D)滑键

97. 装配紧键时,用涂色法检查键(　　)表面与轴和毂槽接触情况。

(A)左 (B)右 (C)上 (D)下

98. 在机械中销连接主要作用是(　　)。

(A)锁定零件 (B)定位 (C)连接 (D)分离

99. 圆锥销为 1∶50 锥度,使用特点为(　　)。

(A)可自锁,定位精度高 (B)允许多次拆装

(C)不便于拆卸 (D)不允许多次拆装

100. 销连接在机械中主要是(　　)的零件。

(A)定位 (B)传动 (C)连接 (D)过载剪断

101. 热胀法过盈连接装配通常通过包容件加热温度进行控制,加热温度的计算与(　　)、包容件膨胀系数、包容件直径有关。

(A)理论过盈量 (B)实际过盈量 (C)环境温度 (D)热配合间隙

102. 过盈连接的装配方法有(　　)。

(A)压入装配法 (B)热涨装配法 (C)冷缩装配法

(D)敲击装配法 (E)液压装配法

103. 过盈连接是依靠(　　)配合后的(　　)来达到紧固连接的。

(A)包容件 (B)被包容件 (C)张紧力 (D)过盈值

104. 过盈连接的配合面多为(　　)或其他形式的。

(A)正方形 (B)圆柱面 (C)圆锥面 (D)矩形

105. 当过盈量及配合尺寸(　　),常采用(　　)装配。

(A)较大 (B)较小 (C)温差法 (D)液压法

106. V 带传动机构的装配要求有(　　)。

(A)带轮的正确安装 (B)两轮的中间平面应重合

(C)带轮工作表面的表面粗糙度要适当 (D)带在带轮的包角不能太小

(E)带的张紧力要适当

107. V 带传动机构常用张紧方法有(　　)。

(A)调整中心距 (B)更换传动带 (C)使用张紧轮 (D)更换带轮

108. 普通 V 带传动主要失效形式有(　　)。

(A)带在轮上打滑 (B)带的胶合

(C)带的疲劳破坏 (D)带的工作面磨损

109. 链传动机构的装配要求有(　　)。

(A)链轮的两轴线必须平衡 (B)两链轮的轴向偏移量必须在要求范围内

(C)链轮的跳动量应符合要求 (D)链条的下垂度要适当

110. 精密机床传动链的误差是由各传动件的(　　)所造成。

(A)基准误差 (B)制造误差 (C)设计误差 (D)装配误差

111. 链传动力的损坏形式有(　　)。

(A)链被拉长 (B)链和链轮磨损 (C)脱链 (D)链断裂

112. 齿轮传动机构的安装要求是:有准确的(　　)。

(A)安装余量 (B)中心距 (C)齿轮间隙

(D)过盈量 (E)偏斜度

113. 双频道激光干涉仪可以测量(　　)。

(A)线位移 (B)角度摆动 (C)平直度 (D)直线度

114. 齿轮啮合质量,主要体现在(　　)。

(A)适当的齿侧间隙 (B)一定的接触面积

(C)正确的接触位置 (D)较高的轴平行度

115. 直齿锥齿轮的正确啮合条件为(　　)。

(A)两轮大端模数相等 (B)两轮小端模数相等

(C)两轮大端压力角相等 (D)两轮小端端压力角相等

116. 齿轮传动应满足传动平稳和具有足够的承载能力这两个要求,要满足这些要求,可以采用(　　)。

(A)摆线 (B)圆弧线 (C)直线 (D)渐开线

117. 变位齿轮由于模数、齿数、压力角不变,所以变位齿轮的(　　)与标准齿轮完全相同。

(A)分度圆 (B)基圆 (C)齿形 (D)齿顶圆

118. 齿轮传动机构装配后,要进行跑合,跑合的方法有(　　)。

(A)耐久跑合 (B)加载跑合 (C)电火花跑合 (D)空载跑合

119. 滑动轴承按结构形式可分为(　　)。

(A)整体式滑动轴承 (B)剖分式滑动轴承

(C)锥形表面滑动轴承 (D)多瓦式自动调位轴承

120. 滑动轴承的有点有(　　)。

(A)工作可靠 (B)平稳 (C)噪声小 (D)能承受重载荷

121. 为了保证轴套在轴承座孔中不游动,套和孔之间可采用(　　)来固定轴套。

(A)间隙配合 (B)过硬配合 (C)过度配合 (D)紧定螺钉

122. 滑动轴承按工作表面的形状不同可分为(　　)。

(A)圆柱形 (B)椭圆形 (C)多油楔 (D)半圆形

123. 滑动轴承按承受载荷方向可分为(　　)。

(A)径向滑动轴承 (B)止推滑动轴承

(C)径向止推滑动轴承 (D)动静压混合轴承

124. 滚动轴承的密封型式有(　　)。

(A)接触式密封 (B)非接触式密封 (C)迷宫式密封 (D)组合式密封

125. 滚动轴承密封的目的是为了防止外部的(　　)进入轴承,并阻止轴承内润滑剂的流失。

(A)灰尘 (B)动力 (C)水分 (D)其他杂质

126. 滚动轴承实现预紧的方法有(　　)。

(A)横向预紧 (B)纵向预紧 (C)径向预紧 (D)轴向预紧

127. 装配圆锥滚子时调整轴承间隙的方法有(　　)。

(A)垫片调整 (B)螺杆调整 (C)螺母调整 (D)螺钉调整

128. 轴承的装配方法有(　　)。

(A)锤击法 (B)螺旋压力机装配法

(C)液压机装配法 (D)热装法

129. 定压供油系统的静压轴承有固定节流器和可变节流器两大类。其中毛细管节流器的静压轴承、小孔节流器静压轴承、可变节流器静压轴承分别适用于(　　)。

(A)重载或载荷变化范围大的精密机床和重型机床

(B)润滑油黏度小,转速高的小型机床

(C)润滑油黏度较大的小型机床

(D)润滑油黏度较小的小型机床

130. 典型的滚动轴承有(　　)四个基本元件组成。

(A)内圈　(B)外圈　(C)球体

(D)滚动体　(E)保持架

131. 设备项目性修理(项修)主要工作内容有(　　)。

(A)制定的修理项目修理

(B)几何精度的全面恢复

(C)设备常见故障的排除

(D)项修对相连接或相关部件的几何精度影响的预先确认和处理

(E)对相关几何精度影响的预先确认和处理

132. 在设备故障诊断中,定期巡检周期一般安排较短的设备有(　　)、维修后的设备。

(A)高速、大型、关键设备　(B)精密、液压设备

(C)振动状态变化明显的设备　(D)普通的金属切削设备

(E)新安装的设备

133. 设备空转时常见的故障有(　　)。

(A)外观质量　(B)通过调整可解决的故障

(C)通过调整不可解决的故障　(D)噪声

(E)发热

134. 设备工作精度检查反映了(　　)设备的几何精度。

(A)静态　(B)动态　(C)工作状态

(D)空载　(E)负载

135. 机械传动磨损的形式有(　　)。

(A)气蚀磨损　(B)黏附磨损　(C)强度磨损

(D)腐蚀磨损　(E)磨粒磨损

136. 螺旋机构常出现的磨损包括(　　)。

(A)丝杠螺纹磨损　(B)轴颈磨损　(C)轴颈弯曲　(D)螺母磨损

137. 螺旋机构的特点包括(　　)。

(A)传动精度高　(B)工作平稳无噪声

(C)易于自锁　(D)能传递较大的动力

138. 螺旋机构可分为(　　)螺旋机构。

(A)传动　(B)普通　(C)差动

(D)微调　(E)滚珠

139. 螺旋传动机构的装配技术要点有(　　)。

(A)丝杠螺母配合间隙的测量　(B)丝杠轴心线与基准面的平行度

(C)丝杠螺母的同轴度　(D)丝杠螺母配合间隙的调整

140. 螺旋机构中,丝杠与螺母的配合精度决定着丝杠的(　　)精度,故必须做好调整工作。

(A)回转　(B)传动　(C)定位　(D)导向

141. 钳工上岗时不允许穿(　　)。

(A)凉鞋　(B)工作鞋　(C)拖鞋　(D)高跟鞋

142. 下列不适用于扑灭电器火灾的灭火器是(　　)。
(A)二氧化碳　(B)干粉灭火器　(C)泡沫灭火器
(D)1211　(E)水
143. 起重机位置限制与调整装置有(　　)。
(A)上升极限位置限制器　(B)缓冲器　(C)夹轨器
(D)偏斜调整　(E)运行极限位置限制器和显示装置
144. 使用砂轮架的安全要求(　　)。
(A)禁止正面磨削　(B)禁止侧面磨削　(C)不准正面操作
(D)不准侧面操作　(E)不准共同操作
145. 货物起吊前,有下列(　　)规定。
(A)选好通道　(B)选好卸货地点　(C)精确估计货物重量
(D)技术人员准备　(E)操作人员准备
146. 使用锉刀时能(　　)。
(A)推锉　(B)双手锉　(C)来回锉　(D)单手锉
147. 钳工工作时,必须穿(　　)。
(A)工作服　(B)工作鞋　(C)戴手套　(D)戴口罩
148. 工作完毕后所用过的工具要(　　)。
(A)检修　(B)清理　(C)涂油
(D)堆放　(E)放在工件架上
149. 钳工场地必须(　　)。
(A)清洁　(B)整齐　(C)随意　(D)物品摆放有序
150. 使用警告牌,下列(　　)是正确的方法。
(A)字迹应清晰　(B)挂在明显位置
(C)必须是金属做的　(D)不相互代用
(E)工作完毕后必须收回
151. 可编程控制器与继电器系统化,具有(　　)等优点。
(A)通用性好,可靠性高　(B)硬件线路少
(C)可在线修改柔性好　(D)体积小,维修方便
(E)输出功率大　(F)控制过程直观
152. 异步电动机可以通过改变电源频率,改变(　　)两种方法调速。
(A)电源频率　(B)极距离　(C)转差率
(D)磁极对数　(E)电源大小
153. 直流电动机按励磁方式分有(　　)。
(A)他励　(B)并励　(C)混励
(D)串励　(E)复励
154. 在制定绩效计划时必须考虑的问题有(　　)。
(A)应该完成什么工作　(B)按照什么样的程度完成工作
(C)使用哪些资源　(D)按什么标准支付薪水
(E)何时完成工作

155. 生产类型可分为(　　)。

(A)少量生产　　(B)单件生产　　(C)成批生产　　(D)大量生产

156. 凸缘联轴器结构简单,对中度高,传递转矩较大,但不能(　　),并且要求两轴同轴度好。

(A)缓冲　　(B)拆卸　　(C)吸振　　(D)振动

157. 齿形连的应用范围为(　　)的动力场合。

(A)工作可靠　　(B)传动较平稳　　(C)振动小

(D)振动大　　(E)噪声小

158. 齿形连是由(　　)等叠装而成。

(A)链片　　(B)导片　　(C)销轴　　(D)齿轮

四、判 断 题

1. 设备在正常使用过程中,不会有设备的隐患,更不会形成严重事故。(　　)

2. 由于产品加工质量与生产者的穿戴无直接关系,因此可以不要求着装整洁。(　　)

3. 在处理生产过程中产生的含有乳化油、矿物油、有机物和悬浮物的主要污染物时,应选择循环灭菌法进行污水处理。(　　)

4. 工艺操作标准化是文明生产的核心。

5. M1432A外圆磨床液压系统中减压阀安置在回路上,使工作台获得低而稳的运动。(　　)

6. 交流电的周期越长,说明交流电变化得越慢。(　　)

7. 单一实际要素的形状所允许的变动全量,是形状误差。(　　)

8. 刃磨刀面时,各刀面组成的角度要准确,还要保证整体刀具的形位公差要求和尺寸公差要求。(　　)

9. 关联实际要素的位置,对基准所允许的变动全量是位置误差。(　　)

10. 平面图形的尺寸,按作用可以分为已知尺寸和定位尺寸。(　　)

11. 硬质合金刀具,YG8适合加工铸铁及有色金属,YT15适宜加工碳素钢。(　　)

12. 切削铸铁等脆性材料时,切削层首先产生塑性变形,然后产生崩裂的不规则粒状切屑,称为崩碎切屑。(　　)

13. 一般工厂所用空压机,是指所产生的压力超过0.3 MPa的压缩机。(　　)

14. Z525型钻床的主运动和进给运动由同一个电机带动。(　　)

15. M1432A型磨床砂轮架主轴轴承磨损后,用装在皮带轮轴向孔中的六根弹簧可使其自动消除间隙。(　　)

16. 液压传动的工作原理是:以液压油作为工作介质,依靠密封容器的体积变化来传递运动,依靠液压油内部的压力传递动力。(　　)

17. 单位时间内流过管道或液压缸某一截面的液压油体积称为流速,其单位是m/min。(　　)

18. 液压传动系统中,动力组件是液压缸。执行组件是液压泵,控制组件是油箱。(　　)

19. 由于液压油在管道中流动时有太多损失和泄漏,所以液压泵输入功率要小于输送到液压缸的功率。(　　)

20. 液压油流过不同截面积的管道时，各个截面的流速与管道的截面积成正比，即管道小的地方流速小。（ ）

21. 刀具耐热性是指金属切削过程中产生剧烈摩擦的性能。（ ）

22. 刀具材料的硬度越高，强度和韧性越低。（ ）

23. 高速钢是一种综合性能好应用范围较广的刀具材料，常用来制造各种结构复杂的刀具。（ ）

24. 立方氮化硼是一种超硬材料，是继人造金刚石问世后出现的又一种新型高新技术产品。它具有很高的硬度、热稳定性和化学惰性，它的硬度仅次于金钢石，但热稳定性远高于金钢石，对铁系金属元素有较大的化学稳定性。（ ）

25. 刀具的磨钝出现在切削过程中，是刀具在高温高压下与工件及切屑产生强烈摩擦，失去正常切削能力的现象。（ ）

26. 刀具磨钝标准 VB 表中，高速钢刀具的 VB 值均大于硬质合金刀具的 VB 值，所以高速钢刀具是耐磨损的。（ ）

27. 所谓前面磨损就是形成月牙洼的磨损，一般在切削速度较高，切削厚度较大情况下，加工塑性金属材料时引起的。（ ）

28. 磨削过程中，砂轮上一些突出的和比较锋利的磨粒，切入工件较深，切削厚度较大，只起切削作用。（ ）

29. 滑动轴承工作可靠、平稳、噪声小，润滑油膜具有吸振能力，故能承受较大的冲击载荷。（ ）

30. 工件以其经过加工的平面，在夹具的四个支承块上定位，属于四点定位。（ ）

31. 对已加工平面定位时，为了增加工件刚度，有利于加工，可以采用三个以上的等高支承块。（ ）

32. 夹紧力应尽可能远距加工面。（ ）

33. 偏心夹紧机构中，偏心轮通常选用 20Cr 渗碳淬硬或 T7A 淬硬制成。（ ）

34. 零件的冷作硬化，有利于提高其耐磨性。（ ）

35. 改善 20＃钢的切削加工性能，可以采用完全退火。（ ）

36. 带传动时，由于存在弹性滑移和打滑现象，所以不能适用于要求传动比正确的场合。（ ）

37. 蜗杆传动一般用于两传动轴相交 90°的场合。（ ）

38. 百分表每次使用完毕后必须将测量杆擦净，涂上油脂放入盒内保管。（ ）

39. 在电路测量中，电流表要并联，电压表要串联。（ ）

40. 220 V、100 W 的灯泡功率大，因此 220 V、100 W 灯泡的钨丝电阻比 220 V、25 W 的大。（ ）

41. 穿紧身防护服，袖口不要敞开，长发要戴防护帽；在操作时，不能戴手套。（ ）

42. 水平仪用来测量平面对水平或垂直位置的误差。（ ）

43. 磨削时，工作者应站在砂轮的正面或对面位置，不得站在砂轮斜面。（ ）

44. 模数是表明齿轮大小的基本参数。（ ）

45. 使用夹具时必须进行首件检查，合格后方可继续加工。（ ）

46. 组合夹具可用于车、铣、刨、磨等工种，但不适宜钻孔工艺。（ ）

47. 工件在夹具中与各定位元件接触,虽然没有夹紧尚可移动,但由于其已取得确定的位置,所以可以认为工件已定位。( )

48. 一般在没有加工尺寸要求及位置精度要求的方向上,允许工件存在自由度,所以在此方向上可以不进行定位。( )

49. 钻模上的钻套,具有确定夹具相对于钻床主轴位置的作用。( )

50. 如果机构要求自锁而又要求有较大的夹紧行程时,可采用双升角斜楔夹紧,其中小升角的一段用来使机构迅速接近工件,而大升角的一段用来夹紧工件。( )

51. 在一次装夹下用钻模钻两个孔时,工件的定位误差与两孔的中心距没有影响。( )

52. 用钻模钻孔时,工件的定位误差,夹具的安装误差,对被钻孔的直径精度没有影响。( )

53. 对于形状不规则工件的加工,可采用顶尖及鸡心夹头装夹。( )

54. 为提高工件表面质量,增加工作稳定性,一般铣床应尽用逆铣加工。( )

55. 铰孔前必须用镗孔、扩孔等方法来保证孔的位置精度。( )

56. 形位公差就是限制零件的形状误差。( )

57. 位置公差是单一要素所允许的变动全量。( )

58. 任何零部件都要求表面粗糙度越小越好。( )

59. 工艺性好、容易成形、刚性和抗振性好的夹具毛坯是铸件。( )

60. 相互结合的孔和轴称为配合。( )

61. 虎钳加紧工件时,为了夹的牢固,常套上长管板紧手柄。( )

62. 不要在活动钳身的光滑表面上进行敲击作业。( )

63. 台虎钳夹持工件时,可套上长管子扳紧手柄,以增加夹紧力。( )

64. 钻精孔的钻头,其刃倾角为零度。( )

65. 钻套属于对刀元件。( )

66. 铰孔能提高孔的尺寸精度和表面质量,还能修正圆孔的偏斜。( )

67. 磨软性、塑性大的材料宜用粗粒度砂轮,而磨硬性、脆性材料时,则用细粒度砂轮。( )

68. 锯条的长度是指两端安装孔的中心距,钳工常用的是 300 mm 的锯条。( )

69. 双锉纹锉刀,其面锉纹和底锉纹的方向和角度一样。锉削时,锉痕交错、锉面光滑。( )

70. 群钻主切削刃磨成几段的作用是:利于分屑、断屑和排屑。( )

71. 箱体工件第一划线位置应选择待加工孔和面最多的一个位置,这样有利于减少划线时翻转次数。( )

72. 划线时要注意找正内壁的道理是为了加工后能顺利装配。( )

73. 阿基米德螺线是指一直线沿一基圆作纯滚动时,圆周上任一点的运动轨迹。( )

74. 划高度方向的所有线条,划线基准是水平线或水平中心线。( )

75. 超精密磨削比研磨具有生产效率高,几何形状精度高和加工范围广等特点。( )

76. 磨削薄壁套时,砂轮粒度应粗些,硬度应软些,以减小磨削力和磨削热。( )

77. 螺旋形手铰刀适宜于铰削带有键槽的圆柱孔。( )

78. 奇妙刨刀是刨削钢料强力的理想刨刀。(　　)

79. 在刃磨麻花钻时,一般应由刃背磨向刃口,尤其在即将磨好时更应如此。(　　)

80. 在立式铣床上铣曲线外形,立铣刀的直径应大于工件上最小凹圆弧的直径。(　　)

81. 铣削圆弧面时,工件上被铣圆弧的中心必须与铣床主轴同轴,而与圆转台的中心同轴度没有关系。(　　)

82. 使用快换钻夹头,当需要更换刀具时,可不必停车只要用手把滑套拉下,即可更换刀具。(　　)

83. 柱形锪钻外圆上的切削刃为主切削刃,起主要切削作用。(　　)

84. 柱形锪钻的螺旋角就是它的前角。(　　)

85. 刮削平板,必须采用一个方向进行刮削,否则会造成刀迹紊乱,降低刮削表面质量。(　　)

86. 在拧紧成组紧固螺栓时,应对称循环拧紧。(　　)

87. 錾油槽时,錾子的后角要随曲面而变动,倾斜度保持不变。(　　)

88. 普通锉刀按断面形状可分为粗、中、细三种。(　　)

89. 锯硬材料时,要选择粗齿锯条,以便提高工作效率。(　　)

90. 使用手电钻要注意所要求的额定电压。(　　)

91. 刮削的精度要求,包括形位精度、尺寸精度、接触精度及贴合程度和表面粗糙度等。(　　)

92. 成形车刀的刃磨大多是在万能工具磨床上,选用碗形的砂轮对前刀面进行刃磨。(　　)

93. 在铸造生产之前,首先应编制铸件生产过程的技术文件,即铸造工艺规程。(　　)

94. 单件小批生产的铸件,必须设计完备细致的铸造工艺图和铸造工艺卡片,对大量生产的铸件则可以省去。(　　)

95. 计算大中型锻件重量时,一般计算尺寸应加上其上偏差的一半。(　　)

96. 模锻件图的绘制基本与自由锻件图绘制法相同,但模锻件图有分模线,是用点划线表示的。(　　)

97. 较高的锻造比才能破碎工具钢中的碳化物。(　　)

98. 模锻工艺卡片包括的工序范围:下料、加热、制坯、(包括轧锻机制坯)、模锻、切边与冲孔(在平锻机上为工步)、热校正、磨毛刺、检查工序等。(　　)

99. 为了减少箱体划线时的翻转次数,第一划线位置应选择待加工孔和面最多的一个位置。(　　)

100. 立体划线时,工件的支承和安装方式不取决于工件的形状和大小。(　　)

101. 车间对不合理的工艺规程进行修改须报上级技术主管部门批准。(　　)

102. 标准麻花钻的横刃斜角 $\phi=50°\sim55°$。(　　)

103. 箱体工件划线时,如以中心十字线作为基准校正线,只要在第一次划线正确后,以后每次划线都可以用它,不必重划。(　　)

104. 标准群钻圆弧刃上各点的前角比磨出圆弧刃之前减小,楔角增大,强度提高。(　　)

105. 钻削中,钻头由于高速旋转和较高切削温度而磨损严重。(　　)

106. 铰削 ϕ20 mm 的孔时,铰削余量是 0.5 mm;铰削 ϕ40 mm 的孔时,铰削余量是 0.3 mm。( )

107. 手用丝锥 $\alpha_0=10°\sim12°$。( )

108. 板牙只在单面制成切削部分,故板牙只能单面使用。( )

109. 攻螺纹前的底孔直径必须大于螺纹标准中规定的螺纹小径。( )

110. 螺纹的旋向是顺时针旋转时,旋入的螺纹是右螺纹。( )

111. 牙型角为 60°的普通螺纹,同一公称直径按螺距的大小可分为粗牙与细牙两种。( )

112. M24×1.5 表示公称直径为 24 mm,螺距为 1.5 mm 的粗牙普通螺纹。( )

113. 钻精孔时应选用润滑性较好的切削液。因钻精孔时除了冷却外,更重要的是需要良好的润滑。( )

114. 在铸铁上铰孔时加煤油润滑,因煤油的渗透性强,会产生铰孔后孔径缩小。( )

115. 钻头前角大小与螺旋角有关(横刃处除外),螺旋角愈大,前角愈大。( )

116. 钻削精密孔的关键是钻床精度高且转速及进给量合适,而与钻头无关。( )

117. 钻削加工的特点之一,是产生热量少,易传导、散热,切削温度较低。( )

118. 钻孔时,加切削液的目的主要是为了润滑。( )

119. 钻小孔时,因钻头直径小,强度低,容易折断,故钻小孔时的钻头转速度要比钻一般的孔要低。( )

120. 孔的中心轴线与孔的端面不垂直的孔,必须采用钻斜孔的方法进行钻孔。( )

121. 用深孔钻钻深孔时,为了保持排屑畅通,可使注入的切削液具有一定的压力。( )

122. 精刮刀和细刮刀的切削刃都呈圆弧形,但精刮刀的圆弧半径较大。( )

123. 用显示剂显点的方法,应根据不同材料和刮削面积的形状有所区别。大型工件的研点,将平板固定,工件在平板的被刮面上排研。( )

124. 研磨液在研磨加工中起到调和磨料、冷却和润滑作用。( )

125. 碳化物磨料的硬度高于刚玉类磨料。( )

126. 静平衡既能平衡不平衡量产生的离心力,又能平衡其组成的力矩。( )

127. 动平衡调整的力学原理,首先要假设旋转体的材料是绝对刚性的,这样可以简化很多问题。( )

128. 在装配过程中,每个零件都必须进行试装,通过试装时的修理、刮削、调整等工作,才能使产品达到规定的技术要求。( )

129. 在制定装配工艺规程时,每个装配单元通常可作为一道装配工序,任何一产品一般都能分成若干个装配单元。( )

130. 产品的装配顺序,基本上是由产品的结构和装配组织形式决定。( )

131. 螺旋机构是用来将直线运动转变为旋转运动的机构。( )

132. 键连接根据装配时的精度程度不同,可分为松键连接和紧键连接两类。( )

133. 圆柱销和圆锥销都是靠过盈配合固定在销孔中的。( )

134. 圆柱销是靠微量过盈固定在销孔中的,经常拆装也不会降低定位的精度和连接的可靠性。( )

135. 开口销带槽螺母防松，多用于静载和平稳处。（　）
136. 当过盈量及配合尺寸较大时，可用温差法装配。（　）
137. 过盈连接件的拆卸都是用压力拆卸法拆卸。（　）
138. 当过盈量及配合尺寸较小时，一般采用在常温下压入配合法装配。（　）
139. 圆锥面过盈连接，利用包容件和被包容件相对周向转动而相互压紧，并获得过盈而结合的。（　）
140. 锥齿轮传动中，因齿轮或调整垫块磨损而造成的侧隙增加，应当进行调整。（　）
141. 链轮和链条磨损严重是由于链轮的径向跳动太大。（　）
142. 传动带的张紧力过大，会使带急剧磨损，影响传动效率。（　）
143. 蜗杆轴线与蜗轮轴线垂直度超差则不能正确啮合。（　）
144. 长径比很大的旋转件，只需进行静平衡，不必进行动平衡。（　）
145. 装配工作，包括装配前的准备、部装、总装、调整、检验和试机。（　）
146. 尺寸链中，当封闭环增大时，增环也随时增大。（　）
147. 装配尺寸链每个独立尺寸的偏差都将影响装配精度。（　）
148. 珩磨内孔时之所以能获得理想的表面质量，是由于磨条在加工表面上不重复的切削轨迹，从而形成均匀交叉的珩磨网纹的缘故。（　）
149. 无机黏合剂，应尽量应用于平面对接和搭接的接头结构形式。（　）
150. 环氧树脂对各种材料具有良好的黏结性能，得到广泛应用。（　）
151. 按规定穿戴好劳动防护用品进入操作岗位，夏季不允许裸身、穿背心、短裤、裙子、高跟鞋、凉鞋等。（　）
152. 用量块组测量工件，在计算尺寸选取第一块量时，应按组合尺寸的最后一位数字进行选取。（　）
153. 游标万能角度尺，可以测量 0°～360°的任何角度。（　）
154. 锡基轴承合金的力学性能和抗腐蚀能力比铅基的轴承合金好，但价格较贵，故常用于重载、高速和温度低于 110 ℃的重要场合。（　）
155. 浇注巴氏合金时，很重要的一道工序为镀锡，镀一层锡，可使它与轴承合金粘合得牢固。（　）
156. 只把铆钉的铆合头端部加热进行的铆接是混合铆。（　）
157. 齿轮传动噪声大，不适于大距离传动，制动装配要求高。（　）
158. 液压传动系统工作介质的作用是进行能量转换和信号的传递。（　）
159. 液压系统的电磁阀工作状态表可用于分析介质的流向。（　）
160. 减压阀的作用是调定主回路的压力。（　）
161. 在液压系统中提高液压缸回油腔压力时应设置背压阀。（　）
162. 液压缸的差动连接是减速回路的典型形式。（　）
163. 实现液压缸起动、停止和换向控制功能的回路是方向控制回路。（　）
164. 溢流阀安装前应将调压弹簧全部放松，待调试时再逐步旋紧进行调压。（　）
165. 安装液压缸的密封圈预压缩量要尽可能大，以保证无阻滞、泄漏现象。（　）
166. 液压马达是液压系统动力机构的主要元件。（　）
167. 液压系统的蓄能器与泵之间应设置单向阀，以防止压力油向泵倒流。（　）

168. 压力表与压力管道连接时应通过阻尼小孔,以防止被测压力突变而将压力表损坏。( )

169. 卡套式管接头适用于高压系统。( )

170. 液压系统压力阀调整,应按其位置,从泵源附近的压力阀开始依次进行。( )

171. 调节工作速度的流量阀,应先使液压缸速度达到最大,然后逐步关小流量阀,观察系统能否达到最低稳定速度,随后按工作要求速度进行调节。( )

172. 热胀法是将包容件加热,使过盈量消失,并有一定间隙的过盈连接装配方法。( )

173. 冷缩法是将包容件冷缩,使过盈量消失,并有一定间隙的过盈连接装配方法。( )

174. 锉削时锉刀粘附的切削瘤,因其硬度高,可以代替锉刀进行锉削,因此在粗锉时是有利的。( )

175. 活塞裙部外圆的精磨工序应安排在销孔精加工后进行。( )

五、简 答 题

1. 表面粗糙度的测量方法有几种？使用什么仪器？
2. 齿轮传动的特点是什么？
3. 如何正确使用与维护保养千分尺？
4. 常用的退火方法有几种？主要用途是什么？
5. 常用的回火方法有几种？主要用处是什么？
6. 什么是金属材料的机械性能？金属材料常用的机械性能指标有哪些？
7. 金属的热膨胀性在生产中有何影响？
8. 什么是正火？正火的目的是什么？
9. 常用的螺纹有哪几种？各有什么用途？
10. 如何判断孔、轴配合的类型？
11. 什么是形状误差？什么是形状公差？
12. 何谓保护接地和保护接零？分别在什么情况下采用？
13. 杠杆百分表的主要结构及工作原理是什么？
14. 哪些工艺过程容易产生和积累静电？
15. 钻床工应注意哪些安全事项？
16. 什么是组合夹具？其特点及用途是什么？
17. 什么是精加工？其特点是什么？
18. 为保证水平仪的测量,使用时的注意事项是什么？
19. 什么是光整加工？
20. 什么是加工精度？它包括哪几方面的要求？
21. 何谓误差复映？
22. 钻床为什么要进行维护和保养？其日常维护保养工作的内容有哪些？
23. 使用砂轮机时要注意哪些事项？
24. 划线工具按用途分有哪几种？举例说明？

25. 旋转件产生不平衡量的原因是什么？
26. 什么叫装夹？常用的装夹方法有哪些？
27. 锪孔工作的特点是什么？
28. 磨花钻有哪些切削刃？各起什么作用？
29. 刮削后表面有深凹及振痕是什么原因造成的？
30. JIZ-6 型手电钻由哪些部分组成？
31. 编制工艺规程必须具备哪些原始资料？
32. 装配工艺规程必须具备哪些内容？
33. 螺旋传动机构的装配技术有哪些要求？
34. 齿轮传动机构装配应达到哪些技术要求？
35. 带传动机构的装配应达到哪些技术要求？为什么？
36. 锅炉安全阀简易试验台的构成及其试验台调压不稳的故障如何处理？
37. 怎样安全使用和维护保养液压机？
38. 弯曲直径在 10 mm 以上的管子时，怎样防止管子弯瘪？
39. 工件在涂装时为什么要进行前期处理？
40. 什么是发蓝处理？其目的是什么？
41. 钢的表面淬火热处理方法有哪几种？
42. 简述杠杆式百分表使用时的注意事项。
43. 怎样正确使用千分尺？
44. 经纬仪在机床精度检验中的作用是什么？
45. 简述水平仪的用途及原理。
46. 使用游标卡尺前，应如何检查它的准确性？
47. 清洗的含义是什么？
48. 简述液压传动的工作原理。
49. 提高装配时的测量检验精度的方法有哪些？
50. 装配工作对于机械设备性能和质量有哪些影响？
51. 试述正弦规的测量原理。
52. 简述 TB 撒砂阀试验装置组成及如何进行性能试验。
53. 滚动轴承外圈的滚道偏心是否会引起主轴的径向圆跳动误差？为什么？
54. 常用的切削液有哪几种？它们的作用如何？
55. 简述手提式静电喷涂装置及其工作原理。
56. 金属表面除油有几种方法？
57. 试述装配尺寸链的解法有几种。
58. 简述静压轴承的工作原理。它有哪些优点？
59. 试述推力球轴承的装配特点。
60. 齿轮传动机构装配后，为什么要进行跑合？跑合的方法有哪几种？
61. 为了使相配合零件得到要求的配合精度，其装配方法有哪些？
62. 主轴本身有哪几项精度会造成主轴回转误差？
63. 简述五管压油试验台的构成及工作原理。

64. 检查刮削精度常用哪些方法?

65. 简述砂轮架主轴轴承在试车中的调整过程。

66. 提高传动链精度的方法有哪些?

67. 旋转机械产生油膜振荡时,可采取哪些措施消除?

68. 简述编制装配工艺的步骤。

69. 试述钻孔时冷却润滑液的选用。

70. 深孔钻削需注意哪些问题?

六、综 合 题

1. 测得一损坏的标准直齿圆柱齿轮,齿轮圆顶直径为 90.7 mm,齿数 $Z=24$,试求该齿轮的模数及分度圆直径 d。

2. 在台钻上钻 $\phi6$ 孔,台钻转速 $n=1\ 400$ r/min,求钻孔切削速度。

3. 锉一正六方形,六方形对边尺寸 $S=32$ mm,求坯料的最小直径 D,六方形内切圆直径 d。

4. 在铸件上攻制 M12×1.5-7H 深 30 的螺孔,求钻底孔直径及深度。

5. 材料厚度为 $b=4$ mm,弯制内径为 $d=26$ mm,圆周角 α 为 295°的圆弧,计算材料展开长度。

6. 已知 $Z=61$ 齿轮,试用差动分度法选取配换齿和分度盘的孔圈,并确定分度手柄转数。

7. 要在工件的某圆周上划出均匀分布的 20 个孔,试求出每划一个孔的位置后,分度头的手柄应转过多少转数再划第二条线。

8. 求 Tr50×12 梯形外螺纹的小径 d_3,中径 d_2,牙顶宽及牙槽宽 W。

9. 做三孔划线样板,按图 1 所示尺寸可划出 A、B 两孔中心,若要以 A、B 为圆心,有划规划 C 孔的中心,如何计算划规张开尺寸 AC 和 BC?

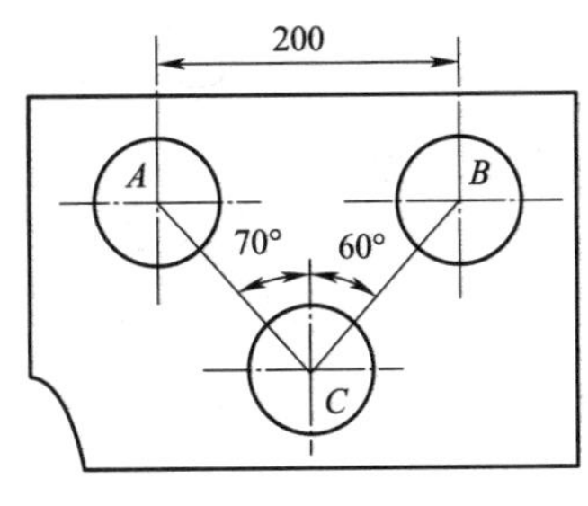

图 1

10. 孔、轴配合,孔 $\phi300^{+0.02}_{0}$,轴 $\phi30^{-0.007}_{-0.020}$,求最大间隙 X_{max},最小间隙 X_{min} 及配合公差 TF。

11. 在厚度为 50 mm 的 45 钢板工件上,钻 $\phi20$ mm 通孔,每件 6 孔,共 25 件,选用切削速度 $v=15.7$ m/min,进给量 $f=0.6$ mm/r,钻头顶角 $2\phi=120°$,求钻完这批工件的钻削时间。

12. 在一钻床上钻 $\phi10$ mm 的孔,选择转速 n 为 500 r/min,求钻削时的切削速度。

13. 简述平面刮削的方法和步骤。

14. 画出研磨外圆柱面时,研磨环往复运动速度太快、太慢和适当的交叉网纹图。

15. 有一互相啮合的标准圆柱齿轮。已知齿数 $Z_1=20$,模数 $m=3$,中心距 $a=120$ mm,求齿轮 Z_1 的齿顶圆直径 d_e,分度圆直径 d,全齿高 h,周节 p 及齿数 Z_2。

16. 攻 M24×2 螺纹,所需螺纹深度为 40 mm,试确定其钻孔深度。

17. 有一旋转件的重力为 5 000 N,工件转速为 5 000 r/min,平衡精度为 G1,求平衡后允许的偏心距和允许不平衡力矩大小。

18. 画 $Z=30$ 的齿轮,用简单分度法应如何分度?

19. 如图 2 所示,用游标卡尺测得尺寸读数 M 为 100.04 mm,游标卡尺每个量爪宽度 t 为 5 mm,两孔直径分别是 $D=24.04$ mm,$d=15.96$ mm,求两孔中心距 L。

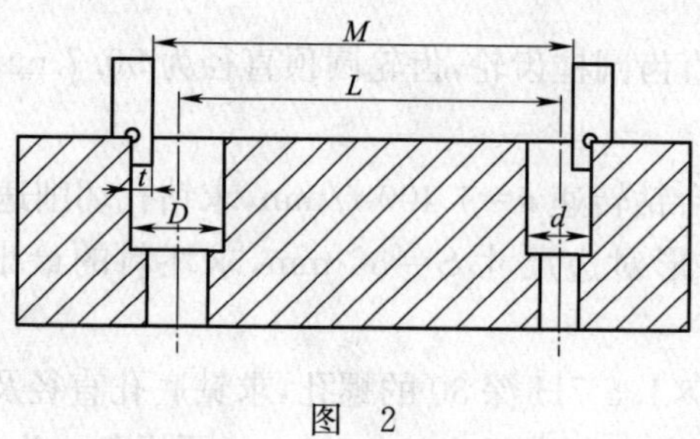

图 2

20. 图 3 所示装夹定位,求其定位误差,如果批量加工铣削 T 面(将铣刀预先对好位置),那么尺寸 $47_{-0.15}^{\ 0}$ mm 能否保证?

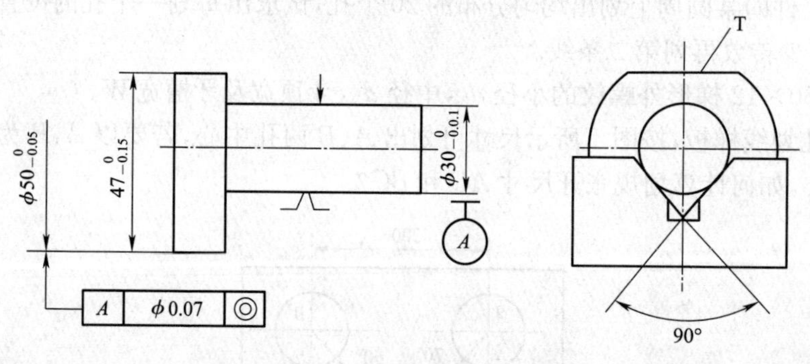

图 3

21. 机床的安全操作规则是什么?

22. 用尺寸 200 mm×200 mm,精度为 0.02/1 000 mm 的方框水平仪,长度为 250 mm 的垫块,测量导轨面之间的平行度,水平仪读数为(格):+1,+0.5,0,-0.3,-0.8。求导轨全长上最大的平行度误差。

23. 现有一毛坯件,外圆为 $\phi69$ mm,内孔为 $\phi25$ mm,内、外圆圆心偏移了 5 mm。图样要求加工:内孔为 $\phi32$ mm,外圆为 $\phi62$ mm,用 1∶1 画图表示并计算借料方向和大小。

24. 已知一圆盘凸轮的基圆直径为 $\phi80$ mm,滚子直径为 $\phi10$ mm,其动作角度为 0°~90°。匀速上升 16 mm,90°~180°停止不动;又匀速上升 4 mm,270°时突然下降 8 mm;270°~360°匀速下降 12 mm,试划圆盘凸轮轮廓曲线。

25. 作出原始平板循环刮研法示意图,并简述三次循环的刮研过程。

26. 如图 4 所示螺旋压板夹紧装置,已知作用力 $Q=50$ N,$L_1=160$ mm,$L_2=100$ mm,$\eta=0.95$,求紧力 W。

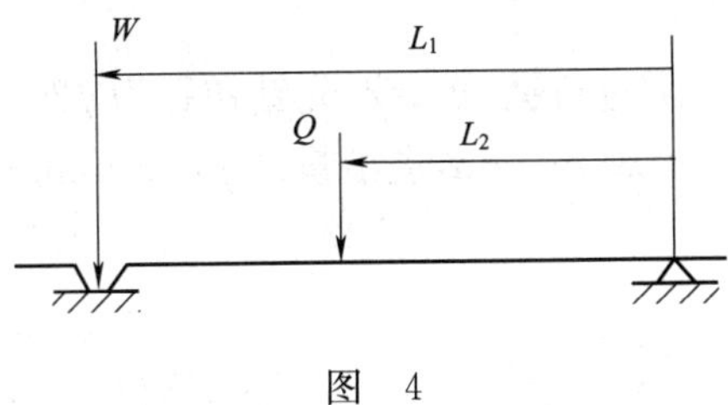

图 4

27. 测得主轴与滑动轴承磨损后的间隙为 0.14 mm,已超出了其允许间隙 0.01~0.06 mm 的范围,现对轴颈用镀法修复,恢复原允许间隙。试确定轴颈镀铬层的厚度范围(包括留有 0.1 mm 磨削余量)。

28. 16V240Z 柴油机用喷油泵下体装配是由哪些件组成?其用途是什么?装配中有何技术要求?

29. 有一重 5×10^5 N 的物体,用液压缸将其顶升起一定的高度。已知液压缸活塞直径 $D=0.25$ m,求输入液压缸内的压力。

30. 某发动机活塞销直径为 $\phi28_{-0.020}^{\ 0}$ mm,销孔的尺寸 $\phi28_{-0.035}^{-0.015}$ mm。根据装配工艺规定要求在冷态时,其装配应保证 0.01~0.02 mm 的过盈量,请按尺寸链的解法及分组选配装配法决定如何分组选配。

31. 相配合的孔和轴,孔的尺寸为 $\phi80_{\ 0}^{+0.046}$ mm,轴的尺寸为 $\phi80_{+0.011}^{+0.041}$,求最大间隙和最大过盈以及配合公差。

32. 如图 5 所示,用游标卡尺测得尺寸读数 $Y=80.05$ mm,已知两圆柱直径 $d=10$ mm,$\alpha=60°$,求 B 尺寸的读数值。

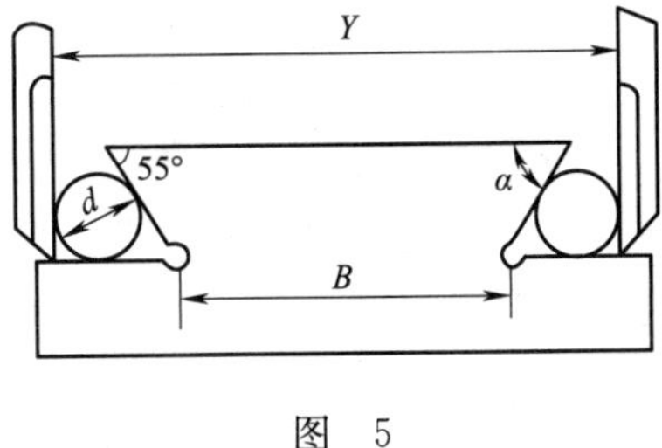

图 5

33. 根据图 6 所示游标万能角度尺的读数示意图,读出角度值。

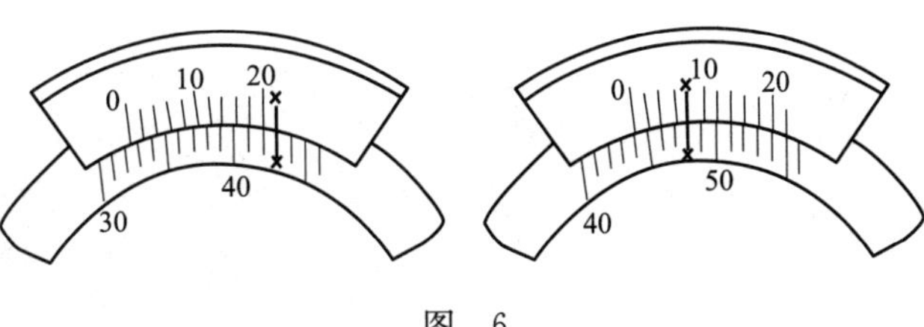

图 6

34. 工件毛坯直径为 ϕ54 mm，选用转速为 500 r/min，进给量为 0.5 mm/r，三次车成直径为 ϕ50 mm，长度为 500 mm 的轴。第一次背吃刀量是 1 mm，第二次背吃刀量是 0.6 mm，求第三次背吃刀量和车完该轴需要的时间。

35. 现加工 ϕ40 mm 的孔，需进行钻、扩、铰，先钻初孔为 ϕ20 mm，扩孔为 ϕ39.6 mm，再进行铰孔。若选用的钻削速度 $V=20$ m/min，进给量 $f=0.8$ mm/r 时，求钻、扩、铰的背吃刀量和扩孔的切削速度与进给量。

装配钳工(中级工)答案

一、填 空 题

1. 拉线　2. 车间教育　3. 互敬互学　4. 技术状态
5. 不安全　6. 消音,隔音　7. 劳动者生命安全和健康
8. 已加工　9. 视图　10. 长对正
11. 轮廓算术平均偏差 Ra　12. 全剖视图　13. 缩小
14. 前刀面　15. 应以符号为主　16. 主切削刃　17. 随机误差
18. 冲击和振动　19. 单位面积　20. 钨钴类　21. 粒度
22. 加接长杆　23. 百分表　24. σ　25. 高碳钢
26. YT15　27. 球化退火　28. 精度等级与基本偏差
29. 双摇杆　30. 摩擦力　31. 交错轴传动　32. 爬行
33. 锁紧装置　34. 其内部组织　35. 亚共析钢　36. 150 ℃～250 ℃
37. 高温回火处理　38. 不随　39. 电击　40. 极易割伤
41. 圆弧　42. 汽油　43. IT10～IT11　44. 精加工
45. 零线　46. 轴向运动　47. 调整　48. 统计法
49. 理想几何参数　50. 近似的加工方法　51. 2　52. 水平位置
53. 宽相等　54. 局部剖　55. 重合剖面　56. 上方
57. W18Cr4V　58. 进油路　59. 电气互锁　60. 近似的
61. 1 000　62. 被加工孔　63. 万能工具　64. $A \times v$
65. 愈大　66. FW320　67. 六种　68. 精度等级
69. 砂轮的旋转运动　70. 任意　71. 25 mm×25 mm 内的接触点数
72. 冷却　73. 对线手轮　74. 硫化切削液　75. 低于
76. 快换钻套　77. 不易定心　78. 直接移距分度法　79. 证明线
80. 接线与吊线　81. 立体划线　82. 工作效率　83. 90°
84. 工作部分　85. 粗糙度　86. 切削深度　87. 寿命
88. 表面粗糙度　89. 成形刀具　90. 四块　91. 位置
92. 螺距(或导程/头数)　93. 旋合长度　94. 刮去一层很薄
95. 圆柱　96. 小　97. 刮削面美观　98. 工件误差
99. 钢和铸铁　100. 表面粗糙度　101. 螺旋形　102. 几何形状
103. 球墨铸铁　104. 磨料　105. 粒度　106. 完全互换
107. 汽油　108. 两侧面　109. 机械　110. 半圆
111. 双　112. 加载跑合　113. 液压泵机构　114. 一个方向
115. 手摇螺旋压力机　116. 极限尺寸　117. 极限尺寸

118. 左旋　119. 无机　120. 4　121. 大距离跳动
122. 0.02　123. 划线　124. 绝对　125. 平行光管
126. 0.05　127. 外圆锥　128. 液压　129. 固定
130. 防护挡板　131. 2′　132. 基轴制　133. 不要
134. 扩孔　135. 正握法　136. 螺纹　137. 磨削速度
138. 粗粒度、较低硬度　139. 垂直　140. 各种外形比较复杂
141. (0.05～0.1)B/双行程(B 为砂轮宽度)　142. 小　143. 敲击
144. 12～15 点/25 mm×25 mm　145. 工件表面上　146. 重些刮
147. 太快　148. 齿轮　149. 阿贝原则　150. 噪声较小
151. 螺旋齿轮　152. 平面度　153. 滑动自如　154. 欠
155. 定尺寸刀具　156. 锥度　157. 强迫　158. 细小的裂纹
159. 10　160. 固定式　161. 0.01～0.05　162. 垂直
163. 消失　164. 径向　165. −20 ℃～80 ℃　166. 火焰
167. 0.001～0.002　168. 钻—镗—研磨

二、单项选择题

1. D　2. C　3. B　4. C　5. D　6. A　7. D　8. D　9. C
10. D　11. B　12. C　13. A　14. A　15. A　16. A　17. A　18. D
19. A　20. D　21. C　22. D　23. D　24. A　25. C　26. D　27. A
28. B　29. A　30. B　31. A　32. B　33. B　34. B　35. B　36. A
37. B　38. B　39. A　40. D　41. B　42. B　43. C　44. B　45. B
46. A　47. C　48. A　49. B　50. D　51. A　52. B　53. C　54. B
55. C　56. C　57. B　58. A　59. A　60. C　61. C　62. B　63. C
64. B　65. C　66. D　67. C　68. A　69. C　70. A　71. B　72. A
73. B　74. D　75. C　76. B　77. A　78. B　79. C　80. A　81. B
82. D　83. D　84. A　85. A　86. A　87. B　88. C　89. C　90. B
91. B　92. B　93. D　94. B　95. C　96. B　97. A　98. A　99. A
100. B　101. C　102. B　103. B　104. A　105. C　106. B　107. B　108. D
109. D　110. A　111. B　112. C　113. A　114. B　115. B　116. C　117. D
118. A　119. A　120. A　121. B　122. B　123. B　124. A　125. D　126. C
127. C　128. A　129. B　130. A　131. A　132. A　133. D　134. B　135. A
136. D　137. B　138. C　139. B　140. C　141. A　142. A　143. C　144. A
145. D　146. C　147. D　148. C　149. D　150. B　151. A　152. A　153. A
154. C　155. D　156. A　157. B　158. A　159. C　160. D　161. A　162. B
163. C　164. D　165. C　166. C　167. D　168. B　169. A　170. A　171. D
172. B

三、多项选择题

1. ABCE　2. ABCD　3. ABCD　4. BCD　5. AD　6. BCD

7. ABCE	8. ABCD	9. ABCE	10. ABC	11. ABCD	12. ABCD
13. ABCD	14. BCD	15. A、G	16. AC	17. AB	18. ACD
19. ACDE	20. AD	21. AB	22. AC	23. CD	24. AB、BC、AC
25. AC	26. BC	27. BC	28. ABC	29. BC	30. AB
31. BCDE	32. AC	33. ACD	34. ABC	35. BCD	36. ABCD
37. ABCD	38. BC	39. BCD	40. ABCD	41. AB	42. ACD
43. ABC	44. ABC	45. AD	46. AC	47. AD	48. ABC
49. ABC	50. ACE	51. ABCDE	52. ABCDE	53. BC	54. BDE
55. ABCD	56. ABCDE	57. CD	58. AB	59. ABD	60. ABC
61. ACD	62. CE	63. BCE	64. ABCDE	65. ABE	66. ABCE
67. BD	68. ABCE	69. ABD	70. ABDE	71. ABCD	72. ACD
73. BCD	74. BCD	75. CD	76. ABCE	77. ACD	78. BD
79. ABCDEF	80. AB	81. ABC	82. ACE	83. CDE	84. ABD
85. ACD	86. A、C	87. BCD	88. BC	89. ABCD	90. A、C
91. ABDE	92. AC	93. ABCD	94. AB	95. A、C	96. BD
97. CD	98. ABC	99. AB	100. ACD	101. BCD	102. ABCE
103. AB、D	104. BC	105. A、C	106. ABCDE	107. AC	108. ACD
109. ABCD	110. BD	111. ABD	112. BE	113. ABCD	114. ABD
115. ACD	116. ABD	117. ABC	118. BC	119. ABCD	120. ABCD
121. BD	122. ABC	123. ABC	124. ABD	125. ACD	126. CD
127. ACD	128. ABCD	129. ABC	130. ABDE	131. ADE	132. ACE
133. ABDE	134. AB	135. ABDE	136. ABCD	137. ABCD	138. ACE
139. ABCD	140. BC	141. ACD	142. CD	143. ABDE	144. BDE
145. ABC	146. ABD	147. AB	148. BCE	149. ABD	150. ABDE
151. ABCD	152. CD	153. ABDE	154. ABCE	155. BCD	156. AC
157. ABCE	158. ABC				

四、判 断 题

1. ×	2. ×	3. ×	4. √	5. ×	6. √	7. ×	8. √	9. ×
10. ×	11. √	12. ×	13. √	14. √	15. √	16. √	17. ×	18. ×
19. ×	20. ×	21. ×	22. √	23. √	24. √	25. √	26. ×	27. √
28. ×	29. √	30. ×	31. √	32. ×	33. √	34. √	35. ×	36. √
37. ×	38. ×	39. ×	40. ×	41. √	42. √	43. ×	44. ×	45. √
46. ×	47. √	48. √	49. ×	50. ×	51. √	52. √	53. ×	54. ×
55. ×	56. ×	57. ×	58. ×	59. √	60. ×	61. ×	62. √	63. ×
64. ×	65. ×	66. ×	67. √	68. √	69. ×	70. √	71. √	72. √
73. ×	74. √	75. √	76. √	77. √	78. √	79. ×	80. ×	81. ×
82. ×	83. ×	84. √	85. ×	86. √	87. ×	88. ×	89. ×	90. √
91. √	92. √	93. √	94. ×	95. √	96. √	97. √	98. √	99. √

100.× 101.√ 102.√ 103.× 104.× 105.× 106.√ 107.× 108.×
109.√ 110.√ 111.√ 112.× 113.√ 114.√ 115.√ 116.× 117.×
118.× 119.× 120.√ 121.√ 122.× 123.× 124.√ 125.√ 126.×
127.√ 128.× 129.√ 130.√ 131.× 132.× 133.× 134.× 135.×
136.√ 137.× 138.√ 139.√ 140.√ 141.× 142.× 143.√ 144.×
145.√ 146.× 147.√ 148.√ 149.× 150.√ 151.√ 152.√ 153.×
154.√ 155.√ 156.√ 157.√ 158.× 159.√ 160.× 161.√ 162.×
163.√ 164.√ 165.× 166.× 167.√ 168.√ 169.√ 170.√ 171.√
172.√ 173.× 174.√ 175.×

五、简答题

1. 答:表面粗糙度的测量方法有以下四种:

比较法:它是把被测零件表面与表面粗糙度样块相比较,评出被测表面属哪一级粗糙度。表面粗糙度样块是用不同加工方法(车、铣、刨、磨等)加工出来的标准样块(1分)。

光切法:这种测量方法用的仪器是光切显微镜,从目镜中观察反映零件表面微观不平的光带影像,测出被测表面的峰谷高度,计算出 Ra 值(1分)。

干涉法:这种测量方法是把被测量表面的微观不平度转化成干涉条纹的弯曲程度,测量出峰谷高度。它所用的仪器是干涉显微镜,可测得 Ra 值(1分)。

针描法:这种测量方法使用的仪器是电感式表面轮廓仪。它是利用一个很尖的金刚石触针在被测表面上移动,将触针在垂直被测表面轮廓方向上产生的上下移动变为电信号加以放大,然后可输入计算器作积分处理,在指示器中显示出 Ra 值(2分)。

2. 答:(1)能保证瞬时传动比恒定,平稳性高,传动运动准确可靠。(2)传递的功率和速度范围大。(3)结构紧凑,工作可靠,可实现较大的传动比。(4)传动效率高,使用寿命长。(5)齿轮的制造、安装要求高。(每项1分,共5分)

3. 答:使用前应校对零位是否正确,并检查有无合格证。把被测表面擦净。测量时,使用测力装置,以保持测量力一定。使用时测微螺杆轴线与工件的被测尺寸方向一致,不要倾斜。测量中,要注意温度的影响,手持千分尺的隔热装置,防止手温的影响。不允许测量带有研磨剂的表面,粗糙表面和带毛刺的边缘表面。更不允许测量运动着的工件。测量后应擦净并添油,放在专用木盒内保存。为了保证千分尺的精度,必须进行定期检定。(每项1分,共5分)

4. 答:常用的退火方法有完全退火、球化退火及去应力退火等(2分)。

完全退火:将钢加热到 Ac3 以上 30～50 ℃,保温一定时间,然后随炉缓慢冷却的热处理方法称完全退火。完全退火主要用于中碳结构钢及低、中碳合金结构钢的锻、铸件。主要目的是消除内应力(1分)。

球化退火:将钢加热到 Ac1 以上 20～30 ℃,保温一定时间以不大于 50 ℃/h 时的冷却速度随炉冷却,获得球状珠光体组织的退火方法,称为球化退火。球化退火适用于共析钢及过共析钢,如碳素工具钢、合金刃具钢、轴承钢等,在锻压加工后,必须进行球化退火,降低硬度,便于切削加工,同时也为最后的淬火热处理作好组织准备(1分)。

去应力退火:将钢加热到低于 Ac1 的温度(一般取 500～650 ℃)。经保温后慢慢冷却的退火方法,称为去应力退火。去应力退火用锻造、铸造、焊接以及切削加工后的精密工件,以消除加工过程中内应力(1 分)。

5. 答:回火时,决定钢的组织及性能的是回火温度,生产中根据工件要求选择回火温度(1 分)。

低温回火(150～250 ℃)使钢件具有高的硬度(HRC58～64)和高的耐磨性,内应力有所降低,韧性有所提高。主要用于刃具、量具、模具及要求硬而耐磨的零件(1 分)。

中温回火(350～500 ℃)使钢件具有高的弹性极限、屈服强度和适当的韧性。强度可达 HRC40～50,主要应用弹性零件及热锻模(1 分)。

高温回火(500～650 ℃)使钢件具有良好的综合机械性能(足够的强度与高韧性相配合)硬度可达 HRC25～40。主要用于中碳结构钢及低中碳合金结构的调质处理中。广泛应用于各种受力构件,如螺栓、连杆、齿轮、曲轴等(2 分)。

6. 答:金属材料在外力作用下所表现出来的一系列特性和抵抗能力,称为机械性能(1 分)。

(1)强度:常用的强度指标是强度极限(符号:σ_b,单位:Pa)及疲劳强度(符号:σ_{-1},单位:Pa)(1 分)。

(2)硬度:常用的硬度指标是布氏硬度(符号:HBS、HBW,单位:Pa,习惯上不用)及洛氏硬度(符号:HRA、HRB、HRC)(1 分)。

(3)塑性:常用的塑性指标有延伸率(符号:δ,以百分数表示)和断面收缩率(符号:Φ,以百分数表示)(1 分)。

(4)韧性:韧性指标符号 ak,单位 J/cm^2(1 分)。

7. 答:在机械制造业中,从铸造到机械加工,到组装,都受热膨胀性的影响。生产上热装配部件就是利用金属的热膨胀性。而精密零件和测量工具,为了保护高度精确性,必须选用热膨胀很小的合金制造。在金属的加工过程中的测量也要考虑热膨胀的影响。(每项 1 分,共 5 分)

8. 答:将钢加热到 Ac3 或 Acm 30～50 ℃,保温一定时间,随后在空气中冷却致室温的热处理工艺称为正火(2 分)。

正火的目的是调整钢的硬度,消除网状碳化物,有利于切削加工。对淬火零件,用于淬火前的预备热处理。使组织细化,减少淬火变形和开裂,提高淬火质量(3 分)。

9. 答:常用螺纹有普通螺纹、管螺纹、梯形螺纹、矩形螺纹和锯齿形螺纹五种(1 分)。

普通螺纹用于紧固件和连接件。如螺钉、螺栓、螺母等(1 分)。

管螺纹用于输送气体或液体的管子接头上。圆锥管螺纹有 1∶16 的锥度,密封性好,常用于压力较高的接头处。如水管、蒸汽管道等(1 分)。

梯形螺纹和矩形螺纹用于单向压力的机件上。如冲压机床的螺杆(2 分)。

10. 答:当给定配合代号时,判断其为何种类型配合的方法是:根据国标基孔制优先配合表(1 分),如分子是 H,而分母分别是 a、b、c、d、e、f、g、h 时为基孔制间隙配合;为 j、g、b、m 时为孔制过渡配合;为 n、p、r、q、t、u、v、x、y、z 时为基孔制过盈配合(2 分)。如分母是 h,而分子分别是 A、B、C、D、E、F、G、H 时为基轴制间隙配合;为 JS、K、M 时为基轴制过渡配合;为 N、P、R、S、T、U、V、X、Y、Z 时为基轴制过盈配合(2 分)。

11. 答:零件加工后单一要素的实际形状对理想形状的偏离量称位置误差(2 分)。

为保证零件的互换性与使用性能所规定的关联要素的实际形状对理想形状所允许的变动

量称为位置公差(2 分)。

在加工过程中,必须保证形状误差小于或等于形状公差才为合格产品(1 分)。

12. 答:保护接地是将电气设备的金属外壳用导线地体连接,用在电源中性点不接地的低压供电系统中。保护接零是将电气设备的金属外壳与中线连接,用在电源中性点接地的低压供电系统中。(每项 2.5 分,共 5 分)

13. 答:杠杆百分表主要由表体结构、传动结构、补偿游丝和换向器四个部分组成。

表体结构主要由表体、表圈、表盘及表针组成。表盘是对称刻度,分度值为 0.01 mm。转动表圈带动,可使指针指向零位。表针最多只能转一周。

传动机械主要由杠杆测头、扇形齿轮、中心齿轮组成。杠杆百分表的传动原理就是利用杠杆和齿轮的放大原理及传动,将杠杆测头的直线位移变为指针在表盘上的角位移。

补偿游丝使齿轮保持单面啮合,以消除齿轮间隙造成的测量误差,并起稳定指针的作用。

换向器主要由手柄与弹簧钢丝组成。转动手柄可改变杠杆测头的方向。弹簧钢丝使测头在两个方向上保持足够的测量力。(每项 1 分,共 5 分)

14. 答:就工艺过程而言,以下工艺易产生积累静电:(每项 1 分,共 5 分)

(1)固体物质大面积摩擦,如纸张与辊轴摩擦等;固体物质在压力下接触而后分离,如塑料压制;固体物质在挤出、过滤时与管道、过滤器等发生摩擦,如塑料的挤出。

(2)固体物质的粉碎、研磨过程;悬浮粉尘的高速运动等。

(3)混和器中搅拌各种高阻率物质,如纺织品的涂胶。

(4)高阻率液体在管道中流动且流速超过 1 m/s 时;液体喷出管口时,液体注入容器发生冲刷或飞溅时等。

(5)液化气体、压缩气体或高压蒸气在管道中流动和由管口喷出时,如从气瓶放出压缩气体。

15. 答:钻床工应注意的安全事项有:

(1)不准戴手套操作,严禁用手清除铁屑(1 分)。

(2)头部不可离钻床太近,工作时必须戴帽子(1 分)。

(3)钻孔前要先定紧工作台,摇臂钻床还应定紧摇臂然后才可开钻(2 分)。

(4)在开始钻孔和工件快要钻通时,切不可用力过猛(1 分)。

16. 答:组合夹具是在夹具零部件标准化的基础上发展起来的一种新型的工艺装备。它由一套预先制好的、有各种不同形状、不同规格尺寸的标准元件和组合件所组成(2 分)。

组合夹具的各元件相互配合部分尺寸精度高、硬度高和耐磨性好,并具有互换性。利用这些元件,根据加工件的工艺要求,可以很快地组装出机械加工及检验、装配等各种工种用的夹具。夹具使用完毕后,可以方便地拆开元件,将元件清洗干净存放入库。留待以后组装夹具时使用,由于组合夹具的这一特点,最适用于产品变化较大的生产。如新产品的试制,单件小批生产,又适用于中等批量的生产以补充夹具数量的不足(3 分)。

17. 答:从工件上切去大部分加工余量(粗加工工序)后,再进行小加工余量的切削,使工件达到较高的加工精度及表面质量的工序称为精加工工序。常用的加工方法有精车、精铣、拉削、铰削及磨削等。精加工的加工精度一般为 IT8～IT6,表面粗糙 Ra 在 0.4～3.2 μm 之间(3 分)。

精加工工序以提高工件的精度为主,所以应选用精度较高的机床,并采用小余量进行加工,切削力小,切削温度低,工件变形小,容易提高加工精度(2 分)。

18. 答:(1)使用前应检查水平仪零位误差是否在允许的范围内(1 分)。(2)被测零件要安放稳妥,水平仪和工作测量表面应保持清洁(1 分)。(3)为减小温度对测量精度的影响,测量时应从气泡两端读数,然后取其平均值作为测量结果(2 分)。

19. 答:从经过精加工的工件表面上切去很少的加工余量,得到很高的加工精度及很小的表面粗糙度值(1 分)。研磨、珩磨、超精加工及抛光等方法属于光整加工工序(2 分)。光整加工精度在 IT6 以上,表面粗糙度 Ra 值在 0.4 μm 以下(2 分)。

20. 答:零件加工后实际几何参数与理想零件几何参数(几何尺寸、几何形状、表面相互位置)的相符合程度称为加工精度(3 分)。

加工精度包括尺寸精度、形状精度和位置精度三方面的要求(2 分)。

21. 答:由于毛坯加工余量和材料硬度的变化,引起切削力和工艺系统受力变形,使毛坯的误差反映到加工后的工件表面,这种现象称为“误差复映”(5 分)。

22. 答:钻床通过日常的维持保养可以延长机床的使用寿命,延长钻床的工作精度,减少设备发生事故和保持设备完好率(2 分)。

钻床日常维护保养的内容很多,主要是要做好下列几项工作:

(1)班前、班后认真检查和擦拭机床,若发现问题,要及时与有关部门和人员反映,问题及时得到解决(1 分)。

(2)机床各部位要定期、定时(尤其是班前、班后)进行注油,使机床经常保持良好的润滑,清洁状态(1 分)。

(3)机床发生故障时,应立即切断电源,维护现场并立即反映,及时排除,认真做好记录(1 分)。

23. 答:(1)砂轮启动后,应先观察运转情况,待运转正常后,再进行磨削(1 分)。(2)磨削时工作者应站在砂轮的侧面或斜侧位置,不得站在砂轮对面(1 分)。(3)磨削时工件不能猛烈撞击砂轮,工件对砂轮的压力也不能过大,以免砂轮碎裂(1 分)。(4)发现砂轮表面严重跳动,应停止磨削,及时修整(1 分)。(5)砂轮机的托架与砂轮间的距离应保持 1.5～3 mm,使用中距离增大后要及时调整(1 分)。

24. 答:划线工具按用途分有以下五种:(每项 1 分,共 5 分)

(1)基准工具:划线平台、V 形铁、直角铁、方箱、平行垫铁、分度头等。

(2)量具:高度尺、高度游标尺、钢板尺、万能量角器等。

(3)绘划工具:划针、划针盘、划规等。

(4)夹持工具:千斤顶、平行垫铁、可调滚动支架、C 形夹头等。

(5)辅助工具:手锤、样冲、划中心用塞块、中心座、定心架、磁力座等。

25. 答:旋转件产生不平衡量的原因是由于材料密度不匀、本身形状对旋转中心不对称,加工或装配产生误差等缘故引起的(5 分)。

26. 答:我们把工件从定位到夹紧的整个过程,称为装夹(2 分)。

常用的装夹方法有直接找正装夹、划线找正装夹和夹具装夹三种(3 分)。

27. 答:锪孔的工作要点是:

①锪孔时,进给量为钻孔的 2～3 倍,切削速度为钻孔的 1/3～1/2;精锪时,往往采用钻床停车后轴惯性来锪孔,以减少振动而获得光滑表面(2 分)。

②尽量选用较短的钻头来改磨锪钻，并注意修磨前角，减少前角，以防止扎刀和振动，同时选用较小后角，防止多角形(2分)。

③锪钢件时，因切削热量大，应在导柱和切削表面加润滑油(1分)。

28. 答:(1)主切削刃:钻削工作量主要由它承担(1分)。(2)横刃:它的作用是钻去孔的中心处的材料和稳定钻的中心位置(2分)。(3)刃带:减少摩擦和保持钻头直进的导向作用(2分)。

29. 答:(1)刮刀弧形半径小(1分)。(2)在一个位置及向上刮削次数过多(2分)。(3)刮削时向下压的力量过大(1分)。(4)工件表面阻力不均匀(1分)。

30. 答:JIZ-6型手电钻由以下七大部分组成:

(1)单向串激电动机;(2)减速箱;(3)外壳;(4)开关;(5)钻夹头;(6)电源线;(7)插头。(每2项1分,共5分)

31. 答:编制装配工艺规程时，必须要下列原始资料:

(1)产品的总装配图、部件的装配图及主要零件的工作图(2分)。

(2)零件明细表(1分)。

(3)产品验收技术条件(1分)。

(4)产品的生产规模、各种设备的性能及主要技术规格(1分)。

32. 答:编制装配工艺规程必须具备下列内容:(每项1分,共5分)

(1)规定所有的零件和部件的装配顺序。

(2)对所有的装配单元和零件规定出即保证装配精度;又是生产率最高和最经济的装配方法。

(3)划分工序，确定装配工序内容。

(4)决定必须的工人等级和工时定额。

(5)选择完成装配工作所必须的工夹具及装配用的设备。

(6)确定验收方法和装配技术条件。

33. 答:装配技术有如下要求:(每项2分,共5分)

(1)保证丝杠、螺母副规定的配合间隙。

(2)丝杠与螺母副规定的配合间隙。

(3)丝杠的回转精度应符合规定要求。

34. 答:(1)齿轮孔与轴配合要适当，不得有偏心和歪斜现象。

(2)保证齿轮有准确的安装中心距和适当的齿倾斜现象。

(3)保证齿面的接触要求。

(4)滑动齿轮不应有卡住和阻滞现象，并应保证准确定位。

(5)转速高和大齿轮，装在轴上应作平衡检查。(每项1分,共5分)

35. 答:(1)两带轮的相对位置要准确，首先带轮在轴上应没有过大的歪斜，通常要求径向圆跳动为(0.002 5～0.000 5)D，端面跳动为(0.000 5～0.001)D，D为带轮直径，并且两轮的中间平面应重合，其倾斜角和轴向偏移量不得超过规定要求。一般倾斜角要求不超过1°。

两带轮的相对位置不准确会引起带的张紧程度不均和加快磨损。

(2)带轮工作表面的粗糙度要适合，一般为$Ra3.2\ \mu$m。

表面粗糙度过细不但加工经济性差，而且容易打滑;过粗则带的磨损加快。

(3)带轮上的包角一般不应小于120°,带的包角太小,容易打滑,造成功率损失。

(4)带的张紧力要适合。带的张紧力过小,不能传递一定功率,张紧力太大,则带、轴承都容易磨损,并降低了传动效率。(每项1分,共5分)

36. 答:简易试验台结构,按蒸汽压强源通入方向顺序排列:即蒸汽源(机车锅炉)、管路部分、截止阀(一)、暖汽减压阀、压力表、排水阀、截止阀(二)、锅炉安全阀安装台座等构成(3分)。

试验台调压不稳,主要是暖汽减压阀泄漏,具体说就是减压阀内上间小阀与下部大阀泄漏,可精研至不漏气为止,其他各阀则相应进行研修,以符合试验台调压要求(2分)。

37. 答:(1)使用前检查各操作部分是否正常。

(2)按规定进行润滑,并保持各滑动面清洁。

(3)工作前先进行几次空行程试验。

(4)压装时工件要放在压头中部下方,注意不要压歪斜,防止压偏崩出。(每项1分,共5分)

38. 答:为了防止管了在弯曲时变瘪,弯曲前应在管子内灌满干砂,然后管口堵上木塞。为使在热弯时管内水蒸气顺利排出,防止管子炸裂,需在木塞端钻一小孔排气,才能进行弯曲。(每项1分,共5分)

39. 答:工件加工制作、运输、保管、使用过程中,其表面粘有灰尘、油污、氧化皮、锈蚀等腐蚀污染物,还有微孔、焊渣、划伤、凹凸不平等缺陷,如不进行涂装前的物面处理,将无法保证涂装质量。(每项1分,共5分)

40. 答:发蓝就是将金属零件放入一定比例的碱与氧化剂溶液中加热氧化,使其表面生成一层带有磁性的四氧化三铁薄膜的过程(3分)。

其目的是使金属零件表面防锈,美观、光泽,并能消除部分内应力(2分)。

41. 答:钢的表面淬火热处理分为火焰加热表面热处理及感应加热表面热处理两类(3分),感应加热表面热处理又分为高频、中频、工频三种(2分)。

42. 答:使用时应注意以下几点:(每项1分,共5分)

(1)测量前检查是否灵敏,有无异常。

(2)测量时悬臂伸出长度应尽量短。

(3)如需调整表的位置,应先松开夹紧螺钉再转动表,不得强行转动。

(4)不得测量毛坯和坚硬粗糙的表面。

(5)杠杆百分表测量范围小、测量力小,使用时应仔细操作以防损坏。

43. 答:千分尺在使用中应注意:(每2项1分,每3项2分,共5分)

(1)防止千分尺受到撞击或脏物侵入到测微螺杆内。若千分尺转动不灵活,则不可强行转动,也不可自行拆卸。

(2)千分尺使用时应轻拿轻放,正确操作,以防损坏或使螺杆过快磨损。

(3)不准在千分尺的微分筒和固定套管之间加酒精、柴油和普通机油。

(4)千分尺使用完毕应擦干净并涂防锈油,装入盒内并放在干燥的地方保管。

(5)按规定定期检查鉴定。

(6)不准测量运动中的工件,不准用来测量毛坯。

(7)不准与工件和其他工具混放。

(8)不准放在温度较高的地方,以防止受热变形。

44. 答:经纬仪是检验机床精度时使用的一种高精度的测量仪器,主要用于坐标镗床的水平转台和万能钻台,精密滚齿机和齿轮磨床分度精度的测量和检验,常和平行光管配合使用(5分)。

45. 答:水平仪是以自然水平面为基准确定微小角度倾斜的一种小角度测量仪器,其主要用途是校准机床和仪器对水平面的水平位置,还可用节距法测量导轨的直线度误差和大平面在平面度误差(2分)。

水平仪的主要元件是水准器。水准器是带有大圆弧、上凸的玻璃管,内装黏度较小的酒精或乙醚,但不装满,留有一定的气泡。由于重力的作用,气泡始终处于玻璃管内的最高点。如果水平仪处于水平位置,气泡就处于凸形玻璃管的正中央位置。若水平仪倾斜1个角度,气泡就向左或向右移动。移动的距离越大,说明水平仪倾斜的角度越大(3分)。

46. 答:在使用前,应擦净量爪,检查量爪测量面和测量刃口是否平直无损;把两面三刀量爪闭合,应无漏光现象。同时主、副尺的零线要相互对齐,副尺应活动自如(5分)。

47. 答:清除和洗净设备各零件加工表面上的油脂、污垢和其他杂质,擦净涂机油,使其具有中间防锈能力(5分)。

48. 答:液压传动是以液体为工作介质,利用液压力传递动力和进行控制的传动方式。液压泵把原动机的机械能转换为液体的压力能,经管道及阀等传送,然后借助液压缸或液压马达等,再把液压能转换成机械能,从而驱动工作机构完成所要求的工作(5分)。

49. 答:减少量仪的系统误差,如修正量具或量仪的系统误差;反向测量法补偿,正确选择测量方法。(每项1分,共5分)

50. 答:对机械设备精度的影响;对机械设备完成预定使用功能的影响;对机械设备性能的影响。(每项2分,共5分)

51. 答:正弦规的测量需先建立一个三角形,然后进行正弦三角函数计算,得出被测零件的准确角度(3分)。

正弦公式:$\sin 2\alpha = H/L$ (2分)

式中 H——所垫块规的高度(mm);

2α——被测零件的锥角(°);

L——正弦规中心距(mm)。

52. 答:该试验简易装置为风源(压强 900 kPa 或风缸)压力表、截止阀及单头或多头撒砂阀安装座等组成(2分)。

试验过程:将撒砂阀进风口通入 900 kPa 压缩空气,进行如下试验(3分)。

(1)通路检查试验

正向(向前)扳转手柄 36°(前一位),检查通路Ⅱ是否按设计要求排风。继续转扳手柄呈 72°(前二位),检查通路Ⅱ、Ⅲ是否按设计要求排风。反向往后扳转手柄 36°(后一位),检查Ⅰ、Ⅱ、Ⅲ通路是否按要求排风,再扳转手柄呈 72°(后二位),检查通路Ⅰ是否按要求排风。

(2)泄漏试验

将手柄扳转到中间即中立位置(各孔路断绝),检查撒砂阀各部泄漏是否符合技术要求。

53. 答:不会引起主轴的径向圆跳动误差。这是由于滚动轴承外圈一般是固定不动的(5分)。

54. 答:常用的切削液有(1)水溶液,主要起冷却作用;(2)乳化液,主要起冷却和清洗作用,高浓度时有润滑作用;(3)切削油,主要起润滑作用。切削液的选用,应根据不同工件材料、工艺要求和工种的特点选择使用。(每项2分,共5分)

55. 答:手提式静电喷漆装置是由高频静电发生器、供漆系统、供气系统和手提喷枪等到部分组成,装在轻便的小车上(2分)。

工作原理:高频静电发生器产生高电压,加在喷枪和物件上。喷枪带负电荷,物面带正电荷,它们之间形成高静电场。油漆被压缩空气雾化,离开喷枪成为带负电的漆雾颗粒,在压缩空气与电场作用下漆雾粒飞向物面,达到喷涂的目的(3分)。

56. 答:(1)溶剂除油常用溶煤油、汽油、甲苯、氯化碳、三氯乙烯等。

(2)化学碱液除油常用碱液的氢氧化钠、氢氧化钾、碳酸钠、磷酸三钠、硝酸钠等。

(3)合成洗涤剂(表面活性剂)除油。(每项2分,共5分)

57. 答:(1)完全互换法;

(2)选择装配方法;

(3)修配法;

(4)调整法。(每项1分,共5分)

58. 答:当压力为p_0的压力油,经过4个节流器分别流入轴承4个油腔,油腔中的油又经过两端的间隙h_0流回油池(1分)。

当轴空载时,若4个节流器阻力相同,则4个油腔的压力也相同,这样主轴轴颈被浮在轴承的中心了,当轴受到载荷时,轴颈中心要向下产生一定的位移,此时油腔1的回油间隙h_0增大,回油阻力减小,使油腔压力p_{r1}降低;而相反油腔3间隙减小,回油阻力增大,使油腔压力p_{r3}升高。这样,油腔1、3产生压力差,其值为$p_{r3}-p_{r1}=W/A$(A是每个油腔的有效承载面积),轴颈便处于新的平衡位置(2分)。

静压轴承的优点:起动和正常运转时的耗功均很小;轴心位置稳定,有良好的抗振性能;能长期保持旋转精度;能在极低的速度下正常工作(2分)。

59. 答:在装配推力球时,先要分清紧环与松环,由于松环的内孔比紧环的内孔大,装配时一定要使紧环靠在转动零件的平面上,松环靠在静止零件的平面上(3分)。

推力球轴承的游隙是通过一对螺母来调整的(2分)。

60. 答:因为对齿轮传动进行跑合后,可提高齿轮啮合的接触精度,从而提高齿轮副的承载能力,降低传动噪声(3分)。

跑合方法有加载跑合和电火花跑合两种(2分)。

61. 答:有完全互换法;分组装配法;调整装配法;修配装配法四种。(每项1分,共5分)

62. 答:主轴轴颈的圆度误差、圆柱度误差和径向圆跳动误差以及与轴上零件相配的圆柱面对轴颈的径向圆跳动误差,轴上重要端面对轴颈的垂直误差,都会造成主轴回转误差。(每项1分,共5分)

63. 答:五管压油机试验台是由机体、安装座、各输出油管、压力表、高压止回阀、测量检测装置及电动小型活塞或风机所组成(2分)。

工作原理:按蒸汽机车实际工况,该试验台风压源取自电机拖动活塞式压气机往复式排气形式,来代替机车工况中复式空气压缩机低压缸往复排气形式,通过风源、风动装置为动力,来检测五管压油机的各项性能(3分)。

64. 答:(1)贴合点计数法——在边长为 25 mm×25 mm 的面积中统计贴合点数,点数多精度高,点数少精度低。(2)贴合面比率法——有两种检查内容,即按长度贴合百分比和贴合面积百分比。(3)仪表检查法——如用百分表、千分表、水平仪等进行检查。(每项 2 分,共 5 分)

65. 答:在第一次试运转时,将主轴与轴承的间隙调到 0.010~0.012 mm 左右(2.5 分);要第二次试运转时,应将主轴与轴承间隙调整到 0.002 mm(2.5 分)。

66. 答:提高传动链精度的工艺方法,主要是提高传动件的安装精度,装配时采用误差补偿法和对有误差校正装置的结构进行准确的检测修整。(每项 2 分,共 5 分)

67. 答:增大轴承比压;增大轴承间隙比;提高润滑油温度。(每项 2 分,共 5 分)

68. 答:资料准备;确定装配形式;确定装配顺序;划分工序;选择工艺装配;确定检验方法;提出工人技术等级装配工时定额;编制工艺文件。(每 2 项 1 分,每 3 项 2 分,共 5 分)

69. 答:钻孔时,一般冷却润滑液的目的应以冷却为主。

在高强度材料上钻孔时,可在冷却润滑液中增加硫、二硫化钼等成分,在塑性、韧性较大的材料上钻孔,在冷却润滑液中可加入适当的动物油和矿物油(3 分)。

孔的精度要求较高和表面粗糙度值要求很小时,应选用菜油、猪油等主要起润滑作用的冷却润滑液(2 分)。

70. 答:深度钻削需注意以下问题:(每项 1 分,共 5 分)

(1)深孔钻头刚性较差,钻削时,容易弯曲或折断。

(2)排屑困难容易折断钻头,切屑还会擦伤孔壁。

(3)冷却困难,由于孔深,又有切屑阻碍,切削液不易注入切削刃处使钻头磨损加剧。

(4)钻头导向性差,孔容易钻偏。

六、综 合 题

1. 解:已知齿轮圆直径 $d_e=90.7$ mm,$Z=24$,根据公式 $d_e=m(Z+2)$(3 分),有

$m=d_e/(Z+2)=90.7/(24+2)=3.488$ (2 分)

化标准模数值:$m=3.5$ mm (2 分)

$d=mZ=3.5\times24=84$(mm) (3 分)

答:该齿轮的模数为 3.5 mm,分度圆直径 d 为 84 mm。

2. 解:$V=D\pi n/1\,000=6\times3.14\times1\,400/1\,000=26.38$(m/min) (9 分)

答:钻孔切削速度为 26.38 m/min(1 分)。

3. 解:$D=S/0.866=32/0.866=37$(mm) (5 分)

$d=S=32$ mm (5 分)

答:坯料的最小直径 D 为 37 mm,六方形内切圆直径 d 为 32 mm。

4. 解:$D_0=D-1.1p=12-1.1\times1.5\approx10.3$(mm) (5 分)

$h_0=h+0.7D=30+0.7\times12=38.4$(mm) (5 分)

答:钻底孔直径和深度分别为 10.3 mm、38.4 mm。

5. 解:$L=\pi(d/2+b/2)\alpha/180°$ (4 分)

$=3.14\times(26/2+4/2)\times295°/180°$

$=77.24$(mm) (6 分)

答:材料展开长度为 77.24 mm。

6. 解:设假定等分数 $Z_0=60$(1 分),则

$N=40/Z_0=40/60=20/30$ (2 分)

即每分度一次,分度手柄相对分度盘在 30 孔孔圈上转过 20 个孔距(2 分)。

配换齿轮:$Z_1\times Z_3/Z_2\times Z_4=40(Z_0-Z)/Z_0=40\times(60-61)/60=-40/60$ (2 分)

即主动轮 $Z_1=40$,被动轮 $Z_4=60$,负号表示分度盘和分度手柄转动方向相反。当用 FW250 分度头时,应加两个介轮(3 分)。

7. 解:根据公式:$n=40/Z$(4 分),得

$n=40/20=2$ (4 分)

答:每划完一个孔的位置后,手柄应转过 2 转,再划第二条线(2 分)。

8. 解:已知 $d=50$ mm,$p=12$ mm,则

$d_3=d-2(0.5p+\alpha_0)=50-2\times(0.5\times12+0.5)=50-2\times6.5=37$(mm) (2.5 分)

$d_2=d-0.5p=50-0.5\times12=44$(mm) (2.5 分)

$f=0.366p=0.366\times12=4.392$(mm) (2.5 分)

$W=0.366p-0.536\alpha_0=0.366\times12-0.536\times0.5=4.392-0.268=4.124$(mm) (2.5 分)

9. 解:按图可知:

$\angle C=180°-\angle A-\angle B$

$=180°-70°-60°=50°$ (2 分)

因为 $AB/\sin C=AC/\sin B=BC/\sin A$ (4 分)

所以 $AC=AB\cdot\sin B/\sin C$

$=200\times\sin60°/\sin50°=226.1$(mm) (2 分)

$BC=AB\cdot\sin A/\sin C=200\times\sin70°/\sin50°$

$=245.3$(mm) (2 分)

10. 解:$X_{max}=E_S-e_i=0.02-(-0.02)=0.04$(mm) (3 分)

$X_{min}=E_I-e_s=0-(-0.007)=0.007$(mm) (3 分)

$TF=X_{max}-X_{min}=0.04-0.007=0.033$(mm) (4 分)

答:最小间隙 X_{min} 为 0.007 mm,配合公差 TF 为 0.033 mm。

11. 答:钻削时间是 56 min(10 分)。

12. 答:切削速度是 15.7 m/min(10 分)。

13. 答:平面刮削的方法有手刮法和挺刮法两种;刮削步骤为粗刮、细刮、精刮和刮花(10 分)。

14. 答:如图 1 所示(10 分)。

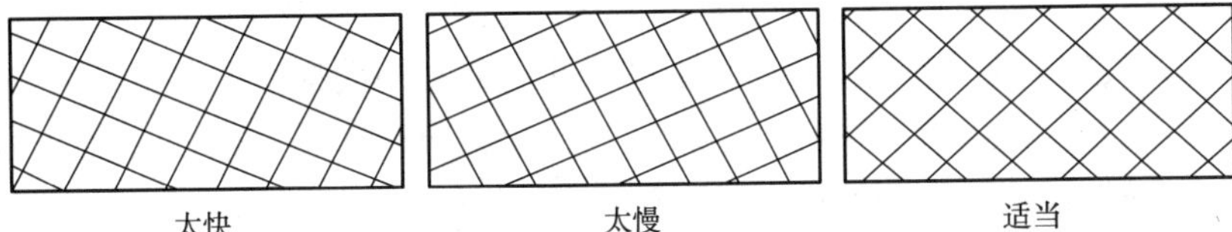

图 1

15. 解：$d_e = m \times (Z+2) = 3 \times (20+2) = 66$(mm) (2 分)

$d = m \times Z = 3 \times 20 = 60$(mm) (2 分)

$h = 2.25m = 2.25 \times 3 = 6.75$(mm) (2 分)

$p = \pi \times m = 3.14 \times 3 = 9.42$(mm) (2 分)

$a = (Z_1 + Z_2)/2 \times m, 120 = (20 + Z_2)/2 \times 3, Z_2 = 120 \times 2/3 - 20 = 60$ (2 分)

16. 解：钻孔深度 H＝所需螺纹深度＋0.7×螺纹直径 (5 分)

$H = 40 + 0.7 \times 24 \approx 57$(mm) (4 分)

答：钻孔深度为 57 mm(1 分)。

17. 解：$v_e = \frac{e\omega}{1\ 000}$；又因为平衡精度为 G1，则 $v_e = 1$ mm/s(3 分)，故

$e = \frac{1\ 000 v_e}{\omega} = \frac{1\ 000 \times 1 \times 60}{2\pi \times 5\ 000} = 1.911(\mu\text{m})$ (3 分)

$M = TR = W_e = 5\ 000 \times 1.911/1\ 000 = 9.555$(N·mm) (3 分)

答：平衡后允许偏心距为 1.911 μm，允许不平衡力矩为 9.555 N·mm(1 分)。

18. 解：$n = 40/Z = 40/30 = 1\frac{22}{66}$(r) (8 分)

答：分度手柄转一圈，在 66 孔圈上再转过 22 个孔距(2 分)。

19. 解：$L = M + 2 \times t - D/2 - d/2 = 100.04 + 2 \times 5 - 24.04/2 - 15.96/2 = 90.04$(mm) (10 分)

答：两孔中心距 L 为 90.04 mm。

20. 解：$\Delta_{基准不重合} = \frac{T_{sA}}{2} + \delta = 0.05 + 0.07 = 0.12$(mm) (2 分)

$\Delta_{位移} = \frac{T_{sA}}{2} = \frac{0.10}{2 \times 0.707} = 0.0707$(mm) (2 分)

$\Delta_{定位} = \Delta_{基准不重合} + \Delta_{位移}$ (2 分)

$= 0.12 + 0.070\ 7 = 0.190\ 7$(mm) (2 分)

答：该夹具的定位误差是 0.190 7 mm。因为尺寸$47_{-0.15}^{\ 0}$ mm 其公差只有 0.15 mm，而工件放在夹具中的定位误差就有 0.190 7，因此无法保证产品要求(2 分)。

21. 答：为了确保安全生产，操作人员应做到以下几点：(每项 1 分，共 10 分)

(1)穿好紧身合适的防护衣服，不要穿过于肥大领口敞开的衬衫或外套、袖口扣紧，把上衣扎在裤子里，腰带端头不应悬摇，要戴防护帽。

(2)操作者应配载防打击的护目镜。

(3)开动机床前要详细检查机床上危险部件的防护装置是否安全可靠，润滑机床，并作空载试验。

(4)工作地点要保持整洁，有条不紊。待加工和已加工工件应摆在架子上或专门设备内，不能将工件或工具放在机床上，尤其不能放在机床的运动部件上及工作的通道上。

(5)工件及刀具的装夹要牢靠，以防工件和刀具从夹具中脱落。装卸笨重工件时，应使用起重设备。

(6)机床运转时，禁止用手调整机床或测量工件；禁止把手肘支撑在机床上；禁止用手触摸机床的旋转部分；禁止取下或安装护板或防护装置。

(7)机床运转时，操作者不能离开工作地，发现机床运转不正常时，应立即停车，请检修工

检查。当停止供电时,要立即关闭机床或其他启动机构,并把刀具退出工作部位。

(8)不要使污物或废油进入机床冷却液,否则不仅会弄脏冷却液,甚至会传播疾病。为了防止皮肤病,严禁使用乳化液、煤油、机油洗手。

(9)必须使用压缩空气清除切屑时或切屑飞溅严重时,为了不危害别的操作人员,应在机床周围安装挡板,使操作区隔离。压缩空气的压力应尽可能低。不能用压缩空气吹去衣服或头发上的尘土或脏物,否则会引起耳朵和眼睛的损伤。

(10)工作结束后,应关闭机床和电动机,把刀具和工件从工作位置退出,清理安放好所使用的工、夹、量具,仔细地清擦机床。清除切屑时应使用钩子、刷子或专门的工具,不要用手直接清除切屑。

22. 解:由测得数据知,最大值$\frac{0.02\ \text{mm}}{1\ 000\ \text{mm}}$,最小值为$-\frac{0.016\ \text{mm}}{1\ 000\ \text{mm}}$(4 分)。

所以全长内的不平行度误差值为:

$$\frac{0.02\ \text{mm}}{1\ 000\ \text{mm}}-\left(-\frac{0.016\ \text{mm}}{1\ 000\ \text{mm}}\right)=\frac{0.036}{1\ 000}\ (5\ 分)$$

答:该导轨全长内的不平行度误差值为$\frac{0.036}{1\ 000}$ (1 分)。

23. 答:如图 2 所示(10 分)。

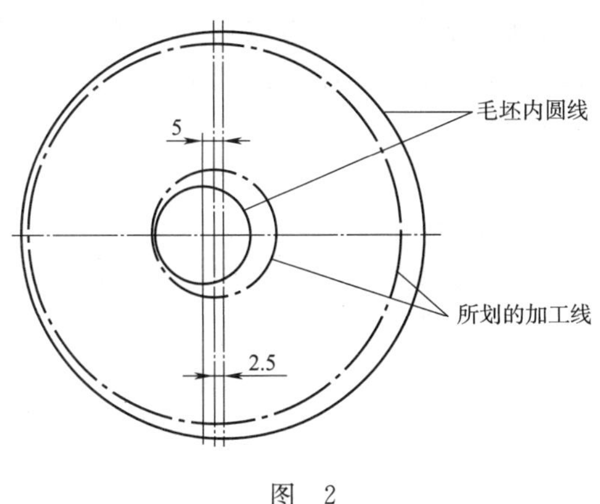

图 2

24. 答:如图 3 所示(10 分)。

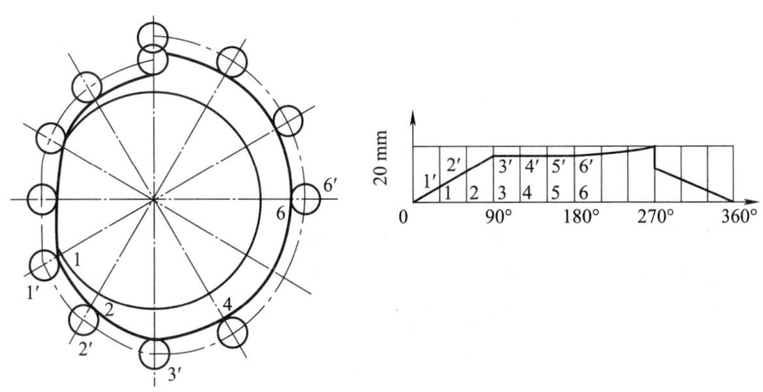

图 3

25. 答:如图 4 所示(10 分)。

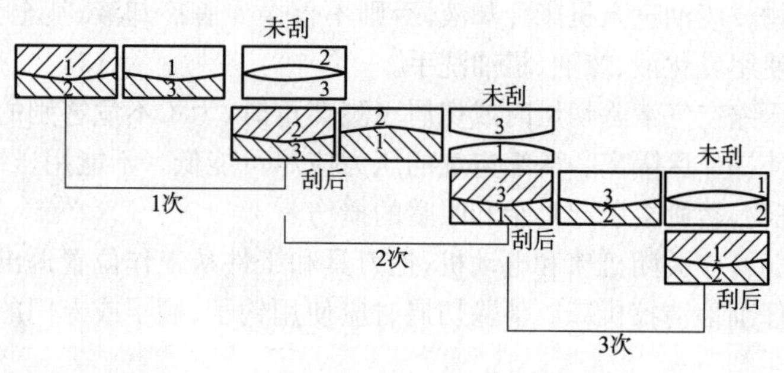

图 4

26. 答:夹紧力 W 是 71.25 N(10 分)。

27. 答:镀铬层厚度范围是 0.18~0.22 mm(10 分)。

28. 答:喷油泵下体装配是由下体、锒块、弹上座、卡圈、弹簧、弹簧下座、滚轮体、滚轮、滚轮销、滚轮衬套、滚轮体定位销钉等各件组成(2 分)。

其用途为:油泵下体装配也称滚轮推杆或滚轮套筒。它是喷油泵的直接传动机构,是联系喷油泵柱塞及凸轮运动的中间传力部件,通过它将凸轮的回转运动,变为柱塞的往复运动。由凸轮外形所确定的运动规律,通过滚轮传递给柱塞,因而使柱塞按照柴油机燃烧要求进行供油。同时,由于凸轮与滚轮之间为滚动摩擦,因此磨耗较小,有利于延长工作寿命和保持良好性能(4 分)。

喷油泵下体装配技术要求如下:(4 分)

(1)装配时,所有零件应仔细清洗。

(2)装配后,滚轮应转动灵活,滚轮体在不大于 100 N 的外力作用下,应能均匀滑动落下。

29. 解:根据压力公式 $P=F/A$ 计算(2 分)。

(1)活塞面积

$A=\pi R^2$

$=3.14\times 0.125^2$

$=0.0491(\text{m}^2)$ (3 分)

(2)压力

$P=F/A$

$=5\times 10^5/0.049\ 1$

$=10.2\times 10^6(\text{Pa})$

$=10.2(\text{MPa})$ (4 分)

答:输入液压缸压力应为 10.2 MPa(1 分)。

30. 答:(1)求活塞销过盈公差(封闭环公差)(2 分)。

(2)按等公差分配,则在分组选配时轴与孔的公差取 $\delta_1=\delta_2=0.005$ mm(2 分)。

(3)活塞销及孔的公差都是 0.02 mm,因此应分 4 组。其分组如下:(6 分)

轴:①$\phi\ 28_{-0.005}^{\ 0}$;②$\phi\ 28_{-0.010}^{-0.005}$;③$\phi\ 28_{-0.015}^{-0.010}$;④$\phi\ 28_{-0.020}^{-0.015}$;

孔:①$\phi\ 28_{-0.020}^{-0.015}$;②$\phi\ 28_{-0.025}^{-0.020}$;③$\phi\ 28_{-0.030}^{-0.025}$;④$\phi\ 28_{-0.035}^{-0.030}$。

以上分组大孔与大轴、小孔与小轴相配盈量正合适。

31. 答:X_{max}是 0.035 mm(3 分),Y_{max}是-0.041 mm(3 分),TF 是 0.076 mm(4 分)。

32. 答:B 尺寸的读数值是 52.73 mm(10 分)。

33. 答:(1)32°22″(5 分);(2)44°8′(5 分)。

34. 解:第三次背吃刀量=(54－50)/2－1－0.6=0.4(mm) (3 分)

$f_{mim}=n\times f=500\times 0.5=250$(mm/mim) (3 分)

$T_{总}=3\times 500/250=6$(min) (4 分)

35. 答:①切削速度是 15.7 m/min;

②转速是 312 r/min;

③钻削时间是 56 min;

④钻、扩、铰切削深度分别是 10 mm、9.8 mm、0.2 mm;扩孔切削速度是 10 m/min,进给量是 1.2～1.6 mm/r。(每项 2.5 分,共 10 分)

装配钳工(高级工)习题

一、填 空 题

1. 钳工钳夹工作物时,应将工件放在(　　)部位。

2. 提高产品质量最主要的环节在(　　),因为高质量的产品是生产出来的。

3. 设备检查按照时间间隔可以分为(　　)和定期检查。

4. 在有旋转零件的设备旁作业穿过肥大服装属(　　)装束。

5. 工位器具要做到配齐、配套、好用,起到存取方便、计数方便、(　　)的作用。

6. 班组文明生产的目的就在于要为班组成员营造一个良好而愉快的(　　)和一个合适而整洁的生产环境。

7. 图线的种类有粗实线、细实线、虚线、细点划线、粗点划线、双点划线、(　　)等八种。

8. 符号"∠1∶10"表示(　　),符号"▷1∶5"表示锥度1∶5。

9. 基本尺寸相同,相互(　　)公差带之间的关系叫配合。

10. 构成零件几何特征的(　　)、线、面叫作要素。

11. 工作表面的粗糙度,往往是决定机械的运转(　　)和寿命使用的关键因素。

12. 常用键的种类有(　　)、半圆键、钩头楔键、花键。

13. 一张完整的装配图应具有下列四部分内容:一组图形;必要的尺寸;技术要求;(　　)。

14. 相同零件可以(　　)并仍能保证机器或部件性能要求的性质叫零件的互换性。

15. 形位公差带的(　　)、方向、位置由零件的性能和互换性要求来确定。

16. 表面粗糙度是指零件的被加工(　　)上,所具有的较小间距和微小峰谷所组成的微观几何形状特性。

17. 带传动是利用传动带与带轮之间的(　　)来传递运动和动力,适用于两轴中心距较大的传动。

18. 带传动是摩擦传动,适当的(　　)是保证带传动正常工作的重要因素。

19. 圆柱齿轮的装配,一般是先把(　　)装在轴上,再把齿轮轴部件装入箱体。

20. 液压传动是以具有一定压力的(　　)作为介质来传递运动和动力。

21. ZQSn10-1是(　　)铜,可做滑动轴承、齿轮、轴套。

22. 大部分合金钢的淬透性比碳钢的(　　)好。

23. 车削脆性材料时应选用(　　)类硬质合金车刀。

24. 磨削过程中,开始时磨粒压向工作表面,使工件产生(　　)变形,为第一阶段。

25. 修整角度砂轮是利用(　　)原理控制砂轮角度的。

26. 圆盘形工件在短V形块上定位时,只能限制(　　)自由度,相当于两点定位。

27. 机床夹具是用来安装工件以确定刀具与工件的相对位置,并将(　　)夹紧的装置。

28. 选用何种钻床夹具,决定于工件上(　　)的分布情况,有固定式、回转式、移动式和翻转式等主要类型。

29. 将金属或合金加热到适当温度,保持一定时间,然后缓慢冷却的热处理工艺称为(　　)。

30. 为消除铸、锻件和焊接件的内应力,降低硬度,提高塑性,改善切削性能,应采用(　　)热处理工艺。

31. 将淬火后的钢重新加热到低于临界温度的某一选定温度,并保温一定时间,然后以适当的(　　)的热处理工艺,称为回火。

32. 当设备运行相当长的一段时间后,需要进行的周期性的彻底检查和恢复性的处理过程是(　　)。

33. 螺旋机构的特点:传动精度高、工作平稳、无噪声、易于自锁、能传递(　　)。

34. 汽车起动系统中的直流电动机是用(　　)控制的。

35. 继电器的种类很多,其工作原理和结构各不相同,但是一般继电器是由承受机构、中间机构和(　　)机构三部分组成。

36. 内径千分尺是用来测量内径及(　　)等尺寸的。

37. 用内径百分表测量内径是一种比较测量法,测量前应根据测孔径大小用(　　)调整好尺寸后才能使用。

38. 百分表用来检验机床(　　)和测量工件的尺寸、形状和位置误差。

39. 自准直光学量仪,是根据(　　)的自准直原理制造的测量仪器。

40. 扩孔最主要特点是:与钻孔相比背吃刀量 ap 小、切削力小,(　　)得以改善。

41. 根据螺纹配合的要求,螺纹公差带按短、中、长三组(　　)给出了精密、中等、粗糙三种精度。

42. 钳工工作场地应保持整洁,工作完毕后,工作场地要清扫干净,(　　)等污物要送入指定的堆放地点。

43. 在零件图中可以用(　　)代替剖面符号。

44. 标注尺寸的(　　)称为尺寸基准,机器零件长、宽、高在三个方向上,每个方向至少有一个尺寸基准。

45. 当孔的精度要求较高和表面粗糙度值小时,加工中应采取(　　)。

46. 齿轮零件图一般应在图的右上角写出(　　)与压力角等参数。

47. 基孔制的孔(基准孔)用符号(　　)表示,其基本偏差为下偏差。基轴制的(基准轴)用符号 h 表示,其基本偏差为上偏差。

48. 表面粗糙度符号 √ 表示表面是用(　　)的方法获得, √ 表示表面是用不去除材料的方法获得。

49. 锪孔的轴线应与原孔的轴线(　　)。

50. 输电电压高低的原则是:容量越大,距离越远,输电电压就越(　　)。

51. 一负载接在 220 V 电源上,工作时通过电流为 2.5 A,则该负载的电阻为(　　)Ω。

52. 控制液压油只许按一方向流动,不能反向流动的方向阀叫(　　)。

53. 调速阀是由减压阀和(　　)串联组合而成的形式。

54. M20×1.5－5g6g 的含义是:(　　),公称直径为 20 mm,螺距 1.5 mm,中径、顶径公差带代号为 5g6g 的右旋螺纹。

55. 计算铸件模数的公式是(　　),计算铸件重量的公式是铸重量 G(kg)=V(铸件体积,dm^3)×ρ(铸件材质密度,km/dm^3)。

56. 在活动钳身的光面上不能进行敲击,以免降低它与固定钳身的(　　)性能。

57. 计算砂芯作用于上型抬力的公式是(　　)。

58. 工件在夹具中定位时,工件以定位面与夹具定位元件的定位工作面保持(　　)来限制自由度。

59. 钻削时,钻头直径和进给量确定后,钻削速度应按(　　)选择,钻深孔,应取较小的切削速度。

60. 攻螺纹时,丝锥切削刃对材料产生挤压,因此攻螺纹前(　　)直径必须大于螺孔小径的尺寸。

61. 弯形直径在 12 mm 以上的油管需用(　　)弯,最小弯曲半径必须大于管子直径 4 倍。

62. 机床夹具由定位装置、(　　)、辅助装置和夹具体组成。

63. 无机黏合剂有粉状、薄膜、糊状、液体几种形态,以(　　)形态使用最多。

64. 锯削的作用是:分割各种材料或(　　),锯掉工件上多余部分,在工件上锯槽。

65. 选择錾子楔角时,在保证足够(　　)的前提下,尽量取小的数值。根据工件材料的软硬不同,选取不同的楔角数值。

66. 钻套按结构和使用情况,分为(　　)钻套、可换钻套、快换钻套和特殊钻套。

67. 冷冲模冲压时,板料的(　　)直接影响工件质量和材料消耗。故冷冲模装配的定位及板料尺寸必须达到规定的要求。

68. 目测麻花钻(　　),可以判断出麻花钻后角的大小。

69. 锯条中的锯路有规律地向两侧错开,使刃尖突出锯条表面,形成锯路,这种刃尖突出的结构,使锯条的工作寿命(　　)。

70. 可获得较细的表面粗糙度的磨削方法有精密磨削、(　　)和镜面磨削三种。工件表面粗糙度为 $Ra0.05$～$Ra0.025$ 的磨削称为超精密磨削。

71. 用车床车削丝杆,产生螺距误差的主要原因是机床存在(　　)误差,工件每转一转,刀具不能正确地移动一个螺距。

72. 将原材料转变为成品的全过程,称为(　　)。

73. 用机械加工方法直接改变生产对象的形状、尺寸、相对位置和性质等,使之成为成品或半成品的过程,称为(　　)。

74. 加工外圆表面采用粗车—半精车—精车加工方案,一般能达到精度等级为(　　),表面粗糙度 Ra 为 1.6～0.8 μm。

75. 规定产品或零部件制造工艺过程和操作方法等的工艺文件,称为(　　)。

76. 对加工质量要求很高的零件,其工艺过程通常划分为粗加工、半精加工、精加工和(　　)四个阶段。

77. 锻件所用坯料的规格应按照其(　　)和镦粗、拔长规则和锻造比等要求,先计算出所需坯料截面尺寸,然后按照实有坯料规格选用。

78. 磨削外圆一般可分组磨、精磨、细磨、超精密磨削、(　　)。

79. 划线工具按用途分基准工具(　　)、绘划工具、支持工具和辅助工具。

80. 硫酸铜溶液作为划线涂料主要用于(　　)划线。

81. 麻花钻顶角大小可根据(　　)由钻头刃磨决定,标准麻花钻顶角 $2\Phi=118^{\circ}\pm2^{\circ}$,且两切削刃呈直线形。

82. 套螺纹时,材料受到板牙切削刃挤压而变形,所以套螺纹前(　　)直径应稍小于螺纹大径的尺寸。

83. 成套丝锥,通常是 M6～M24 的丝锥一组有(　　)支;M24 以上的丝锥一组有三支;细牙螺纹丝锥为两支一组。

84. 铰削钢料并要求质量高时,可采用(　　)的混合液。

85. 刮削方法有手刮法和(　　)两种。

86. 用钻床加工小孔,钻床转速要(　　),手动进给量要小而均匀,避免钻孔引偏和钻头折断,要注意退钻排屑。

87. 研磨用研具的材料有:灰铸铁、(　　)和铜等。

88. 研磨剂是由磨料和(　　)调和而成的混合剂。

89. 钻深孔时钻头要有好的刚性和(　　)。

90. 在钻相交孔前,工件的(　　)很重要。

91. 在曲面上钻孔,可用(　　)对工件进行装夹。

92. 装配精度较高的单件小批生产多采用(　　)装配的组织形式。

93. 钻半圆孔的方法可用(　　)的物体与工件合在一起,夹在虎钳上,在两件接合处打上心冲眼,划圆,然后钻孔。

94. 拆卸时的基本原则,拆卸顺序与装配顺序(　　)。

95. 借料划线,首先要知道待划毛坯误差程度,确定要借料的(　　),以提高划线效率。

96. 平面划线要选择两个划线基准,立体划线要选择(　　)个划线基准。

97. 在工件几个互成不同角度的表面上划线,才能明确表示加工界线的,称为(　　)划线。

98. 复杂的图形都是由(　　)、圆弧、圆、角度或曲线组成的。

99. 配划线的方法是用(　　)直接配划的,也有用硬纸片压印或印迹配划的。

100. 样板划线可以简化(　　)程序,提高工作效率。

101. 畸形工件划线时,要求工件重心或工件与夹具的组合重心应落在支承面内,否则必须加上相应的(　　)。

102. 刮削平板:用三块平板互研互刮的方法刮成的平板称为(　　)。

103. 对旋转件作消除(　　)的工作称为平衡。

104. 用背锥面作基准的锥齿轮,装配时将背锥面对齐,来保证两齿轮的(　　)。

105. 高速机械的主要特性是在于高速旋转状态下容易(　　)。

106. 高速机械高速转子用螺钉连接时,应注意附加防松装置,防止运转中会松动而失效,还应注意其对(　　)的影响。

107. 轴系找中的目的,是为了保证旋转机械运行的(　　)和振动要求。

108. 流量控制阀包括(　　)阀、调速阀等。

109. 砂轮主轴部件修复后,第一次试车运转(　　)左右,观察其温升是否平衡,油温不应超过室温 18 ℃。

110. 零件图中注写极限偏差时,上下偏差小数点对齐,小数点后位数(　　),零偏差必须标出。

111. 20 号机械油的凝固点不高于(　　)。

112. 当蜗杆蜗轮副磨损后,侧隙过大需要修理时,通常是采用更换(　　)再刮研蜗轮的方法修复。

113. 挤压工作,送料取活,宜用相应的工装夹具,不允许用(　　),也不许将手伸入冲压危险区。

114. 滑动轴承能用于特重载荷并制造成本低,能承受巨大的(　　)和振动。

115. 滚动轴承按滚动体种类分为球轴承、滚针轴承和(　　)轴承。

116. 消除铸铁导轨的内应力所造成的变化,需在加工前(　　)处理。

117. 松键连接主要保证键与键槽的配合要求和较小的表面(　　),键装入槽内应与槽底贴紧。

118. 过盈连接的技术要求是:要有足够准确的(　　)配合表面具有较小的表面精糙度值,配合件应有较高的形位精度。

119. 螺旋机构的装配要点:丝杠螺母配合间隙的测量与调整,校正丝杠螺母的同轴度及丝杠轴心线与基准面的(　　)。

120. 蜗杆传动装配时,要保证蜗杆轴心线与蜗轮心线相垂直;保证中心距(　　)。

121. 蜗轮啮合质量的检查常用(　　)法。

122. 螺纹连接装配的技术要求:保证有一定的拧紧力矩,有(　　)装置。

123. 滚动轴承的定向装配就是人为地控制各装配件(　　)合理组合,以提高装配精度的一种方法。

124. 滚动轴承实现预紧的方法有两种:径向预紧和(　　)预紧。

125. 焊接管道时,为使管子达到一定的焊透度,当管壁厚度超过 4 mm 时,就应在管子焊接端加工成(　　),即在管子端处倒 30°～50°棱并留有钝边。

126. 为保证两根管子焊接在一条直线上,焊接端应留有一定的(　　)。

127. 平衡校正工艺有三种,它们是:(　　)法、去重校正法和调整法。

128. 要正确执行安全操作规程,在起吊和搬动重物时应遵守(　　)安全操作规程,与行车工密切配合。

129. ϕ20 mm 的钢丝绳,磨损限度为平均(　　)。

130. 金属在垂直于加压方向的平面内作径向流动,这种挤压叫(　　)。

131. 常用锉刀按断面形状分有(　　)、方锉、三角锉、半圆锉和圆锉等。

132. 锯削软金属及较厚的工件应选粗齿锯条;锯削硬钢、薄板及薄壁管子应选(　　)齿锯条;锯削普通钢、铸铁及中等厚度的工件应选中齿锯条。

133. 当錾削靠近工件尽头约 15 mm 时,则必须(　　)錾掉剩余部分,以免工件棱角损坏。

134. 截止阀用阀盘与阀座实现启闭。通过阀杆可调节阀盘与阀座间距离,即可改变流体的流速或(　　)通道。

135. J2 型光学经纬仪是测量(　　)的，其精度为 2″。

136. 水平仪可用于测量机件相互位置的(　　)误差。

137. 框式水平仪水准器的内壁一般研磨成曲率半径约为(　　)米的圆弧面。

138. 合像水平仪水准器内气泡的两端圆弧，通过(　　)反射至目镜，形成左右两半合像。

139. 自准直仪的测量范围为(　　)。

140. 经过珩磨而具有交叉网纹印痕及刮削后具有细小凹坑的表面，因有很好的(　　)性能，因此具有良好的耐磨性。

141. 液压油缸两端的泄漏或单边泄漏，油缸两端的排气孔径不等以及油缸两端的活塞杆弯曲不一致，都会造成工作台(　　)误差大。

142. 泄漏故障的检查方法主要有超声波检查、涂肥皂水、涂煤油和(　　)等多种方法。

143. 金属与干燥的氧气、二氧化碳、氮气、汽油、酒精等非电解质发生化学反应而产生的腐蚀称(　　)。

144. 金属与液态的水、潮湿空气、酸、碱、盐类电解质接触，产生(　　)所引起的腐蚀称电化学腐蚀。

145. 国际标准化组织(ISO)对噪声的卫生标准为每天工作 8 小时，允许的连续噪声为(　　)。

146. 检验曲面刮削的质量，其校准工具一般用于被检曲面配合的(　　)。

147. 新机械产品鉴定时，对新机械运转有空运转和(　　)试验的要求。

148. 机器试车的类型有：空运转试验、负荷试验、(　　)试验、超速试验、型式试验、性能试验、寿命试验和破坏性试验。

149. 引起机床振动的振源有机外振源和(　　)。

150. 噪声过大是属于(　　)。

151. 靠人工来编制的程序称手工编程，借助于(　　)来进行程序编制称为自动编程。

152. 数控机床加工工件的过程：就是将加工所需各种操作和步骤，工作与刀具相对位移量，用数字代码输入(　　)处理与运算，发出指令来控制伺服系统或执行元件，使机床自动加工出工件的全过程。

153. 在机床使用方面，可以提高机床的自动化程度，采取集中控制手柄，定位挡块机构、快速行程机构和(　　)机构等来缩短辅助时间。

154. 从零件图纸到制成控制介质的过程称为(　　)。

155. 产品的装配精度，是以零部件的加工精度为基础的，因此，掌握零部件的加工误差、(　　)和产生原因，对保证装配精度有着重要作用。

156. 刮削工作用的刮刀有：平面刮刀和(　　)两大类。

157. 进行高速动平衡的转子在试加(　　)或进行其他操作时，必须首先停止转子的运转，然后打开真空舱。

158. 高速动平衡的转子，在再次运转前，要封闭舱门(　　)，达到规定的真空度时，才可启动运转。

159. 深孔加工必须使用特殊的刀具和特殊附件，对强制冷却润滑液的(　　)都提出较高的要求。

160. 确定加工工艺过程时应重点考虑粗、精加工工序的安排原则和( )原则。

161. 增压器试验中已查明产生轴承烧损的故障原因为轴向推力大,排除方法应( )。

162. 用正弦规测量平面时,要在( )进行,圆柱的一端用块规垫高,直到零件表面与平板表面平行为止。

163. 正弦规是根据块规高度尺寸和( ),通过公式 $\sin 2\alpha = H/L$ 来计算出被测量件的锥角。

164. 在浇铸大型轴瓦时,常采用( )法浇铸法。

165. 含油轴承价廉又能节约有色金属,但性脆,不宜承受冲击载荷,常用于( )、轻载及不便润滑的场合。

166. 滑动轴承最理想的润滑性能是( )润滑。

167. 整体式向心滑动轴承的装配方法,取决于它们的( )。

168. 静压轴承的工作原理是:用一定压力的压力油输入轴承四周的四个小腔,当轴承没有受到外载荷时,四个腔内的压力应该是( )。

169. 大型工件最佳测量时间是( )。

170. 静压轴承供油压力与油腔压力有一定的比值,此比值最佳为( )。

171. 刮削轴瓦时,校准轴转动角度要小于 60°,刀迹应与孔轴线成 45°,每遍刀迹应( )。

172. 当两块研磨平板上下对研时,上平板无论是作圆形移动还是"8"字运动,都会产生( )的结果。

173. 大批量制作青铜材料的零件应采用( )毛坯。

174. 在机械加工工艺过程中,按照基面先行原则,应首先加工定位精基面,这是为了( )。

175. 封闭环公差等于( )。

176. 液压缸是液压系统的( )。

177. 溢流阀用于液压系统的( )控制。

178. 液压缸垂直放置,应采用( )回路进行控制。

179. 便于实现自动控制的控制阀是( )。

180. 蓄能器的作用是( )。

181. 液压泵与电动机的连接应采用( )。

182. 方向控制阀的安装一般应保持( )位置。

183. O形密封圈的工作压力可达( )MPa。

184. 间隙密封的相对运动件配合面之间的间隙为( )mm。

185. 蓄能器应将油口向下( )安装。

186. 温差装配法的基本原理是使过盈配合件之间的过盈量( )。

187. 液压套合法操作时达到压入行程后,应先缓慢消除( )的油压。

188. 同步带的使用温度范围为( )。

189. 热胀装配法采用喷灯加热属于( )加热方法。

190. 温差法装配时,合适的装配间隙是( )d(d 为配合直径)。

191. 在某淬硬钢工件上加工内孔 ϕ15H5,表面粗糙度为 Ra0.2 μm,工件硬度为 30~

35HRC,应选择适当的加工方法为(　　)。

192. 在钢板上对 $\phi 3$ mm 小孔进行精加工,其高效的工艺方法应选(　　)。

193. 珩磨是一种超精加工内孔的方法,珩磨时,珩磨头相对工件的运动是(　　)运动的复合。

194. 各种深孔钻中以(　　)效果好,加工精度和效率都高。

195. 为了使砂轮的主轴具有较高的回转精度,在磨床上常常采用(　　)。

196. 在划盘形滚子凸轮的工作轮廓线时,是以(　　)为中心作滚子圆的。

二、单项选择题

1. 零件剖视图对于剖切面后面的可见轮廓线(　　)。
(A)可以不画　(B)部分画出　(C)全部画出　(D)近似画出

2. 绘制叉架类零件所依据的主要原则是(　　)。
(A)工作位置　(B)形状特征原则　(C)加工位置原则　(D)最大尺寸原则

3. 孔的最大极限尺寸与轴的最小极限尺寸之代数差为负值,叫(　　)。
(A)过盈差　(B)最小过盈　(C)最大过盈　(D)最大间隙

4. 零件图形位公差方框上单指引线与直径尺寸线对齐,说明形位公差被测要素为(　　)。
(A)表面要素　(B)中心要素　(C)内表面要素　(D)端面要素

5. 零件图上 Rz 表示(　　)。
(A)轮廓算术平均偏差　(B)轮廓微观不平度十点高度
(C)轮廓最大高度　(D)轮廓最大间距

6. 齿轮轮齿在剖视图中,其齿根圆用(　　)绘制。
(A)粗实线　(B)虚线　(C)点划线　(D)细实线

7. 常用键在剖视图中沿(　　)剖切不画剖面符号。
(A)横向　(B)中心面　(C)斜向　(D)纵向

8. 孔的最小极限尺寸与轴的最大极限尺寸之代数差为正值,叫(　　)。
(A)间隙差　(B)最大间隙　(C)最小间隙　(D)最小过盈

9. 标注形位公差代号时,形状公差项目符号应写入形状公差框内(　　)。
(A)第一格　(B)第二格　(C)第三格　(D)框格上方

10. 在表面粗糙度的评定参数中,轮廓算术平均偏差代号是(　　)。
(A)Ry　(B)Ra　(C)Rz　(D)R

11. 两轮装配后,中心距小于 500 mm 时,轴向偏移量应在(　　)mm 以下。
(A)1　(B)2　(C)3　(D)5

12. 采用带传动时,带在轮上的包角不能(　　)120°。
(A)大于　(B)小于　(C)等于　(D)小于等于

13. 在一条很长的管中流动的液体,其压力是(　　)。
(A)前大后小　(B)小于 1　(C)等于　(D)负数

14. 当液压缸活塞所受的外力恒定时,活塞的截面积越大,其所受的压力就(　　)。
(A)越大　(B)越小　(C)不变　(D)时大时小

15. 液压油流过不同截面积的通道时,各个截面积的(　　)是与通道的截面积成反比的。

(A)流量　(B)流速　(C)压力　(D)温度

16. 制造精度较高且切削刃形状复杂并用于切削钢材的刀具材料选用(　　)。

(A)碳素工具钢　(B)高速工具钢　(C)硬质合金　(D)立方氮化硼

17. 在高温下能够保持刀具材料切削性能的能力称为(　　)。

(A)硬度　(B)耐热性　(C)耐磨性　(D)强度和韧性

18. 合金工具钢刀具材料的热处理硬度是(　　)。

(A)(40～45)HRC　(B)(60～65)HRC　(C)(70～80)HRC　(D)(85～90)HRC

19. 硬质合金的耐热温度为(　　)℃。

(A)300～400　(B)500～600　(C)800～1 000　(D)1 100～1 300

20. 钨钴钛类硬质合金主要用于加工(　　)材料。

(A)铸铁和有色金属　(B)碳素钢和合金钢

(C)不锈钢和高硬度钢　(D)工具钢和淬火钢

21. 旋转零件在高速旋转时,将产生很大的(　　),因此需要事先做平衡调整。

(A)重力　(B)离心力　(C)线速度　(D)角速度

22. 调整平衡时,加重就是在已知校正面上折算的不平衡量的大小及方向后,有意在其(　　)上给旋转体附加上一部分质量 m。

(A)正方向　(B)负方向　(C)正负两个方向　(D)左右各45°方向

23. 国际标准化组织推荐的平衡精度等级用符号(　　)作为标号的。

(A)G　(B)Z　(C)Y　(D)K

24. 在钻孔时,当孔径 D(　　)为钻小孔,$D<1$ mm 为钻微孔。

(A)≤5 mm　(B)≤4 mm　(C)≤3 mm　(D)<1 mm

25. 当被钻孔径 D 与孔深 L 之比(　　)时属于钻深孔。

(A)10　(B)8　(C)5　(D)20

26. 在某淬硬钢工件上加工内孔 ϕ15H5,表面粗糙度为 Ra0.2 μm,工件硬度为 30～35HRC,应选择适当的加工方法为(　　)

(A)钻—扩—铰　(B)钻—金刚镗　(C)钻—滚压　(D)钻—镗—研磨

27. 在钢板上对 ϕ3 mm 小孔进行精加工,其高效的工艺方法应选(　　)

(A)研磨　(B)珩磨　(C)挤光　(D)滚压

28. 珩磨是一种超精加工内孔的方法,珩磨时,珩磨头相对工件的运动是(　　)运动的复合。

(A)旋转和往复两种　(B)旋转、径向进给和往复三种

(C)径向进给和往复两种　(D)旋转和径向进给两种

29. 各种深孔钻中以(　　)效果好,加工精度和效率都高。

(A)枪钻　(B)DF 系统内排屑深孔钻

(C)喷吸钻　(D)BTA 内排屑深孔钻

30. 为了使砂轮的主轴具有较高的回转精度,在磨床上常常采用(　　)。

(A)特殊结构的滑动轴承　(B)特殊结构的滚动轴承

(C)含油轴承　(D)尼龙轴承

31. 在切削塑性较大的金属材料时会形成(　　)切屑。

(A)带状　(B)挤裂　(C)粒状　(D)崩碎

32. 在保持一定刀具寿命条件下,硬质合金刀具的主偏角在(　　)处最佳,主偏角太大或太小都会使刀具寿命降低。

(A)30°　(B)45°　(C)60°　(D)90°

33. 刀具磨损过程的三个阶段中,作为切削加工应用的是(　　)阶段。

(A)初期磨损　(B)正常磨损　(C)急剧磨损　(D)未磨损

34. 用(　　)结合剂制成的砂轮可作无心磨床导轮。

(A)陶瓷　(B)树脂　(C)橡胶　(D)塑料

35. 利用已精加工且面积较大的平面定位时,应选择的基本支承是(　　)。

(A)支承钉　(B)支承板　(C)自由支承　(D)V 形铁

36. 楔块夹紧机构,是楔块斜面升角应该(　　)摩擦角,就会有自锁作用。

(A)大于　(B)小于　(C)等于　(D)小于等于

37. 钻夹头是用来装夹(　　)钻头的。

(A)直柄　(B)锥柄　(C)直柄和锥柄　(D)方柄

38. 若需提高钢铁材料的强度,应采用(　　)热处理工艺。

(A)时效处理　(B)淬火　(C)回火　(D)退火

39. 调质热处理工艺的加热温度(　　)回火热处理温度。

(A)低于　(B)等于　(C)高于　(D)低于等于

40. 量具在使用过程中,(　　)和工具、刀具放在一起。

(A)能　(B)不能　(C)有时能　(D)有时不能

41. 用水平仪检验车床导轨的倾斜方向时,气泡移动方向与水平仪移动方向一致为"+"表示导轨(　　)。

(A)向上倾斜　(B)向下倾斜　(C)水平　(D)垂直

42. 手铰刀刀齿的齿距,在圆周上是(　　)分布的。

(A)均匀　(B)不均匀　(C)无规律　(D)等分

43. 钻头直径大于 13 mm 时,柄部一般作为(　　)。

(A)直柄　(B)莫氏锥柄　(C)直柄锥柄都有　(D)方柄

44. 温差法装配时,合适的装配间隙是(　　)d(d 为配合直径)。

(A)0.01～0.02　(B)0.001～0.002　(C)0.1～0.2　(D)0.1～0.3

45. 选择图 2 中正确的左视图:(　　)。

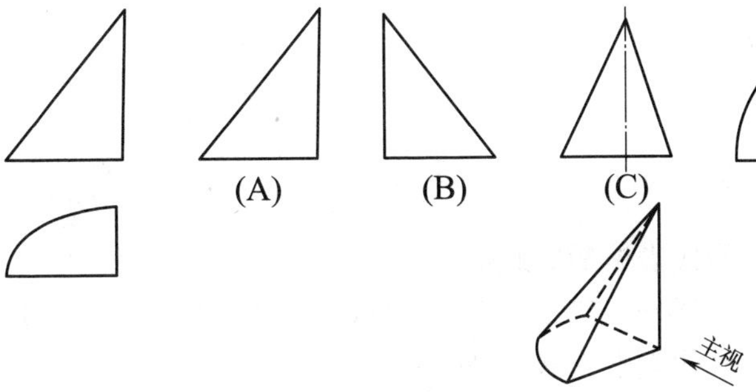

(A)　(B)　(C)　(D)

主视

图 1

46. 基准代号不管处于什么方向,圆圈内字母应(　　)书写。

(A)水平　　(B)垂直　　(C)任意　　(D)倾斜 45°

47. 工厂车间中,常用与(　　)相比较的方法来检验零件的表面粗糙度。

(A)国家标准　　(B)量块　　(C)表面粗糙度样板　　(D)表面粗糙度仪

48. 加工 45 钢零件上的孔 $\phi30$ mm,公差等级为 IT9,表面粗糙度值为 $Ra3.2\ \mu m$,其最佳加工方法为(　　)。

(A)钻—铰　　(B)钻—拉　　(C)钻—扩　　(D)钻—镗

49. 圆柱体轴线的直线度公差带形状为(　　)。

(A)两平行下线　　(B)一个圆柱　　(C)两平行平面　　(D)一个球型

50. 微观不平度十点高度是在取样长度内,(　　)个最大的轮廓峰高和(　　)个最大的轮廓谷深的平均值之和。

(A)5,5　　(B)10,10　　(C)5,10　　(D)15,15

51. 图 2 中,剖面图正确的是(　　)。

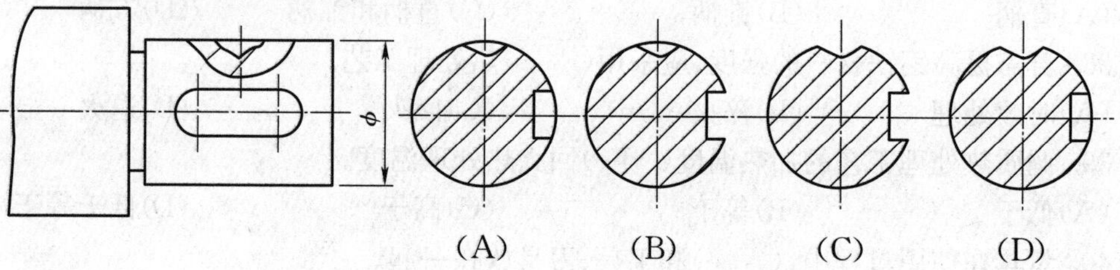

(A)　(B)　(C)　(D)

图　2

52. 图 3 中,左视图正确的是(　　)。

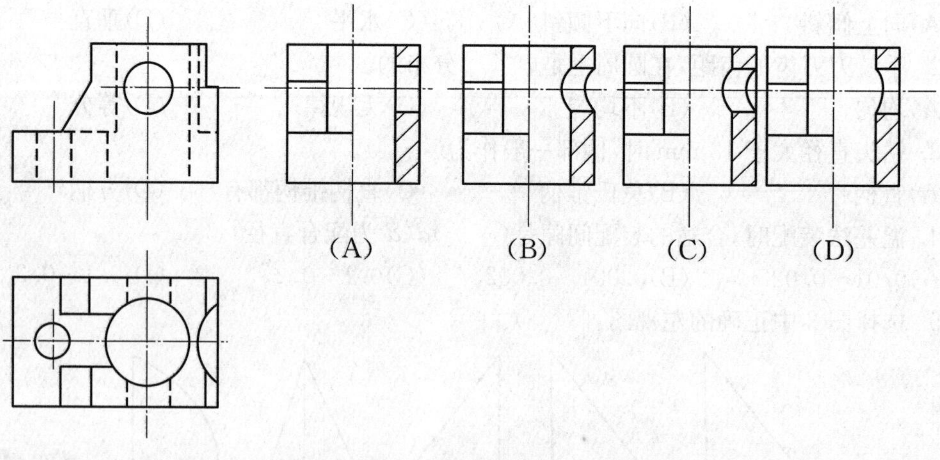

(A)　(B)　(C)　(D)

图　3

53. 下列电路图形符号代表熔断器的是(　　)。

(A) 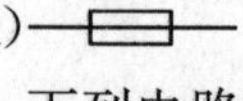　　(B) 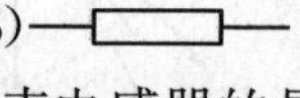　　(C) 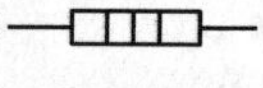　　(D)

54. 下列电路图形符号代表电感器的是(　　)。

(A) 　　(B) 　　(C) 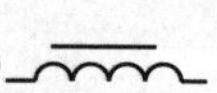　　(D)

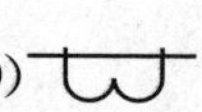

55. 外啮合齿轮泵(　　)时实现吸油。

(A)轮齿脱开啮合,密封容积减小　　(B)轮齿脱开啮合,密封容积增大

(C)轮齿进入啮合,密封容积增大　　(D)轮齿进入啮合,密封容积减小

56. 螺纹连接属于(　　)。

(A)可拆的活动连接　　(B)不可拆的固定连接

(C)可拆的固定连接　　(D)不可拆的活动连接

57. 在平行于螺纹轴线的剖视图中,内螺纹的牙顶和螺纹终止线用(　　)绘制。

(A)粗点划线　　(B)细实线　　(C)粗实线　　(D)虚线

58. 工序基准、定位基准和测量基准都属于机械加工的(　　)。

(A)粗基准　　(B)工艺基准　　(C)精基准　　(D)设计基准

59. 零件加工时一般要经过粗加工、半精品加工和精加工三个过程,习惯上把它们称为(　　)。

(A)加工方法的选择　　(B)加工过程的划分

(C)加工工序的划分　　(D)加工工序的安排

60. 装配时,通过调整某一零件的(　　)来保证装配粗度要求的方法叫调整法。

(A)精度　　(B)形状　　(C)配合公差　　(D)尺寸或位置

61. 多工位加工可以减少(　　),提高生产效率。

(A)工件的安装次数　　(B)刀具的数量　　(C)工位数　　(D)工步数

62. 直径小于 16 mm 的定位销,一般采用(　　)材料制造,整体淬硬到 HRC50～55。

(A)20Cr　　(B)T7A　　(C)45 钢　　(D)18CrMnTi

63. 机床夹具的作用能保证加工精度,它比划线找正加工精度(　　)。

(A)低　　(B)高　　(C)相同　　(D)很低

64. 如图 4 所示,在等腰三角形板状零件的对称中心处钻一个 $\phi10$ mm 通孔,周边均已加工,需限制自由度为(　　)。

(A)$\vec{x}$、$\vec{y}$、$\vec{z}$、$\widehat{x}$、$\widehat{y}$、$\widehat{z}$　　(B)$\vec{z}$、$\widehat{x}$、$\widehat{y}$　　(C)$\vec{x}$、$\vec{z}$、$\widehat{x}$、$\widehat{y}$、$\widehat{z}$

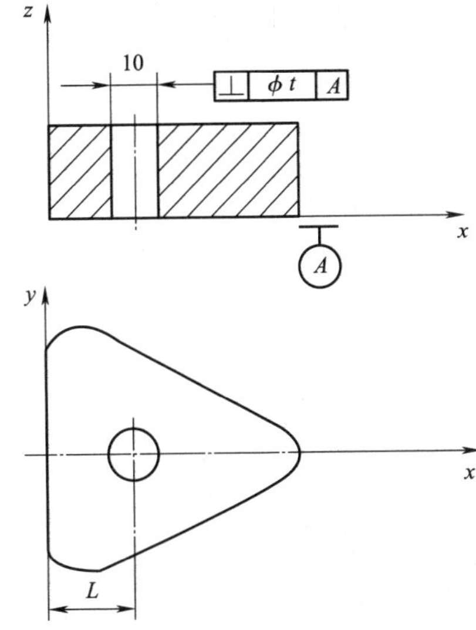

图　4

65. 当孔的精度要求较高和表面粗糙度值要求较小时,加工中应取(　　)。
(A)较大的进给量,较小的切削速度　(B)较小的进给量,较大的切削速度
(C)较大的切削深度　(D)较大的切削速度和较大的进给量
66. 具有铆接压力大、动作快、适应性好无噪声的先进铆接方法是(　　)。
(A)液压铆　(B)风枪铆　(C)手工铆　(D)热铆
67. 钻套一般外圆锥比内锥孔大1号,特制钻套则(　　)。
(A)大1号　(B)大2号　(C)大2号或更大的号　(D)同号
68. 聚丙烯酸脂黏合剂,因固化(　　),不适用于大面积粘接。
(A)速度快　(B)速度慢　(C)速度适中　(D)瞬间固化
69. 铰ϕ15 mm左右的圆柱孔应留(　　)mm的铰孔余量。
(A)0.15～0.20　(B)0.20～0.25　(C)0.25～0.30　(D)0.3以上
70. 錾削硬钢或铸铁等硬材料时,楔角取(　　)。
(A)50°～60°　(B)60°～70°　(C)30°～50°　(D)50°以上
71. 錾削用的锤子是碳素工具钢制成,并淬硬处理、其规格用(　　)表示。
(A)长度　(B)重量　(C)体积　(D)材质
72. 选择图5中正确的全剖视图:(　　)。

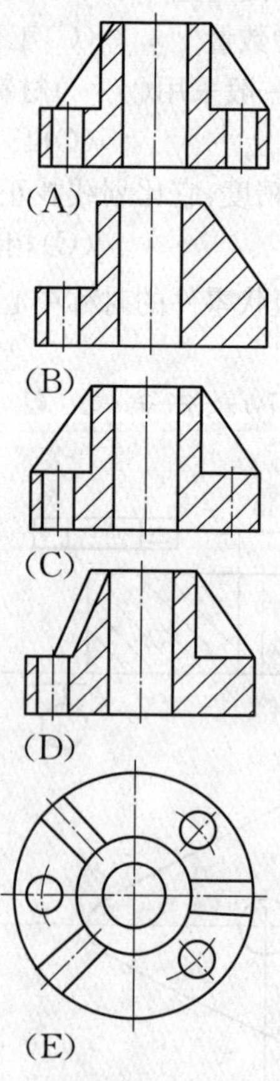

图　5

73. 选择图 6 中正确的 A-A 移出剖面图：(　　)。

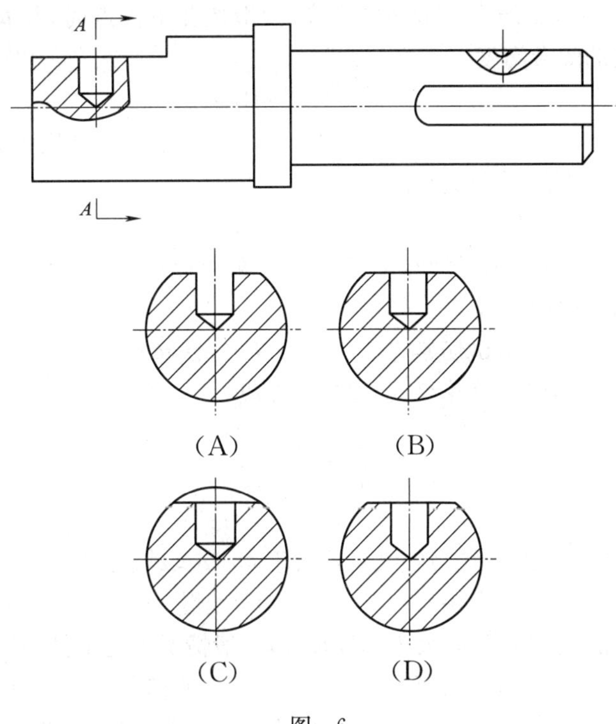

图　6

74. 热胀装配法采用喷灯加热属于(　　)加热方法。

(A)火焰　　(B)介质　　(C)辐射　　(D)感应

75. 铣削梯形收缩齿离合器时，铣刀的(　　)应通过工件轴心。

(A)廓形对称线　　(B)侧刃

(C)侧刃上离刀齿顶 $T/2$ 处 K 点　　(D)刀齿顶面

76. 若工件批量大，为保证孔的位置精度，钻孔时常用(　　)。

(A)样冲眼　　(B)划线　　(C)钻模　　(D)划线找正

77. 深孔磨削时，应适当提高砂轮转速，适当(　　)纵向进给量和背吃刀量。

(A)减少　　(B)增加　　(C)限制　　(D)随时改变

78. 孔的精度要求较高和表面粗糙度值要求较小时，应选用主要起(　　)作用的切削液。

(A)润滑　　(B)冷却　　(C)冷却和润滑　　(D)清洗

79. 在 ϕ20 mm 的底孔上扩 ϕ40 mm 的孔，则切削深度为(　　)mm。

(A)5　　(B)10　　(C)15

(D)20　　(E)30

80. 麻花钻将棱边转角处副后刀面磨出副后角主要用于(　　)。

(A)铸铁　　(B)碳钢　　(C)合金钢　　(D)铜

81. 同步带的使用温度范围为(　　)。

(A)0 ℃～40 ℃　　(B)−40 ℃～100 ℃　　(C)0 ℃～200 ℃　　(D)−20 ℃～80 ℃

82. 标准麻花钻修磨分屑槽时，是在(　　)上磨出分屑槽。

(A)前刀面 (B)后刀面 (C)副后刀面 (D)基面

83. 冲模安装时,应调整压力机滑块的高度,使滑块在下极点时,其底平面与工作台面之间的距离( )冲模的闭合高度。

(A)等于 (B)小于

(C)大于 (D)与冲模闭合高度无关

84. 修磨钻铸铁的群钻,主要是磨出( )。

(A)三尖 (B)七刃 (C)分屑槽 (D)双重顶角

85. 精密夹具的定位元件为了消除位置误差,一般可以在夹具装配后进行( ),以保证各定位元件间有正确的相对位置。

(A)测量 (B)试切鉴定 (C)一次精加工 (D)清洗

86. 刮削花纹时,如刮成半月花纹,刮刀与工件成( )的角。

(A)25°左右 (B)35°左右 (C)45°左右 (D)55°左右

87. 夹具的装配程序主要是根据夹具的( )而定。

(A)大小 (B)结构 (C)形状 (D)重量

88. 当工件上珩磨出来的网纹与轴线夹角大于45°交叉线,是由于往复运动( )。

(A)适当 (B)太快 (C)太慢 (D)停止

89. 研磨棒工作部分的长度,应大于工件长度,一般情况下是工件长度的( )。

(A)1.5～2倍 (B)3～4倍 (C)5～6倍 (D)1.2倍

90. 狭窄平面要研成半径为R的圆角,则采用( )研磨的运动轨迹。

(A)摆动式直线 (B)直线 (C)8字形 (D)随意

91. 主要用于碳素工具钢、合金工具钢,高速钢和铸铁工件研磨的磨料是( )。

(A)金刚石磨料 (B)碳化物磨料 (C)氧化物磨料 (D)以上都可以

92. 金属型内铸造应力未超过金属型材料的抗拉强度时,金属型会发生( )。

(A)裂纹 (B)网裂 (C)变形 (D)内裂

93. 合理选择切削液,可减小塑性变形和刀具与工件间摩擦,使切削力( )。

(A)减小 (B)增大 (C)不变 (D)增大或减小

94. 划阿基米德螺线准确度较高的划法是( )划线法。

(A)逐点 (B)圆弧 (C)分段 (D)用样板

95. 经过划线确定加工时的最后尺寸,在加工过程中,应通过( )来保证尺寸准确。

(A)测量 (B)划线 (C)加工 (D)找正

96. 毛坯工件通过找正后划线,可使加工表面与不加工表面之间保持( )。

(A)尺寸均匀 (B)形状正确 (C)位置准确 (D)一致

97. 分度头的手柄转一周时,装夹在主轴上的工件转( )。

(A)1周 (B)40周 (C)1/40周 (D)20周

98. 一般划线的尺寸精度能达到( )。

(A)0.025～0.05 mm (B)0.25～0.5 mm

(C)0.25 mm左右 (D)1 mm

99. 一次安装在方箱上的工件,通过方箱翻转,可划出( )方向的尺寸线。

(A)一个 (B)三个 (C)四个 (D)六个

100. 当凸轮轴最大升程的位置与挺柱接触时,气门(　　)。

(A)逐渐开启　(B)逐渐关闭　(C)开得最大　(D)开得最小

101. 在零件图上用来确定其他点、线、面位置的基准,称为(　　)基准。

(A)设计　(B)划线　(C)定位　(D)找正

102. 在机床上加工工件时,用以校正或定位的线叫(　　)。

(A)加工线　(B)证明线　(C)找正线　(D)基准

103. 液压套合法操作时达到压入行程后,应先缓慢消除(　　)的油压。

(A)径向　(B)轴向　(C)周向　(D)全部

104. 群钻是在麻花钻上修磨横刃使横刃缩短为原来的(　　)。

(A)1/2～1/3　(B)1/3～1/4　(C)1/4～1/5　(D)1/5～1/7

105. 在钢和铸铁的圆杆工件上,套出同样直径的外螺纹,钢件圆杆直径比铸铁圆杆直径(　　)。

(A)稍大　(B)稍小　(C)相等　(D)不确定

106. 在斜面上钻孔时应(　　),然后再钻孔。

(A)电焊补平　(B)铣出一个平面

(C)锯出一个平面　(D)用榔头敲出一个平面

107. 斜孔钻模上设置工艺孔的目的是(　　)。

(A)保证工件孔的加工精度　(B)保证夹具的加工精度

(C)保证夹具的装配精度　(D)方便搬运

108. 钻"骑马"孔前,心冲眼要打在(　　)。

(A)缝线上　(B)软材料　(C)硬材料　(D)辅材上

109. 东风4型内燃机车的机油泵,油泵上体装有限压阀,当油泵压送的机油压力(　　)允许值时限压阀开启,于是机油通过限压阀流回油底壳。

(A)不等于　(B)小于　(C)等于　(D)超过

110. 在孔快要钻穿时,必须减少(　　),钻头才不易损坏。

(A)进给量　(B)吃刀深度　(C)切削速度　(D)润滑液

111. 标准群钻圆弧刃上各点的前角(　　)。

(A)比麻花钻大　(B)比麻花钻小　(C)与麻花钻相等　(D)为一定值

112. 小型V形铁一般用中碳钢经(　　)加工后淬火磨削而成。

(A)刨削　(B)车削　(C)铣削　(D)钻削

113. 钻铸铁的钻头后角一般比钻钢材料时大(　　)。

(A)1°～3°　(B)3°～5°　(C)5°～7°　(D)6°～8°

114. 温差装配法的基本原理是使过盈配合件之间的过盈量(　　)。

(A)增加　(B)减少　(C)消失　(D)不变

115. 锥形锪钻的前角为(　　)。

(A)30°　(B)0°　(C)－30°　(D)－54°

116. 测量轴套的椭圆度应选用(　　)。

(A)内径百分表　(B)外径千分表　(C)块规　(D)游标卡尺

117. 研磨面出现表面不光洁时,是(　　)。

(A)研磨剂太厚 (B)研磨时没调头 (C)研磨剂混入杂质 (D)磨料太厚

118. 在车床上研磨外圆柱面，当出现与轴线大于45°交叉网纹时，说明研磨环的往复速动(　　)。

(A)太快 (B)太慢 (C)适中 (D)快

119. 依靠液体流动的能量来输送液体的泵是(　　)。

(A)容积泵 (B)叶片泵 (C)流体作用泵 (D)齿轮泵

120. 溢流阀用来调节液压系流中的恒定的(　　)。

(A)流量 (B)压力 (C)方向 (D)位置

121. 过盈装配时，包容件孔端和被包容件进入端的倒角应取(　　)。

(A)1°～5° (B)5°～10° (C)10°～15° (D)15°～20°

122. 圆锥面过盈连接是依靠孔、轴相对(　　)位移而实现相互压紧的。

(A)轴向 (B)径向 (C)旋向 (D)同步

123. 在油管中，只用作回油管和泄油管的是(　　)。

(A)铜管 (B)钢管 (C)塑料管 (D)尼龙管

124. 圆锥齿轮接触斑点的检查，正确的位置是，空载时，接触斑点应靠近轮齿(　　)。

(A)大端 (B)小端 (C)中部 (D)可能大端或小端

125. 齿轮接触精度的主要指标是接触斑点，一般传动齿轮在轮齿上的高度上接触斑点不少于(　　)。

(A)20%～25% (B)30%～50% (C)60%～70% (D)75%～85%

126. 过盈连接的对中性(　　)。

(A)差 (B)较差 (C)较好 (D)好

127. 花键装配时，套件在轴上固定，当过盈较大时，可将套件加热到(　　)后进行装配。

(A)40～60 ℃ (B)40～80 ℃ (C)50～80 ℃ (D)80～120 ℃

128. 用样冲在螺钉头直径上冲几处凹坑来防松的方法叫(　　)防松。

(A)点铆法 (B)增加摩擦力 (C)铆接 (D)双螺母

129. 蓄能器应将油口向下(　　)安装。

(A)垂直 (B)水平 (C)倾斜 (D)垂直或水平

130. 检验蜗杆箱轴心线的垂直度要用(　　)。

(A)千分尺 (B)游标尺 (C)百分尺 (D)量角器

131. 蜗杆传动机构的装配顺序应根据具体结构情况而定，一般先装配(　　)。

(A)蜗轮 (B)蜗杆 (C)结构 (D)啮合

132. 皮碗式轴承密封，密封处的工作温度一般为(　　)。

(A)－50～0 ℃ (B)－40～100 ℃ (C)0～50 ℃ (D)50～100 ℃

133. 压力阀的装配要点：弹簧两端面磨平，使两端与中心线(　　)。

(A)平行 (B)垂直 (C)倾斜 (D)相交

134. (　　)密封圈通常由几个叠在一起使用。

(A)O形 (B)Y形 (C)V形 (D)毛毡

135. Y形密封圈唇口应面对(　　)的一方。

(A)有压力 (B)无压力 (C)任意 (D)两个密封圈相对

136. 搭焊钢法兰连接,常用于工作温度在(　　),公称压力为 2.5 MPa 的一般场合。

(A)300 ℃以上　(B)300 ℃以下　(C)100 ℃以下　(D)500 ℃以上

137. 管子和法兰搭焊时,管子插入法兰内应留出距离端面等于管子壁厚(　　)倍长度,以便于焊接。

(A)0.5～1　(B)1.3～1.5　(C)2～3　(D)3～5

138. 间隙密封的相对运动件配合面之间的间隙为(　　)mm。

(A)0.05～0.1　(B)0.001～0.005　(C)0.1～0.5　(D)0.01～0.05

139. 正挤压杯形件侧壁皱曲,其原因是(　　)。

(A)凸模心轴露出的长度不够　(B)凸凹模间隙大

(C)模具硬度不够　(D)润滑剂过多

140. 安装液压泵时,液压泵与原动机之间应具有较高(　　)的要求。

(A)平行度　(B)垂直度　(C)同轴度　(D)位置度

141. 在液压传动装置中,对压力阀的要求之一是压力波动不超过±(　　)。

(A)0.15×10^5 Pa　(B)1.5×10^5 Pa　(C)15×10^5 Pa　(D)25×10^5 Pa

142. 刃磨錾子时,楔角的大小应根据工件材料的硬度来选择。一般錾削硬材料时楔角取60°～70°;錾削中等硬度材料时楔角取 50°～60°;錾削软材料时取(　　)。

(A)20°～30°　(B)30°～50°　(C)50°～60°　(D)60°～70°

143. 刮削质量一般以(　　)面积内,贴合点的数目来评定。

(A)20×20 mm²　(B)25×25 mm²　(C)50×50 mm²　(D)100×100 mm²

144. 塑性材料的零件攻螺纹前的底孔直径应(　　)螺纹的小径。

(A)略小于　(B)略大于　(C)等于　(D)小于等于

145. (　　)是产品的质量标准。

(A)产品验收技术文件　(B)装配工艺文件

(C)加工工艺文件　(D)产品技术要求文件

146. 用水平仪或自准直仪,测量表面较长零件的直线度误差属于(　　)测量法。

(A)直接　(B)比较　(C)角差　(D)线差

147. 光学合像水平仪与框式水平仪比较,突出的特点是(　　)。

(A)通用性好　(B)精度高　(C)测量范围大　(D)可直接读出读数

148. 发现精密量仪具不正常现象时应(　　)。

(A)进行报废　(B)及时送交计量检修

(C)继续使用　(D)边用边修

149. 内径千分尺是通过(　　)把回转运动变为直线运动而进行直线测量的。

(A)精密螺杆　(B)多头螺杆　(C)梯形螺杆　(D)矩形螺杆

150. 可微动调解游标卡尺由(　　)和副尺及辅助游标组成。

(A)尺架　(B)主尺　(C)钻座　(D)长管

151. 万能角度尺,仅能测量(　　)的外角和 40°～180°的内角。

(A)0～90°　(B)0～180°　(C)90°～180°　(D)0～360°

152. 用经纬仪测量机床回转台的分度误差时,常与(　　)配合,组成一个测量光学基准系统。

(A)读数望远镜　(B)五角棱镜　(C)平面反射镜　(D)平行光管

153. 正弦规可用来检验(　　)的锥度。

(A)内圆锥　(B)外圆锥

(C)内圆锥和外圆锥　(D)内圆锥和外圆锥都不行

154. 合像水平仪是一种用来测量对水平位置或垂直位置的微小角度偏差的(　　)量仪。

(A)数值　(B)几何　(C)角值　(D)线值

155. 蓄能器的作用是(　　)。

(A)提高压力　(B)减低压力　(C)储存压力能　(D)防止泄漏

156. 液压泵与电动机的连接应采用(　　)。

(A)直接式　(B)挠性联轴器　(C)刚性连接　(D)链传动链接

157. 方向控制阀的安装一般应保持(　　)位置。

(A)垂直　(B)水平　(C)倾斜　(D)垂直或水平

158. O形密封圈的工作压力可达(　　)MPa。

(A)10　(B)20　(C)50　(D)70

159. 大型机床V形导轨面刮削前,应把床身调整到水平的最小误差,在(　　)状态下,对床身进行粗刮和半精刮。

(A)紧固完成的　(B)自由　(C)只将立柱压紧　(D)立柱压紧

160. 自准直仪可以测量反射镜对光轴(　　)的微小偏转。

(A)垂直方位　(B)水平方位　(C)前后位置　(D)上下位置

161. 震动烈度能反映出震动(　　)。

(A)能量　(B)质量　(C)变量　(D)速度

162. 噪声的频率范围在(　　)。

(A)15～20 Hz　(B)20～40 Hz　(C)40～60 Hz　(D)40～10 KHz

163. 测量轴承震动常用的是速度传感器或(　　)

(A)加速度传感器　(B)频谱仪　(C)计数器　(D)自准直仪

164. 在机械油的选用中,号数大的使用于(　　)。

(A)高速轻载　(B)低速重载　(C)高温　(D)低温

165. 工件装夹时间过长,使工时定额中的(　　)时间增加。

(A)辅助　(B)服务　(C)休息　(D)基本

166. 装配精度完全依赖于零件加工精度的装配方法,即为(　　)。

(A)完全互换法　(B)修配法　(C)选配法　(D)调整装配法

167. 精益生产方式的关键是实行(　　)。

(A)准时化生产　(B)自动化生产　(C)全员参与　(D)现场管理

168. 在划盘形滚子凸轮的工作轮廓线时,是以(　　)为中心作滚子圆的。

(A)基圆　(B)理论轮廓线

(C)滚子圆的外包络线　(D)基圆中心

169. 在大型平板拼接工艺中,应用(　　)进行检测,其精度和效率比传统平板拼接工艺好。

(A)经纬仪　(B)大平尺　(C)水平仪　(D)直尺

170. 渐开线应用最多的地方是(　　)曲线。

(A)鼓风机叶片　(B)水泵叶片　(C)齿轮的齿廓　(D)蜗杆

171. 为了调整头架主轴与中间轴之间V带的张紧力,利用(　　)来调整。

(A)一般撬棒　(B)调整螺栓　(C)带螺纹铁棒　(D)调整轮

172. 砂轮主轴装在两个多瓦式自动调位动压轴承上,采用的是(　　)扇形轴瓦。

(A)五块　(B)三块　(C)七块　(D)九块

173. M1432B型万能外圆磨床,为了保证砂轮架每次快速前进至终点的重复定位精度,以及磨削时横向进给量的准确性,必须要消除丝杠与半螺母之间的间隙,采用(　　)就可以了。

(A)半螺母上装消隙机构

(B)丝杠上装消隙机构

(C)快速进退液压缸旁装柱塞式闸缸来消除

(D)半螺母和丝杠上装消隙机构

174. 由于磨床工作台低速爬行、砂轮主轴的轴向窜动、砂轮主轴轴心线与工作台导轨不平衡等因素,会使磨削时工件表面产生(　　)

(A)无规律的螺旋波纹　(B)有规律的螺旋波纹

(C)有规律的直波纹　(D)无规律的横波纹

175. 在浇铸大型轴瓦时,常采用(　　)法浇铸法。

(A)手工　(B)离心　(C)虹吸　(D)压力

176. 含油轴承价廉又能节约有色金属,但性脆,不宜承受冲击载荷,常用于(　　)、轻载及不便润滑的场合。

(A)高速机械　(B)小型机械　(C)低速或中速机械　(D)高温

177. 滑动轴承最理想的润滑性能是(　　)润滑。

(A)固体摩擦　(B)液体摩擦　(C)气体摩擦　(D)气液混合摩擦

178. 整体式向心滑动轴承的装配方法,取决于它们的(　　)。

(A)材料　(B)结构形式　(C)润滑要求　(D)应用场合

179. 静压轴承的工作原理是:用一定压力的压力油输入轴承四周的四个小腔,当轴承没有受到外载荷时,四个腔内的压力应该是(　　)。

(A)不等　(B)相等

(C)左右两腔小于上下两腔　(D)左右两腔大于上下两腔

180. 静压轴承供油压力与油腔压力有一定的比值,此比值最佳为(　　)。

(A)3　(B)5　(C)2　(D)8

181. 大型工件最佳测量时间是(　　)。

(A)中午前后　(B)上午8～9点　(C)下午4～5点　(D)晚间或清晨

182. 粗刮大型平板时要根据其平直度误差部位和大小选择刮削方法:当被刮平面出现倾斜时选(　　)。

(A)标记刮削法　(B)信封刮削法　(C)对角刮削法　(D)阶梯刮削法

183. 刮削轴瓦时,校准轴转动角度要小于(　　)

(A)垂直交叉　(B)45°　(C)60°　(D)90°

184. 当两块研磨平板上下对研时,上平板无论是作圆形移动还是"8"字运动,都会产生

(　　)的结果。

(A)下凹上凸　　(B)上凹下凸

(C)上平板为高精度平面,下平板微凸　　(D)上下平板都达到高精度平面

185. 大批量制作青铜材料的零件应采用(　　)毛坯。

(A)木模造型铸件　(B)金属型浇铸件　(C)自由锻件　(D)冷拉棒料

186. 在机械加工工艺过程中,按照基面先行原则,应首先加工定位精基面,这是为了(　　)。

(A)消除工件中的残余变形,减少变形误差

(B)使后续各道工序有精确的定位基准

(C)有利于减小后续工序加工表面的粗糙度值

(D)有利于精基准面本身精度的提高

187. 对箱体、机体类零件安排加工顺序应遵照(　　)。

(A)先加工孔后加工平面

(B)先加工平面后加工孔

(C)铸造—时效—粗加工—半精加工—精加工

(D)铸造—粗加工—自然时效—半精加工—精加工

188. 用检验棒和指示表检测箱体零件孔的同轴度误差时,误差值是装在基准孔上的指示表沿被测孔的检验棒旋转一周其读数的(　　)。

(A)最大值与最小值之差　　(B)最大值与最小值之差的一半

(C)最大值与最小值之差的两倍　　(D)最大值与最小值之和的一半

189. 镗铣加工中心机床在工件一次安装中可以加工工件的(　　)个面上的孔。

(A)三　(B)四　(C)五　(D)六

三、多项选择题

1. 基本视图一共有(　　)6 个视图。

(A)主视图　(B)俯视图　(C)前视图　(D)左视图

(E)右视图　(F)仰视图　(G)后视图

2. 除基本视图外还有(　　)3 种视图。

(A)局部视图　(B)斜视图　(C)正视图　(D)旋转视图

3. 一张完整的装配图应具有(　　)4 部分内容。

(A)一组图形　(B)必要的尺寸　(C)技术要求　(D)热处理要求

(E)零件序号、明细栏和标题栏

4. 广泛应用的几种视图(　　)。

(A)主视图　(B)俯视图　(C)左视图　(D)仰视图

5. 投影变换的基本方法为(　　)。

(A)换面法　(B)旋转法　(C)正投影法　(D)斜投影法

6. 互换装配法的特点为(　　)。

(A)装配操作简单,生产效率高　　(B)便于组织流水线作业及自动化装配

(C)便于采用协作方式组织专业化生产　　(D)零件磨损后便于更换

(E)加工精度要求不高

7. 标准公差等级代号是由(　　)组成。

(A)符号 T　(B)公差　(C)符号 IT　(D)数字

8. 三视图的投影规律是(　　)视图长对正;(　　)视图宽相等;(　　)视图高平齐。

(A)主　(B)俯　(C)左　(D)右

9. 尺寸公差的计算公式为(　　)。

(A)最大极限尺寸－最小极限尺寸　(B)下偏差－上偏差

(C)上偏差－下偏差　(D)(上偏差＋下偏差)/2

10. 下列表示形状公差的是(　　)。

(A)直线度　(B)平行度　(C)平面度　(D)垂直度

11. 下列表示位置公差的是(　　)。

(A)圆柱度　(B)同轴度　(C)对称度　(D)面轮廓度

12. 表示基孔制配合的有(　　)。

(A)H7/g6　(B)K7/h6　(C)H10/d6　(D)C10/h11

13. 形位公差带通常包括(　　)因素。

(A)公差带的大小　(B)公差带的形状

(C)公差带的等级　(D)公差带的位置

(E)公差带的方向

14. 关于材料的硬度,下列叙述正确的是(　　)。

(A)洛氏硬度用 HRA,HRB,HRC 表示

(B)布氏硬度用 HBS 和 HBW 表示

(C)硬度用 HV 表示且压痕最小

(D)布氏、洛氏、维氏硬度计均采用金刚石压头

15. 金属材料常温下的机械性能包括(　　)。

(A)刚度　(B)强度　(C)硬度　(D)疲劳极限

(E)冲击韧性　(F)热硬性　(G)塑性

16. 属于普通热处理的是(　　)。

(A)退火　(B)正火　(C)渗碳

(D)淬火　(E)回火

17. 退火是把钢(　　)到一定温度,保温后(　　)冷却的操作。

(A)冷却　(B)加热　(C)缓慢　(D)快速

18. 为改善低碳钢的切削加工性,需进行热处理,以下不正确的方法有(　　)。

(A)等温退火　(B)球化退火　(C)正火　(D)完全退火

19. 一般螺丝刀要求(　　)时,最好采用的热处理是等温淬火。

(A)硬度高　(B)耐磨性好　(C)刚度大　(D)韧性好

20. 淬火钢进行低温回火的目的是为了消除淬火应力,保持(　　)。

(A)硬度　(B)强度　(C)塑性　(D)耐磨性

21. 以下不符合低碳钢的力学性能特点是(　　)。

(A)强度较低而塑性较好　(B)强度较低而塑性较差

(C)强度较高而疲劳性能低　(D)强度较低和韧性较差

22. 下列属于合金工具钢的是(　　)。

(A)不锈钢　(B)高速钢　(C)量具钢　(D)耐热钢

23. 下列不是合金渗碳钢热处理方法是(　　)。

(A)渗碳后直接淬火和低温回火　(B)淬火和低温回火

(C)渗碳后直接淬火和中温回火　(D)淬火和中温回火

24. 高速钢用于高速切削的刃具,如钻头、车刀,下列说法不正确的有(　　)。

(A)适用于 300 ℃高速切削的刃具　(B)适用于 400 ℃高速切削的刃具

(C)适用于 500 ℃高速切削的刃具　(D)适用于 600 ℃高速切削的刃具

25. 金属材料的工艺性能包括(　　)。

(A)铸造性　(B)可焊性　(C)热硬性　(D)锻造性

26. 渗碳体的性能特点是(　　)。

(A)硬度高　(B)硬度低　(C)强度低　(D)塑性低

27. 下列在钢的基体上分布的石墨不是可锻铸铁的是(　　)。

(A)粗片状　(B)细片状　(C)团絮状　(D)球粒状

28. 下列材料中不属于珠光体基体的灰口铸铁是(　　)。

(A)HT100　(B)HT150

(C)HT200　(D)HT300 和 HT250

29. 下面不是白心可锻铸铁的牌号表示是(　　)。

(A)KTH　(B)KTB　(C)KTZ　(D)KTW

30. 下列说法不是球墨铸铁牌号中数字表示的有(　　)。

(A)强度极限和屈服极限　(B)屈服极限和强度极限

(C)强度极限和韧性　(D)强度极限和塑性

31. 关于黄铜的叙述正确的是(　　)。

(A)黄铜是铜锌合金

(B)黄铜零件在大气中、海水或有氮的介质中容易发生断裂

(C)黄铜易发生脱锌

(D)单项黄铜强度高

32. 下列轴承合金中,属于在软基体上分布着硬质点轴承合金理想的结构为(　　)。

(A)锡基巴氏合金　(B)铅基巴氏合金　(C)铅青铜　(D)锡青铜

33. ABS 塑料就是由(　　)三种塑料组成的"三元合金"或复合物。

(A)甲苯乙烯　(B)甲苯　(C)丁二烯　(D)丙烯腈

34. 橡胶密封材料的优点有(　　)。

(A)耐高温　(B)耐水性　(C)易于压模成型　(D)高弹性

35. 合成橡胶的性能特点,正确的是(　　)。

(A)高弹性　(B)绝缘性好　(C)储能性高　(D)耐磨性好

36. 标准公差值与两个因素有关,它们是(　　)。

(A)标准公差等级　(B)上偏差　(C)下偏差　(D)基本尺寸分段

37. 在基准制的选择中不应优先选用的是(　　)。

(A)基孔制　　(B)基轴制　　(C)混合制　　(D)配合制

38. 相配件的对中性要求高，又需要经常拆卸的静止结合部位，不应采用(　　)形式。

(A)间隙配合　　(B)过盈配合　　(C)过渡配合　　(D)压入配合

39. 带传动的种类有(　　)。

(A)平带　　(B)V带　　(C)圆形带　　(D)多楔带

(E)同步带　　(F)方形带　　(G)菱形带

40. 链传动按用途分有(　　)。

(A)传动链　　(B)输送链　　(C)曳引起重链　　(D)防滑链

41. 齿轮的分类，根据齿轮副两传动轴的相对位置不同，可分为(　　)。

(A)平行轴齿轮传动　　(B)相交轴齿轮传动

(C)交错轴齿轮传动　　(D)圆柱齿轮传动

42. 螺旋机构可分为(　　)螺旋机构。

(A)传动　　(B)普通　　(C)差动

(D)微调　　(E)滚珠

43. 能做刀具材料的有(　　)。

(A)碳素工具钢　　(B)碳素结构钢　　(C)合金工具钢　　(D)高速钢

44. 高速钢的特点是(　　)等。

(A)高硬度　　(B)高耐磨性　　(C)变形大

(D)高热硬性　　(E)热处理变形小

45. 在高温下能保持刀具材料切削性能的是(　　)。

(A)耐热性　　(B)耐磨性　　(C)红硬性　　(D)强度

46. 钨钴钛类硬质合金主要用于(　　)。

(A)碳素钢　　(B)合金钢　　(C)工具钢　　(D)淬火钢

47. 游标卡尺按其精度，可分为以下几种(　　)。

(A)0.1 mm　　(B)0.05 mm　　(C)0.02 mm　　(D)0.01 mm

48. 万能角度尺用来测量工件的内外角，按其分度值主要分为(　　)。

(A)10′　　(B)5′　　(C)2′　　(D)1′

49. 按照量具的用途和特点，可将其分为(　　)。

(A)万能　　(B)标准　　(C)通用　　(D)专用

50. 常用游标卡尺的规格有(　　)等。

(A)0～150 mm　　(B)0～200 mm　　(C)0～300 mm

(D)0～400 mm　　(E)0～500 mm　　(F)0～1 000 mm

51. 千分尺的种类主要有(　　)等。

(A)外径千分尺　　(B)内径千分尺　　(C)深度千分尺

(D)螺纹千分尺　　(E)公法线千分尺

52. 台虎钳常用的规格有(　　)、250 mm、300 mm、350 mm。

(A)100 mm　　(B)125 mm　　(C)150 mm

(D)175 mm　　(E)200 mm

53. 润滑剂的种类有很多，大致可分为(　　)。

(A)液态润滑剂　(B)固态润滑剂　(C)粉末润滑剂　(D)乳化润滑剂

54. 切削液的作用有(　　)。

(A)冷却作用　(B)润滑作用　(C)降噪作用

(D)防锈作用　(E)排屑和洗涤作用

55. 润滑脂主要用于(　　)不便经常加油和使用要求不高的场合。

(A)高速　(B)低速　(C)重载　(D)轻载

56. 常用固体润滑剂的种类有(　　)等。

(A)石墨　(B)二硫化钼　(C)滑石粉　(D)陶瓷

57. 划线时使用的基准工具有(　　)。

(A)划线平台　(B)角尺　(C)万能角尺　(D)V形铁

58. 对于工件进行划线步骤中,一般要考虑的情况(　　)。

(A)工件的图样和加工工艺　(B)借料

(C)找正　(D)工件装夹

59. 利用分度头可在工件上划出(　　)或不等线。

(A)水平线　(B)垂直线　(C)倾斜线　(D)等分线

60. 錾削加工中錾子的种类有(　　)。

(A)扁錾(扩錾)　(B)尖錾(狭錾)　(C)半圆錾　(D)油槽錾

61. 锉刀的种类有(　　)。

(A)钳工锉　(B)机工锉　(C)异形锉

(D)整形锉　(E)平锉

62. 锯割时为了防止锯条(　　),需要使锯条俯仰一个角度,即起锯角。起锯角一般以15°最为适宜。

(A)跳动　(B)断锯条　(C)断齿　(D)侧滑

63. 对于大型工件的划线,当第一划线位置确定后,应选择大而平直的面,作为安置基面,以保证划线时(　　)。

(A)准确　(B)平稳　(C)安全　(D)简易

64. 畸形零件划线操作要点(　　)。

(A)划线前的工艺分析　(B)划线基准的选择

(C)零件装夹的方法　(D)正确借料

(E)合理选择支承点

65. 箱体类零件外形较复杂,划线时应注意(　　)。

(A)进行加工工艺分析　(B)确定第一划线位置

(C)画十字找正线　(D)划垂直线

(E)找正箱体的位置

66. 毛坯工件通过找正划线,可使(　　)之间保持尺寸均匀。

(A)加工表面　(B)不加工表面　(C)零件中心线　(D)轮廓线

67. 借料划线,首先要知道待划毛坯误差程度、确定要借料的(　　),以提高划线效率。

(A)方向　(B)程度　(C)大小　(D)误差

68. 拼接大型平面的方法有(　　)。

(A)零件移动法　(B)零件吊装法　(C)零件支承法　(D)平台接长法
(E)条形垫铁与平尺调整法

69. 扁錾用来錾削(　　),应用最为广泛。
(A)分割曲线形板料　(B)凸缘　(C)毛刺　(D)分割材料

70. 当錾削靠近工件尽头约(　　)时,则必须掉转工件从另一端錾掉剩余部分,以免(　　)损坏。
(A)15 mm　(B)30 mm　(C)工件棱角　(D)工件端面

71. 锯削软金属及较厚的工件应选(　　)粗齿锯条;锯削硬钢、薄板及薄壁管子应选(　　)锯条;锯削普通钢、铸铁及中等厚度的工件应选(　　)锯条。
(A)粗齿　(B)中齿　(C)细齿　(D)交错齿

72. 锉削工件应在锉刀(　　)时施加压力,并保持(　　)。返回时,不宜紧压工件,以免磨钝锉齿和损伤已加工表面。
(A)返回　(B)前推　(C)水平　(D)一定角度

73. 锉削加工中平面锉法有(　　)。
(A)顺向锉法　(B)交叉锉法　(C)推锉法　(D)逆向锉法

74. 钻削用量应包括(　　)。
(A)切削深度　(B)进给量　(C)切削速度　(D)钻头直径

75. 麻花钻的切削角度有(　　)。
(A)顶角　(B)横刃斜角　(C)后角
(D)螺旋角　(E)前角

76. 群钻是在麻花钻上修磨(　　)使横刃缩短为原来的(　　)。
(A)横刃　(B)前角　(C)1/4～1/5　(D)1/5～1/7

77. 钻精密孔需采取的措施有(　　)。
(A)改进钻头切削部分几何参数　(B)选择合适的切削用量
(C)改进加工环境　(D)提高切削液质量
(E)提高加工者的技术等级

78. 钻小孔加工的特点是(　　)。
(A)加工直径小　(B)排屑困难
(C)切削液很难注入切削区　(D)刀具重磨困难
(E)不用加冷却液

79. 扩孔的特点有(　　)。
(A)加工直径小　(B)排屑困难
(C)切削液很难注入切削区　(D)刀具重磨困难
(E)不用加冷却液

80. 钻削深孔时容易产生(　　)。
(A)定位不准　(B)振动　(C)孔的歪斜
(D)不易排屑　(E)发热严重

81. 钻精密孔,改进钻头的正确方法是(　　)。

(A)后角不易过大，控制其大小　(B)磨出负刃倾角
(C)磨宽刃带　(D)磨出第二锋角，且角度小于75°

82. 铰孔时，铰孔的孔呈多角形的原因有(　　)。
(A)铰孔时底孔不圆　(B)铰削余量太大
(C)铰刀不锋利　(D)铰削速度慢

83. 铰削钢件时应加(　　)冷却液。
(A)煤油　(B)菜油　(C)猪油
(D)黄油　(E)柴油

84. 在斜面上钻孔，可采取(　　)措施。
(A)铣出一个平面　(B)车出一个平面　(C)錾出一个小平面
(D)锯出一个平面　(E)钻出一个平面

85. 选择铰削余量时，应考虑铰孔的精度以及(　　)和铰刀的类型等因素的综合影响。
(A)孔深度　(B)孔径大小　(C)材料软硬　(D)表面粗糙度

86. 刮削精度检查包括(　　)。
(A)尺寸精度　(B)形状精度　(C)位置精度
(D)接配精度　(E)表面精度

87. 刮削时常用显示剂的种类有(　　)。
(A)红丹粉　(B)蓝油　(C)机油
(D)煤油　(E)松节油

88. 为了使显点正确，在刮削研点时，使用校准工具应注意伸出工件刮削面的长度应(　　)，以免压力不均。
(A)大于工具长度的1/5～1/4　(B)小于工具长度的1/5～1/4
(C)短且重复调头几次　(D)沿固定方向移动
(E)卸荷

89. 经过刮削的工件能获得很高的(　　)精度和很小的表面粗糙度。
(A)尺寸　(B)配合　(C)形状和位置
(D)误差　(E)接触

90. 一般研磨平面的方法有，工件沿平板表面作(　　)运动轨迹进行研磨。
(A)8字形　(B)仿8字形　(C)直线往复　(D)螺旋形

91. 通过刮削，能使工件(　　)。
(A)表面光洁　(B)接触精度较高
(C)表面粗糙度值增大　(D)表面粗糙度值减小

92. 研磨时孔成椭圆形或圆柱孔有锥度的原因有(　　)。
(A)研磨时没有更换方向　(B)研磨时没有调头
(C)磨料粗　(D)磨料细

93. 检查刮削精度常用方法有(　　)。
(A)贴合点计数法　(B)贴合面比率法　(C)仪表检查法　(D)比对法

94. 平面刮削的步骤包括(　　)。
(A)粗刮　(B)细刮　(C)精刮　(D)刮花

95. 刮削产生撕痕的原因有(　　)。

(A)刀刃不光滑　　(B)刀刃部锋利

(C)刀刃有缺口或裂纹　　(D)刀刃磨的过于弧形

96. 对刮削面的技术要求一般包括(　　)等。

(A)形状和位置精度　　(B)尺寸精度　　(C)接触精度

(D)贴合程度　　(E)表面粗糙度

97. 下列关于键连接的说法正确的是(　　)。

(A)能实现轴和轴上零件的固定　　(B)能传递动力

(C)结构简单,工作可靠　　(D)拆装方便,应用广泛

98. 下列关于普通平键连接说法正确的是(　　)。

(A)键的两侧是工作面　　(B)不能承受周向力

(C)键与轴的两侧不能有间隙　　(D)顶面与被连接件不接触

99. 销连接在机械中,除起连接作用外,还可起(　　)作用。

(A)定位　　(B)保险　　(C)锁紧　　(D)止动

100. 圆锥销为 1∶50 锥度,使用特点为(　　)。

(A)可自锁,定位精度高　　(B)允许多次拆装

(C)不便于拆卸　　(D)不允许多次拆装

101. 过盈连接是依靠(　　)配合后的(　　)来达到紧固连接的。

(A)包容件　　(B)被包容件　　(C)张紧力　　(D)过盈值

102. 过盈连接的装配方法有(　　)。

(A)压入装配法　　(B)热胀装配法　　(C)冷缩装配法

(D)敲击装配法　　(E)液压装配法

103. 圆锥面可采用液压套合法进行装配,装配要点有(　　)。

(A)控制压入行程　　(B)压入速度缓慢　　(C)压入速度缓块

(D)泄压要缓慢　　(E)配合面要干净

104. 对于轴向要求高的圆柱面过盈连接,多采用热胀法或温差法进行装配,热胀法过盈连接装配通常通过包容件加热温度进行控制,加热温度的计算与(　　)有关。

(A)理论过盈量　　(B)实际过盈量　　(C)环境温度　　(D)热配合间隙

(E)包容件膨胀系数　　(F)包容件直径　　(G)包容件长度

105. 齿轮传动机构的安装要求是:有准确的(　　)。

(A)安装余量　　(B)中心距　　(C)齿轮间隙

(D)过盈量　　(E)偏斜度

106. 齿轮装配后的啮合精度,主要是指(　　)。

(A)啮合间隙　　(B)齿侧间隙　　(C)接触精度　　(D)齿轮轴平行度

107. 在中心距正确的条件下,蜗杆和蜗轮的修理和装配要保证(　　)和两者的接触区。

(A)蜗杆中心线与安装平面的平行度　　(B)蜗轮中心线与安装平面的垂直度

(C)蜗杆与蜗轮两中心线的垂直度　　(D)蜗杆中心线在蜗轮中间平面内

(E)两者的啮合间隙

108. 凸缘联轴器结构简单,对中度高,传递转矩较大,但不能(　　),并且要求两轴同轴

度好。

(A)缓冲 (B)拆卸 (C)吸振 (D)振动

109. 齿形连的应用范围为( )的动力场合。

(A)工作可靠 (B)传动较平稳 (C)振动小

(D)振动大 (E)噪声小

110. 齿形连是由( )等叠装而成。

(A)链片 (B)导片 (C)销轴 (D)齿轮

111. 齿形带传动特点有( )、传动效率高和不需润滑,维护费用低。

(A)传动比准确 (B)对轴及轴承压力较小

(C)传动平稳 (D)较长距离传动

112. 齿形带安装注意事项有( )等。

(A)带轮的轴线必须平行 (B)不得用工具把带撬入带轮

(C)装上带后进行中心距调整 (D)存仿在阴凉处,正常的弯曲状态

113. 链条节的拆装通过拆卸( )进行,但应注意( )的装配位置。

(A)销轴 (B)链片 (C)导片 (D)齿轮

114. 蜗轮副的修复工艺有( )。

(A)锉削修复法 (B)用高精度的加工设备来修复

(C)珩磨修复法 (D)刮研修复法

115. 计算斜齿圆柱齿轮各部分尺寸时首先要知道齿轮的四个给定参数( )。

(A)模数 (B)齿数 (C)齿形角 (D)螺旋角

116. 滑动轴承常用( )作为润滑剂。

(A)固体润滑剂 (B)润滑脂 (C)液态金属 (D)润滑油

117. 滚动轴承由( )等组成。

(A)内外圈 (B)挡圈 (C)保持架 (D)滚动体

118. 定压供油系统的静压轴承有固定节流器和可变节流器两大类。其中毛细管节流器的静压轴承、小孔节流器静压轴承、可变节流器静压轴承分别适用于( )。

(A)重载或载荷变化范围大的精密机床和重型机床

(B)润滑油黏度小,转速高的小型机床

(C)润滑油黏度较大的小型机床

(D)润滑油黏度较小的小型机床

119. 轴承的装配方法有( )。

(A)用铁锤直接敲打 (B)螺旋压力机装配法

(C)液压机装配法 (D)热装法

120. 选择润滑脂主要应考虑的因素有( )。

(A)负荷大小 (B)油脂的质量 (C)运动的速度

(D)工作温度 (E)工作环境

121. 通常对于( )的轴承,宜选用黏度较低的润滑油。

(A)轻载 (B)重载 (C)高速 (D)低速

122. 为了获得良好的润滑效果,除了正确选用润滑剂外,还应选择合适的( )。

(A)润滑量 (B)润滑方式 (C)润滑点 (D)润滑装置

123. 对于(　　)的轴承,可采用间歇式供油润滑。

(A)高速 (B)低速 (C)轻载 (D)不重要

124. 轴承润滑的作用主要包括(　　)。

(A)减小摩擦 (B)传递热量 (C)防止锈蚀 (D)减少噪声

125. 装配圆锥滚子时调整轴承间隙的方法有(　　)。

(A)垫片调整 (B)螺杆调整 (C)螺母调整 (D)螺钉调整

126. 静压滑动轴承具有(　　)等优点。

(A)承载能力大 (B)抗振性好 (C)工作平稳
(D)回转精度高 (E)承载能力小

127. 静压轴承装配开机调试后,主轴没有浮起的原因有(　　)。

(A)轴承油腔漏油 (B)节流器间隙堵塞
(C)轴承制造精度问题 (D)供油压力过大

128. 液压系统节流缓冲装置失灵的主要原因有(　　)。

(A)背压阀调节不当 (B)换向阀锥角大小 (C)换向移动太快
(D)阀芯严重磨损 (E)系统压力调得太高

129. 液压系统是由具有各种功能的液压元件有机的组合,它是(　　)部分组成。

(A)驱动元件 (B)执行元件 (C)控制元件 (D)辅助元件

130. 下列液压控制阀属于(　　)压力控制阀。

(A)溢流阀 (B)减压阀 (C)顺序阀 (D)节流阀

131. 溢流阀的功用有(　　)。

(A)作安全阀用 (B)作溢流阀用 (C)卸荷阀用 (D)作节流调速用

132. 液压传动的优点有(　　)。

(A)实现无级变速 (B)实现过载保护 (C)传动比精度高 (D)系统效率高

133. 液压油的物理性质有(　　)。

(A)润滑度 (B)质量 (C)黏度 (D)密度

134. 良好的液压油具有(　　)的特性。

(A)良好的润滑性 (B)油色好 (C)无腐蚀作用 (D)气味好

135. 压力控制回路有(　　)。

(A)单向回路 (B)调压回路 (C)减压回路
(D)增压回路 (E)卸荷回路

136. 旋转体上(　　)所产生的离心力,如果形成力偶,则旋转体在旋转时产生(　　),这种不平衡称为动不平衡。

(A)不平衡量 (B)平衡量
(C)垂直于旋转轴线方向的振动 (D)平行旋转轴线方向的振动
(E)旋转轴线倾斜的振动

137. 以下说法正确的是(　　)。

(A)动不平衡的旋转体一般都同时存在静不平衡
(B)对于长径比比较小且转速不高的旋转件,需作动平衡

(C)在低速动平衡前一般都经过静平衡

(D)高速动平衡前要先作低速动平衡

138. 旋转体的平衡原理是：利用技术手段，找出旋转体不平衡量的大小和位置，然后用(　　)等方法，使旋转体的重心与旋转中心趋于重合。

(A)去除材料　　(B)加装配重

(C)调整配重位置　　(D)调整组装零件的位置

139. 转动体经过平衡后，(　　)平衡是不可能做到的，总会剩余一些不平衡量，平衡精度就是指(　　)平衡量的大小。

(A)绝对　　(B)相对　　(C)剩余　　(D)增加

140. 零部件在径向位置上有偏重但由此产生的惯性力合力(　　)，这种不平衡称(　　)。

(A)不通过旋转件重心　　(B)通过旋转件重心

(C)动不平衡　　(D)动平衡

141. 旋转体的不平衡形式，一般有(　　)等几种。

(A)静不平衡　　(B)动不平衡　　(C)动平衡　　(D)动静混合不平衡

142. 轴承的轴向固定方式有(　　)方式两种。

(A)两端双向固定　　(B)一端单向固定

(C)一端双向固定　　(D)两端单向固定方式

143. 定向装配时，应使滚动轴承内圈的最高点与主轴颈的(　　)点相对应，使滚动轴承的外圈的(　　)点与壳体孔的最低点相对应。

(A)最低　　(B)偏低　　(C)最高　　(D)偏高

144. 滚动轴承的定向装配，就是使(　　)与(　　)、(　　)与(　　)，都分别配置于同一轴向截面内，并按一定的方向装配。

(A)轴承内圈的偏心　　(B)轴承外圈的偏心

(C)轴颈的偏心　　(D)壳体孔的偏心

145. 利用定向装配轴承的方法来提高主轴旋转精度，需要做的是(　　)

(A)主轴实测径向圆跳动量并作标记

(B)轴承实测径向圆跳动量并作标记

(C)径向圆跳动量接近的轴颈与轴承装配

(D)轴颈与轴承偏心部位按相反的方向安装。

146. 提高主轴旋转精度的装配措施有(　　)。

(A)有选配法　　(B)预加载荷法　　(C)定向装配法　　(D)十字垫圈结构

147. 合像水平仪是用来测量(　　)量仪。

(A)水平位置或垂直位置　　(B)曲面　　(C)微小角度偏差

(D)粗糙度　　(E)角值

148. 合像水平仪比框式水平仪(　　)。

(A)气泡达到的稳定时间长　　(B)气泡达到的稳定时间短

(C)测量范围大　　(D)测量范围小

(E)精度底

149. 使机器产生转轴振动的原因有(　　)。

(A)不平衡　(B)不同轴　(C)环境温度　(D)自激振动

150. 机器设备中转轴的振动现象可分为(　　)。

(A)摇摆振动　(B)横向振动　(C)轴向振动　(D)扭转振动

151. 用振动位移值来评定机械振动时,是按照速度的高低来规定允许的振幅大小。下面叙述正确的是(　　)。

(A)转速低,允许的振幅大　(B)转速低,允许的振幅小

(C)转速高,允许的振幅大　(D)转速高,允许的振幅小

152. 双频道激光干涉仪可以测量(　　)。

(A)线位移　(B)角度摆动　(C)平直度　(D)直线度

153. 光学平直仪是由(　　)组成。

(A)平直仪本体　(B)双滚筒　(C)弹簧

(D)水准仪　(E)反射镜

154. 利用自准直原理制造的光学仪器有(　　)等。

(A)合像水平仪　(B)自准直仪　(C)光学平直仪

(D)工具经纬仪　(E)框式水平仪

155. 转子的临界转速越低,转子的(　　)。

(A)质量越小　(B)质量越大　(C)刚度越小　(D)刚度越大

156. 使旋转机械产生不正常振动的原因为(　　)。

(A)轴颈不圆　(B)轴系的对中不良　(C)转子的不平衡量过大

(D)轴系系统失稳　(E)转子结构松动

157. 直线度测量有(　　)。

(A)直接测量法　(B)间接测量法

(C)光线基准法　(D)实物基准法

158. 热继电器具有(　　)。

(A)过载保护功能　(B)短路保护功能　(C)热惯性　(D)机械惯性

159. 热继电器用于(　　)。

(A)过载保护　(B)电流不平衡运行保护

(C)断相保护　(D)短路保护

160. 继电器根据动作原理分为(　　)、气动式、电动式等。

(A)电磁式　(B)感应式　(C)电子式　(D)热效应式

161. 热继电器的主要作用(　　)。

(A)三项异步电动机的过载保护　(B)三项异步电动机的断相保护

(C)电路的短路保护　(D)电路的过载保护

162. 热继电器不动的原因是(　　)

(A)额定电流选用不合格　(B)动作触头接触不良

(C)热元件烧断　(D)网络电压过低

(E)动作过于频繁

163. 精密机床的(　　)取决于精密零件的制造和装配精度。

(A)性能 (B)加工精度 (C)切削力
(D)刚度 (E)使用寿命

164. 继电器一般性检验项目有(　　)。
(A)外部检查 (B)内部及机械检查
(C)绝缘检验 (D)继电器线圈电阻的测定
(E)继电器触点工作可靠性检验

165. 关于起重机的工作机构使用的零、部件,下列说法不正确的是(　　)。
(A)提升绳应该使用同向捻钢丝绳 (B)起升机构应该使用常开式制动器
(C)吊钩可以用焊接制造 (D)起重机一般多用常闭式制动器

166. 起重机械常见的事故有(　　)。
(A)打伤事故 (B)触电事故 (C)机体倾覆事故 (D)吊物失落事故

167. 钢丝绳出现下列那些情况必须报废和更新(　　)。
(A)断丝超标 (B)钢丝绳磨损直径减少没超过10%
(C)轻微生锈 (D)严重变形

168. 在起重或运输时,选用的工具、器具必须具有一定的(　　)和稳定性。
(A)强度 (B)韧性 (C)刚度 (D)耐磨性

169. 质量管理活动主要包括(　　)、质量改进、质量保证。
(A)制定质量方针和质量目标 (B)确定环境指标
(C)建立安全管理体系 (D)质量控制

170. 现场质量管理的主要任务是(　　)。
(A)质量控制 (B)质量改进 (C)过程检验 (D)质量策划

171. 过程(工序)质量控制点的设置一般应考虑(　　)。
(A)顾客的需要
(B)工艺上有特殊要求,对后续过程有重大影响的过程
(C)关键质量特性,关键部位
(D)易出现质量问题

172. 影响产品质量的因素有(　　)。
(A)工艺方法 (B)原材料 (C)抽样方案 (D)操作者

173. 生产现场管理应做到(　　)"三按"进行生产。
(A)按规划 (B)按图样 (C)按标准或规程 (D)按工艺

174. 生产类型可分为(　　)。
(A)少量生产 (B)单件生产 (C)成批生产 (D)大量生产

175. 使用砂轮架的安全要求(　　)。
(A)禁止正面磨削 (B)禁止侧面磨削 (C)不准正面操作
(D)不准侧面操作 (E)不准共同操作

176. 货物起吊前,有下列(　　)规定。
(A)选好通道 (B)选好卸货地点 (C)精确估计货物重量
(D)技术人员准备 (E)操作人员准备

177. 工作完毕后所用过的工具要(　　)。

(A)检修　(B)清理　(C)涂油
(D)堆放　(E)放在工件架上

178. 钳工场地必须(　　)。
(A)清洁　(B)整齐　(C)随意　(D)物品摆放有序

179. 单件工时由(　　)组成。
(A)基本时间　(B)辅助时间
(C)服务时间　(D)休息与自然需要时间

180. 产品定额的制定方法有(　　)。
(A)经验估工　(B)经验统计　(C)类推比较
(D)时间定额　(E)查表法

181. 缩短工时定额中的机动时间不可以用缩短(　　)时间得到。
(A)基本　(B)切削　(C)辅助
(D)准备　(E)终结

182. 缩短工时定额中的辅助时间不可以采用缩短(　　)时间实现。
(A)照管工作地　(B)卸下工件　(C)测量工件尺寸
(D)恢复体力　(E)生理需要

183. 齿轮传动应满足传动平稳和具有足够的承载能力这两个要求,要满足这些要求,可以采用(　　)。
(A)摆线　(B)圆弧线　(C)直线　(D)渐开线

184. 变位齿轮由于模数、齿数、压力角不变,所以变位齿轮的(　　)与标准齿轮完全相同。
(A)分度圆　(B)基圆　(C)齿形　(D)齿顶圆

185. 齿轮传动机构装配后,要进行跑合,跑合的方法有(　　)。
(A)耐久跑合　(B)加载跑合　(C)电火花跑合　(D)空载跑合

186. 滑动轴承按结构形式可分为(　　)。
(A)整体式滑动轴承　(B)剖分式滑动轴承
(C)锥形表面滑动轴承　(D)多瓦式自动调位轴承

四、判 断 题

1. 加强班组管理基础工作就是要建立健全以岗位责任制为核心的各项管理制度。(　　)

2. 建立现场质量保证体系要以系统论的观点为指导,紧紧围绕质量管理的目标来开展。(　　)

3. 标准修理法是计划预修所采用的一种基本方法。(　　)

4. 由于产品加工质量与钳工操作者穿戴无关,可以不要求着装整洁。(　　)

5. 企业内部层层分解的指标是以具体项目和目标来表示的。(　　)

6. 抓生产首先应抓的是生产,其次是安全。(　　)

7. 绘制零件剖视图时,在其他视图中已表达清楚的情况下,剖视图中的虚线一般省略不画。(　　)

8. 绘制箱体类零件主视图选择原则主要依据加工位置。( )

9. 极限偏差包括上偏差和下偏差。( )

10. 在检验形状误差时,被测实际要素对其理想要素的变动量是形状公差。( )

11. 零件图的表面粗糙度应标主要加工表面。( )

12. 装配时,对某个零件进行少量钳工修配以及补充机械加工来获得所需要的精度,叫完全互换性。( )

13. 画公差带图时,上偏差位于零线的上方,下偏差位于零线的下方。( )

14. 仅对其本身给出形状公差要求的要素是基准要素。( )

15. 配合零件的表面粗糙度,与其精度无关。( )

16. 带传动时张紧力过大,轴和轴承上作用力减小会降低带的寿命。( )

17. 采用带传动时,如果张紧力不足,会造成带在带轮上打滑,使带急剧摩擦。( )

18. 当管道的截面积一定时,液压油的流量越大,其流速越小,反之,液压油流量越小,其流速越大。( )

19. 液压传动的工作原理是:以液压油作为工作介质,依靠密封容器的体积的变化来传递运动,依靠液压油内部的压力传递动力。( )

20. 由于液压油在管道中流动时有压力损失和泄漏,所以液压泵输入功率要小于输送到液压缸的的功率。( )

21. 工件材料的强度、硬度越高,则刀具寿命越低。( )

22. 铬刚玉砂轮适宜于磨削韧性好的钢材,如高速钢、不锈钢。( )

23. 在刀具材料中,它们的耐热性由低到高次序排列是碳素工具钢、合金工具钢、高速钢和硬质合金。( )

24. 由于硬质合金的抗弯强度较低,抗冲击韧性差,所以前角应小于高速钢刀具的合理前角。( )

25. 粗加工磨钝标准是按正常磨损阶段终了时的磨损值来制订的。( )

26. 精加工磨钝标准的制订是按它能否充发挥刀具切削性能和使用寿命最长为原则而确定的。( )

27. 刀具磨损的快慢影响刀具寿命的长短,其中关键是合理选择刀具材料。( )

28. 磨削运动主要是由切削运动和进给运动组成。( )

29. 砂轮的切削性能分别由磨料、粒度、结合剂要素组成。( )

30. 用划针或千分表对工件进行找正,也就是对工件进行定位。( )

31. 装夹是指定位与夹紧的全过程。( )

32. 螺旋、偏心、凸轮等机构是斜楔夹紧的变化应用。( )

33. 在夹具上装夹工件,定位精度高且稳定。( )

34. 镇静钢比沸腾钢的成分偏细小,组织致密,性能比较均匀,韧性较好。( )

35. 金属热处理主要是用控制金属加热温度的方法来改变金属组织结构与性能,与冷却温度关系不大。( )

36. 退火的目的是消除锻件、铸件和焊接件的内应力,改善切削性能。( )

37. 大部分合金钢的淬透性比碳钢的淬透性好。( )

38. 由于正火较退火冷却速度快,过冷度大,转变温度较低,获得组织较细,因此正火的钢

强度和硬度比退火高。(　　)

39. 红硬性高的钢,必定有较高的回火稳定性。(　　)

40. 淬火是指将工件表面淬硬到一定程度,而心部仍然保持未淬火状态的一种局部淬火法。(　　)

41. 额定电压为 380 V 的交流铁芯线圈接到 380 V 的直流电源上可正常工作。(　　)

42. 钻孔时不准戴手套操作。(　　)

43. 淬火一般安排在磨削工序之后,目的是提高工件的强度、硬度和耐磨性。(　　)

44. 电感式电子水平仪是利用摆锤原理进行工作的。(　　)

45. 在万能工具显微镜上,可用影像法测量长度和角度,用轴切法测量直径。(　　)

46. 螺纹配合,当要求配合性质变动较小时,采用精密螺纹。(　　)

47. 把液压元件组成液压传动系统,是通过传输油压的管道来实现的。(　　)

48. 在零件图中,对于回转体机件上均匀分布的肋、轮辐、孔等结构不处在剖切平面上时,可将这些结构旋转到剖切平面上画出。(　　)

49. 在一张零件图中,为了确保表达清楚零件结构,尺寸数字在图线稀疏处可设大一些字高,在图线密集处可设小一些字高。(　　)

50. 齿轮传动能保证两轮瞬时传动比恒定。(　　)

51. 形位公差框格内加注Ⓜ时,表示该要素遵守最大实体原则。(　　)

52. 基本偏差为 j~zc 的轴与 H 孔可构成过渡配合。(　　)

53. 在表面粗糙度的基本符号上加一小圆,表示表面是去除材料的加工方法获得的。(　　)

54. 一对称机件的孔内有一轮廓线与对称中心线重合,也可以画成半剖视图。(　　)

55. 表面粗糙度不单指零件加工表面所具有的微观几何形状不平度,还要考虑表面形状和表面波纹等。(　　)

56. 计算 Rz 和 Ry 时,最大的轮廓谷深可取正值或负值。(　　)

57. 判断图 7 所示图形表达是否正确。(　　)

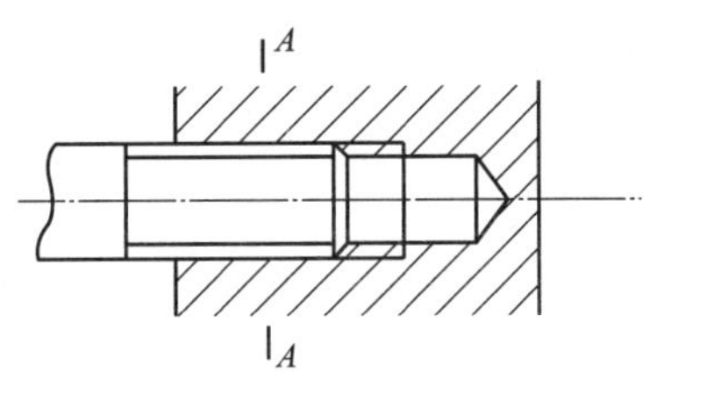

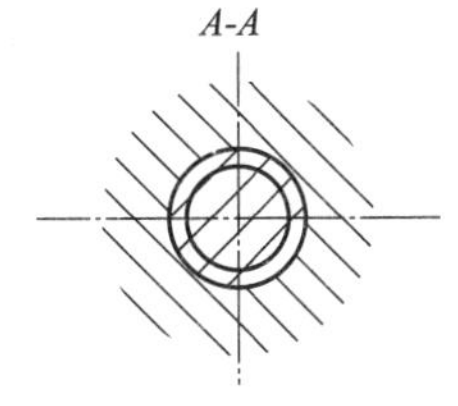

图　7

58. 圆柱管螺纹的公称直径是指管子的内径。(　　)

59. 因为毛坯表面的重复定位精度差,所以粗基准一般只能使用一次。(　　)

60. 安装分度盘上的菱形销时,菱形销的圆柱部分应与回转方向垂直。(　　)

61. 万能分度头能将圆周分成任意等分,但不能将装夹在顶尖间或卡盘上的工件作任意角度转动。(　　)

62. 等分分度头适用于对圆形、正多边形等对称工件的等分分度工作。(　　)

63. 加工中实际所限制的自由度少于工件应限制的自由度，称为重复定位。（ ）

64. 铰削带有键槽的孔时，采用普通直槽铰刀。（ ）

65. YG 类硬质合金铰刀适合铰钢，YT 类硬质合金铰刀适合铰铸铁。（ ）

66. M20×2－6H/5g6g，其中 5g 表示外螺纹中径公差带，6g 表示外螺纹顶径公差带。（ ）

67. 矫正薄板料，不是使板料面积延展，而是利用拉伸或压缩的原理。（ ）

68. 环氧树脂对各种材料具有良好的黏结性能，得到广泛应用。（ ）

69. 钻夹头是用来装夹锥柄钻头的，钻头套是用来装夹直柄钻头的。（ ）

70. 钻套的作用是确定被加工孔的位置，引导孔加工钻头，并防止加工中偏移。（ ）

71. 活塞环槽内各油孔应在环槽切出后钻出。（ ）

72. 机铰结束时，应停车后再退出铰刀。（ ）

73. 锉削时锉刀粘附的切削瘤，因其硬度高，可以代替锉刀进行锉削，因此在粗锉时是有利的。（ ）

74. 活塞裙部外圆的精磨工序应安排在销孔精加工后进行。（ ）

75. 球墨铸铁易嵌存磨粒，且嵌得均匀牢固，同时还能增加研具本身的耐用度，因此得到广泛的应用。（ ）

76. 安装锯条时，锯齿应朝向前推的方向。（ ）

77. 选择锉刀尺寸规格，仅仅取决于加工余量的大小。（ ）

78. 用硬质合金铰刀，无刃铰刀或铰削硬材料时，挤压比较严重，铰孔后由于塑性变形而使孔扩大。（ ）

79. 由于在铣床上镗孔容易控制孔距尺寸，因此孔的位置也较准确。（ ）

80. 铰孔的加工精度很高，因此能对粗加工后孔的尺寸和位置的误差作精确的纠正。（ ）

81. 钻削中，钻头因较高切削速度而磨损严重。（ ）

82. 扩孔是用扩孔钻对工件上已有的孔进行精加工。（ ）

83. 冲模的精度，在相当程度上取决于导柱、导套等导向零件的导向性能，装配时必须保证其相对位置的准确性。（ ）

84. 新麻花钻应经过刃磨后再用，以保证顺利钻削。（ ）

85. 标准麻花钻刃磨后，主要应检查钻头的几何角度及两主切削刃的对称要求。（ ）

86. 基准位移误差的数值是，一批工件定位基准在加工要求方向上，相对于定位元件的起始基准的最大位移范围。（ ）

87. 工件以外圆柱面在 V 形架上定位时，在垂直方向上的基准位移误差，随 V 形架夹角的增大而增大。（ ）

88. 粗刮是增加研点，改善表面质量，使刮削面符合精度要求。（ ）

89. 刮花的目的是使刮削面美观，并使滑动件之间造成良好的润滑条件。（ ）

90. 薄片工件经几次翻身磨削，可减小复映误差。（ ）

91. 磨削偏心工件时，选择磨削用量要注意离心力的影响，应相应减低工件转速，减小磨削深度。（ ）

92. 圆柱孔研磨棒的材料，可根据工件孔径的大小而定，研小孔时常用灰口铸铁；研中、大孔时可用低碳钢。(　　)

93. 研磨螺纹环规“过”端与“止”端所用研具的螺纹中径是相同的。(　　)

94. 能否铸出孔的尺寸，应根据生产批量、铸件材质、铸件大小及孔所处位置等条件而定，一般不铸出孔的最小直径在 35 mm 以下。(　　)

95. 铸造工艺装备是为铸件生产服务的，设计合理的工艺装备，为保证铸件质量，提高生产率，改善劳动条件等起着重要作用。(　　)

96. 经过锻造或轧制的钢坯，由于内部组织得到改善，强度、塑性有了提高，因此对加热工艺的要求一般都比钢锭低。(　　)

97. 当工件上有两个以上的不加工表面时应选择其中面积较小，较次要的或外观质量要求较低的表面为主要找正依据。(　　)

98. 车间对不合理的工艺规程修改后须报上级技术主管部门批准。(　　)

99. 借料划线能使某些铸、锻成品件在尺寸、形状和位置上存在的所有误差缺陷得到排除，从而提高成品件的利用率。(　　)

100. 选择划线的尺寸基准时，应先分析工件，找出设计基准，尽可能使划线的尺寸基准与设计基准无关。(　　)

101. 在机修中，可直接按照图样进行仿划线，作为加工时的依据。(　　)

102. 选择三个支承点的距离尽可能小些，以保证工件的重心位于三点构成的三角形平面内。(　　)

103. 在装配工作中，使用可换垫片、衬套和镶条等，以消除零件间的积累误差，来达到装配合要求的方法是调整法。(　　)

104. 对于大型畸形工件的划线，划配合孔或配合面的加工线，既要保证质量，又应考虑其他部位尺寸关系。(　　)

105. 渐开线是指一质点沿等速旋转的圆半径作等速圆周运动时，该点的运动轨迹。(　　)

106. 在制作板材制件时，往往先要按图样在板材上画成展开图，才能进行落料和弯形。(　　)

107. 研磨圆柱孔时，如工件两端有过多的研磨剂挤出，不及时擦掉会出现孔口扩大。(　　)

108. 用固定式研磨捧研磨孔径时，有槽的研磨棒用于粗研磨。(　　)

109. 铰削铸铁时，一般不加切削液，若用煤油作切削液，能提高孔的表面质量，但会引起孔径缩小。(　　)

110. 推力轴承的装配应分紧环与松环。由于松环的内孔比紧环的内孔大，装配时紧环应靠在转动零件的平面上，松环靠在静止零件的平面上。(　　)

111. 在曲面上钻孔：对工件进行装夹后，钻头轴心线通过工件轴心线，开始可选用中心钻或小钻头钻一底孔，以确定钻孔位置，然后改用钻头正常钻削。(　　)

112. 水溶性切削液使用较多，原因是重点放在冷却效果上的缘故。(　　)

113. 钻深孔时切削速度不能太高，要保证切削液的输送。(　　)

114. 常用 8～10 mm 手铰圆柱孔的铰削余量为 0.1～0.2 mm 过大或过小都会影响铰孔的表面粗糙度。(　　)

115. 对于原有偏斜的孔,可以用铰刀进行修正,以提高孔的尺寸精度和减小表面粗糙度。(　　)

116. 一般用台钻加工箱体上的小孔。(　　)

117. 深孔钻是利用中心排屑的一种钻头。(　　)

118. 刮削具有切削量大、切削力大、产生热量大、装夹变形大等特点。(　　)

119. 刮削余量应是刮削面大时余量小,刮削产生加工误差小时余量小,工件结构刚性差时余量也小。(　　)

120. 研磨时孔成椭圆形或圆柱孔有锥度的原因是:①研磨时没有更换方向;②研磨时没有调头。(　　)

121. 刮削中小型工件时,标准平板固定不动,工件被刮面在平板上推研。(　　)

122. 研磨的基本原理包括物理和化学综合作用。(　　)

123. 刮削大型机床 V 形导轨面时,应将全部地脚螺钉紧固后再对床身进行粗刮、半精刮、精刮,这样就不会再发生变形。(　　)

124. 对于转速越高的旋转体,规定的平衡精度应越高,即偏心速度越大。(　　)

125. 滚动轴承实现轴向预紧都是依靠轴承向内、外圈作适当的相对轴向移动。(　　)

126. 拧入双头螺栓前,必须在螺纹部分加油润滑,以免拧入时产生螺纹拉毛现象,同时可为今后拆卸更换提供方便。(　　)

127. 装配紧键时,要使键的下上工作面与轴槽和轮毂槽的底部留有间隙,而在两侧面应贴紧。(　　)

128. 用过盈配合作轴向固定时,压入法装配比温度差法装配的连接强度高。(　　)

129. 螺旋机构的丝杆和螺母必须同轴,丝杆轴线必须和基准面平行。(　　)

130. 对于整台机器而言,其工艺规程有两种,一是零件加工工艺规程,二是装配工艺规程。(　　)

131. 零件的加工工艺规程是由各道工步所组成的。(　　)

132. 编制工艺规程既要合理,保证产品质量,但也要考虑其经济性。(　　)

133. 影响某一装配精度的相互关联的尺寸,称为装配尺寸链。(　　)

134. 自由珩磨法是在变制动力矩的摩擦阻力下进行的。(　　)

135. 油泵进油管路如果密封不好(有一个小孔),油泵可能吸不上油。(　　)

136. 半圆键可以在轴槽中沿槽底圆弧摆动,多用于锥形轴与轮毂的连接和轻载的轴连接。(　　)

137. 圆锥齿轮装配时都是以背锥面是否平齐来保证正确的安装位置。(　　)

138. 采用废气蜗轮增压可以提高进入气缸中的空气密度。(　　)

139. 接触式密封装置,因接触处的滑动摩擦造成动力的损失和磨损,故用于重载。(　　)

140. 弯曲有焊缝的管子,焊缝必须放在其弯曲内层的位置。(　　)

141. 圆柱齿轮的装配,一般是先把齿轮装在轴上,再把齿轮部件装入箱体。(　　)

142. 因錾子的硬度高于工件材料的硬度,所以不论錾削何种材料,都应把錾子楔角磨得小一些,以提高錾削速度。( )

143. 起锯有远起锯和近起锯两种,但不管哪种起锯方式,起锯角度都应小于15°。( )

144. 锉削工件应在锉刀前推时施加压力,并保持水平。返回时,不宜紧压工件,以免磨钝锉齿和损伤已加工表面。( )

145. 用手锯锯削薄板及薄壁管子,应选粗齿锯条,以得到较高的工作效率。( )

146. 用水平仪测量平面度误差时,采用对角线法。测量时其各个方面都必须采用长度相同的支承垫块。( )

147. 经纬仪在机械装配和修理中,主要用来测量精密机床的水平转台和万能转台的分度误差。( )

148. 电感式电子水平仪与一般框式水平仪的工作原理相同。( )

149. 测微准直望远镜的光轴与外镜管几何轴线的直线度误差不大于0.005 mm。( )

150. 常用的光学平直仪的最大测量工作距离为5~6 m。( )

151. 用自准直仪分段测量某一物体直线度,移动反射镜底座时,被测物体后一测量段的前支承要与前一测量段的后支承重合,以保证步步相连,否则可能导致很大误差。( )

152. 研磨、珩磨及超精加工等方法,属于光整加工工序,能得到很高的相互位置精度及很细的表面粗糙度。( )

153. 多段拼接的床身由于结构和安装的原因,常会产生渗油、漏油的弊病。( )

154. 高速机械的主要特性是在高速旋转状态下容易引起振动。( )

155. 平衡架必须置于水平位置,具有光滑和坚硬的工作表面,以减少摩擦力,防止工件磨损。( )

156. 剖分式滑动轴承装配时,遇到主轴外伸长度较大的情况,应把前轴承下轴瓦在主轴外伸端刮得低一些,以防止主轴"咬死"。( )

157. 数控机床是采用数字控制装置或电子计算机进行控制的。( )

158. 数控装置的运算器是接受了控制器的指令信号进行数字运算的。( )

159. 当数控机床功能调试完后,为了全面检查机床功能及工作可靠性,要求整机在无载条件下,经过一段较短时间的自动运行。( )

160. 轴承合金具有很好的减摩性和耐磨性,故能单独制成各种轴瓦。( )

161. 数控机床的随机性故障是指偶然出现的故障。( )

162. 数控装置给步进电动机发送一个脉冲,使步进电动机转过一个步距的角度,通过传动机构使工作台移动一个相应的距离,即脉冲当量。( )

163. CAM是将计算机辅助制造和计算机辅助设计结合在一起,成为设计制造一体化可以使工艺管理向综合化发展。( )

164. 当一组工艺相似程度很高的零件生产量较大时,可以在一条只需少量调整的成组生产流水线上加工。( )

165. 在成组生产技术中,相似的零件使用同一个代码。( )

166. 钻削加工的特点之一,是产生热量少,易传导、散热,切削温度较低。( )

167. 用右调节铰刀,加工孔径的范围为0.75~10 mm,直径的调节范围为6.25~44 mm。

( )

168. 压力阀用于改变液压传动系统执行元件的运动方向。( )

169. 液压传动系统工作介质的作用是进行能量转换和信号的传递。( )

170. 液压系统的电磁阀工作状态表可用于分析介质的流向。( )

171. 减压阀的作用是调定主回路的压力。( )

172. 在液压系统中提高液压缸回油腔压力时应设置背压阀。( )

173. 液压缸的差动连接是减速回路的典型形式。( )

174. 实现液压缸起动、停止和换向控制功能的回路是方向控制回路。( )

175. 溢流阀安装前应将调压弹簧全部放松,待调试时再逐步旋紧进行调压。( )

176. 安装液压缸的密封圈预压缩量要尽可能大,以保证无阻滞、泄漏现象。( )

177. 液压马达是液压系统动力机构的主要元件。( )

178. 液压系统的蓄能器与泵之间应设置单向阀,以防止压力油向泵倒流。( )

179. 压力表与压力管道连接时应通过阻尼小孔,以防止被测压力突变而将压力表损坏。( )

180. 卡套式管接头适用于高压系统。( )

181. 液压系统压力阀调整,应按其位置,从泵源附近的压力阀开始依次进行。( )

182. 调节工作速度的流量阀,应先使液压缸速度达到最大,然后逐步关小流量阀,观察系统能否达到最低稳定速度,随后按工作要求速度进行调节。( )

183. 热胀法是将包容件加热,使过盈量消失,并有一定间隙的过盈连接装配方法。( )

184. 冷缩法是将包容件冷缩,使过盈量消失,并有一定间隙的过盈连接装配方法。( )

185. 液压套合法适用于过盈量较大的大中型连接件装配。( )

186. 在划盘形滚子凸轮的工作轮廓线时,是以理论轮廓线为中心作滚子圆的。( )

187. 在普通钻床上采用找正对刀法钻铰孔时,被加工孔的正确位置,只能单纯依靠操作者的技术水平来保证。( )

188. 渐开线应用最多的地方是齿轮的齿廓曲线。( )

189. 旋转零件在高速旋转时,将产生很大的离心力,因此需要事先做平衡调整。( )

190. 调整平衡时,加重就是在已知校正面上折算的不平衡量的大小及方向后,有意在其负方向上给旋转体附加上一部分质量 m。( )

191. 国际标准化组织推荐的平衡精度等级用符号 G 作为标号。( )

192. 温差装配法的基本原理是使过盈配合件之间的过盈量不变。( )

193. 液压套合法操作时达到压入行程后,应先缓慢消除径向的油压。( )

194. 热胀装配法采用喷灯加热属于火焰加热方法。( )

195. 当电源电压为 380 V,负载的额定电压为 220 V 时,应作三角形联结。( )

196. 当设备需要恒速、大功率长期连续工作时,应使用异步电机作动力设备。( )

五、简 答 题

1. 对齿轮传动装置的基本要求是什么?
2. 液压传动系统的功率与系统的压力和流量有何关系?
3. 简述钨钴类和钨钛类硬质合金的使用性能。
4. 什么叫不完全定位?
5. 弹性定心夹紧机构适用哪种场合?
6. 什么是正火? 正火的目的是什么?
7. 如何选择结构钢的正火与退火?
8. 研磨常见的缺陷有哪些? 分别说明其产生的原因。
9. 简述螺纹规定画法。
10. 采用夹具装夹工件有何优点?
11. 铰孔粗糙度达不到要求常见的原因有哪些?
12. 编制工艺规程时应注意哪些问题?
13. 怎样刮削三片轴瓦?
14. 如何配制研磨剂?
15. 什么是形状公差? 形状公差可分为哪些项目?
16. 简述导轨刮削的一般原则。
17. 钻精孔时,钻头切削部分的几何角度需作怎样的改进?
18. 钻削小孔时要注意哪些问题?
19. 使用游标卡尺前,应如何检查它的准确性?
20. 编制自由锻造工艺的步骤是什么?
21. 弯曲直径在 10 mm 以上的管子时,怎样防止管子弯瘪?
22. 标准群钻的优点是什么?
23. 在铰孔时,铰刀为什么不能反转? 机铰时进给速度为什么不能太快和太慢?
24. 铰削余量为什么不宜太小或太大?
25. 简述研磨的切削原理。
26. 什么是表面涂层硬质合金? 目前应用的有哪几种?
27. 什么是装配工作中的调整法? 它有什么特点?
28. 简述液压泵正常工作必备的条件。
29. 手工编程与自动编程有何不同?
30. 检查刮削精度常用哪些方法?
31. 摇臂钻床的几何精度检验主要有哪些项目? 一般要求的允差范围如何?
32. 如何用正弦规测量圆锥角?
33. 为什么合像水平仪要比框式水平仪测量的范围大且精度高?
34. 运用光线基准法对大型工件平面度测量常用什么测量仪器? 它有何特点?
35. 试述测微准直望远镜建立测量基准线的方法。
36. 什么是泄漏? 泄漏对液压系统的影响是什么?

37. 装配多瓦式动压轴承(可倾瓦轴承)有哪些要求?

38. 油漆涂装对金属表面粗糙度有什么要求?

39. 简述机车燃油箱油漆工艺。

40. 如何测量噪声?

41. 用合像水平仪或自准直仪测量直线度误差时,选择垫块两支承面中心距为什么不能太长或太短?

42. 喷油器的作用是什么?良好的喷油器应具备哪些性能要求?

43. 调速阀的作用是什么?它的职能符号及型号如何表示?

44. 单式空气压缩机试验中,压风缓慢的故障原因是什么?应如何排除?

45. 简述数控回转工作台的回转过程。

46. 简述砂轮架主轴轴承在试车中的调整过程。

47. 简述成组技术的特点。

48. 生产过程中质量管理的主要任务和内容是什么?

49. PDCA 循环具体又可分为几步?

50. 影响主轴旋转精度的因素有哪些?提高主轴旋转精度的措施有哪些?

51. 机床导轨的精度受哪些因素的影响?可采取什么措施减少影响?

52. 什么叫加工精度?

53. 怎样正确使用千分尺?

54. 简述杠杆式百分表使用时的注意事项。

55. 经纬仪在机床精度检验中的作用是什么?

56. 如何减小机外振源对机床的影响?

57. 技术管理的作用是什么?

58. 影响滚动轴承精度主要有哪几个方面?

59. 简述减小加工误差、提高加工精度的一般途径。

60. 什么是经济加工精度?

61. 简述环形圆导轨刮削后圆度质量的检查法。

62. 工件研点显示不稳定的原因有哪些?

63. 什么叫平衡精度?

64. 简述研磨过程中的物理和化学作用。

65. 旋转件为什么会产生不平衡,它对机械工作有何影响?

66. 离心力的大小与哪些因素有关?怎样计算不平衡力?

67. 什么是旋转体的平衡原理?

68. JZ-7 型空气制动机作用阀作供气阀与空气阀杆在保压位密封性泄漏实验,对实验台如何操纵与调整?若产生 20 s 内破泡的泄漏故障其原因是什么?

69. 增压器在实验台实验时,润滑油回油温度过高(超过 90 ℃)其故障原因是什么?如何解决?

70. JZ-7 型制动机自制动阀手柄在制动区,产生调整阀盖下方漏风的故障原因是什么?其故障如何排除?

六、综 合 题

1. 图 8(a)为零件图,工件按图 8(b)、图 8(c)次序加工。工序Ⅰ工件以中孔及大平面定位,铣一侧边,工序Ⅱ工件以侧边及中孔定位,钻 $\phi4\sim20$ 孔,中孔用削边销定位。设用孔定位时不存在基准误差,即 $\Delta_{位移}=0$,判断工序Ⅰ、Ⅱ是否基准相符,不符时 Δ 为多少?若不考虑其他误差,判断此工件能否达到加工要求。

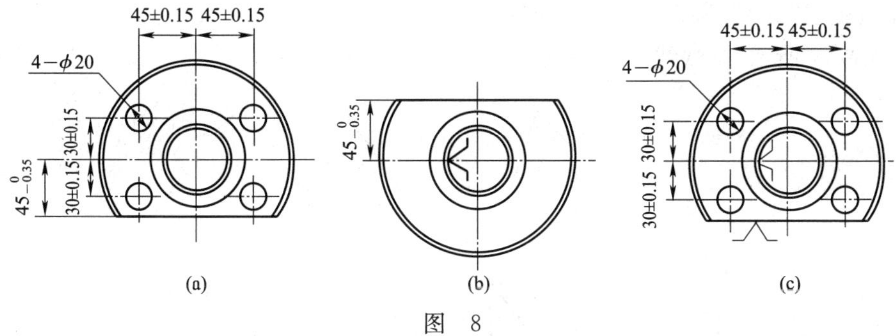

图 8

2. 用精密划线法加工如图 9 所示的钻模板,计算 C 孔的水平坐标尺寸。

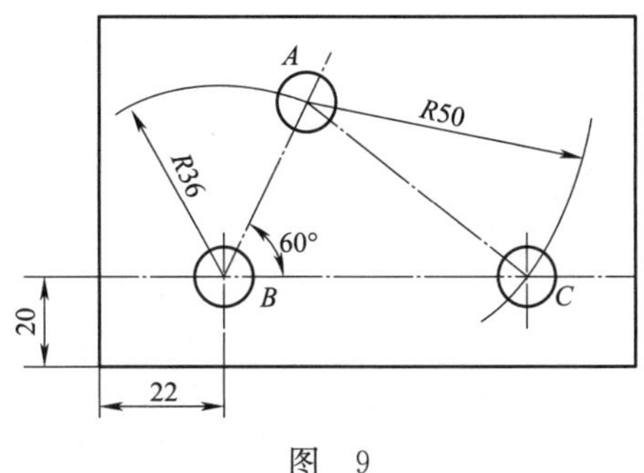

图 9

3. 已知一圆盘凸轮的基圆直径为 $\phi80$ mm,滚子直径为 $\phi10$ mm,其动作角度为 0°～90°。匀速上升 16 mm,90°～180°停止不动;180°～270°又匀速上升 4 mm,270°时突然下降 8 mm;270°～360°匀速下降 12 mm。试画圆盘凸轮轮廓曲线。

4. 如图 10 所示的复式带传动中,已知 $n_1=1450$ r/min,$D_1=200$ mm,$D_2=300$ mm,$D_3=250$ mm,$D_4=400$ mm,$D_5=280$ mm,$D_6=420$ mm。试计算主轴转速。

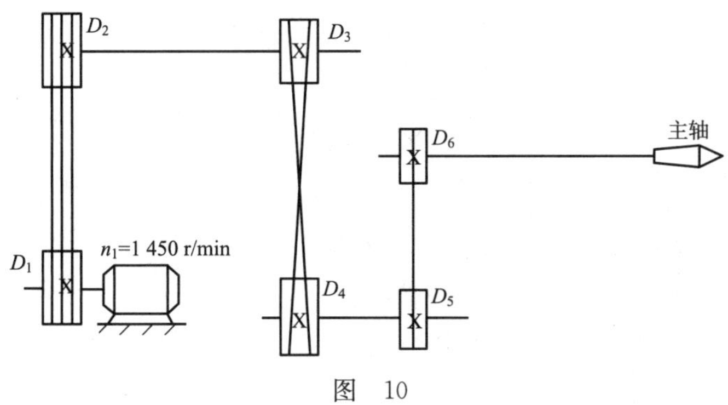

图 10

5. 加工 $\phi40$ mm 的孔，需进行钻、扩、铰，先钻初孔为 $\phi20$ mm，扩孔为 $\phi39.6$ mm，再进行铰孔。若选用的钻削速度 $v=20$ m/min，进给量 $f=0.8$ mm/r 时，求钻、扩、铰的切削深度和扩孔的切削速度与进给量。

6. 分别作出左、右旋向螺旋线形成原理示意图。

7. 作出錾削时形成的角度示意图，并用文字或符号表示角度的名称。

8. 作出麻花钻前角修磨示意图。

9. 作出铰刀刀齿数为 8 不均匀分布和刀齿切削角度示意图。

10. 如图 11 所示，补缺线。

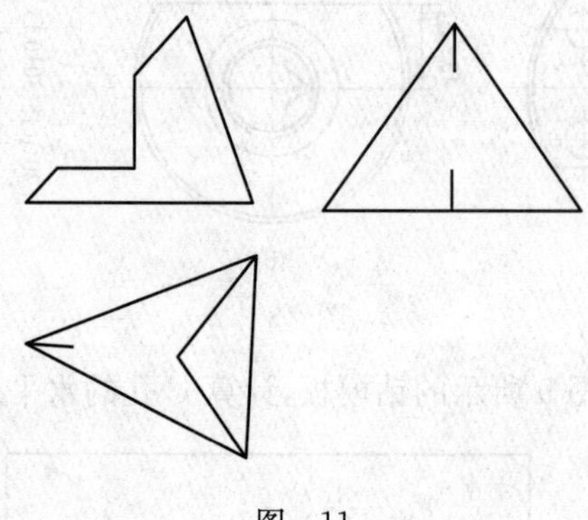

图 11

11. 如图 12 所示，画 A 局部视图。

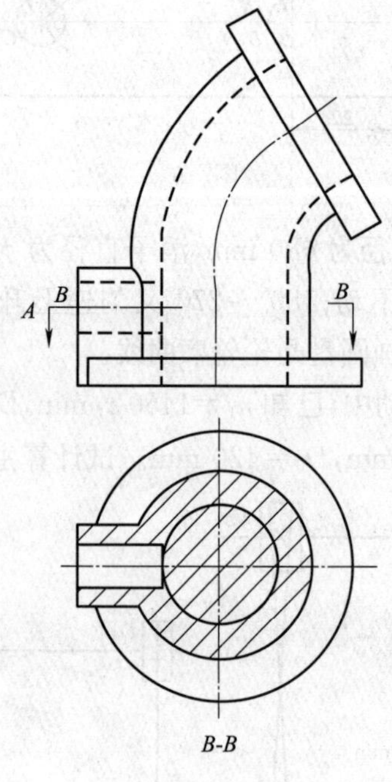

图 12

12. 读偏心轴零件图(图 13)并回答问题。

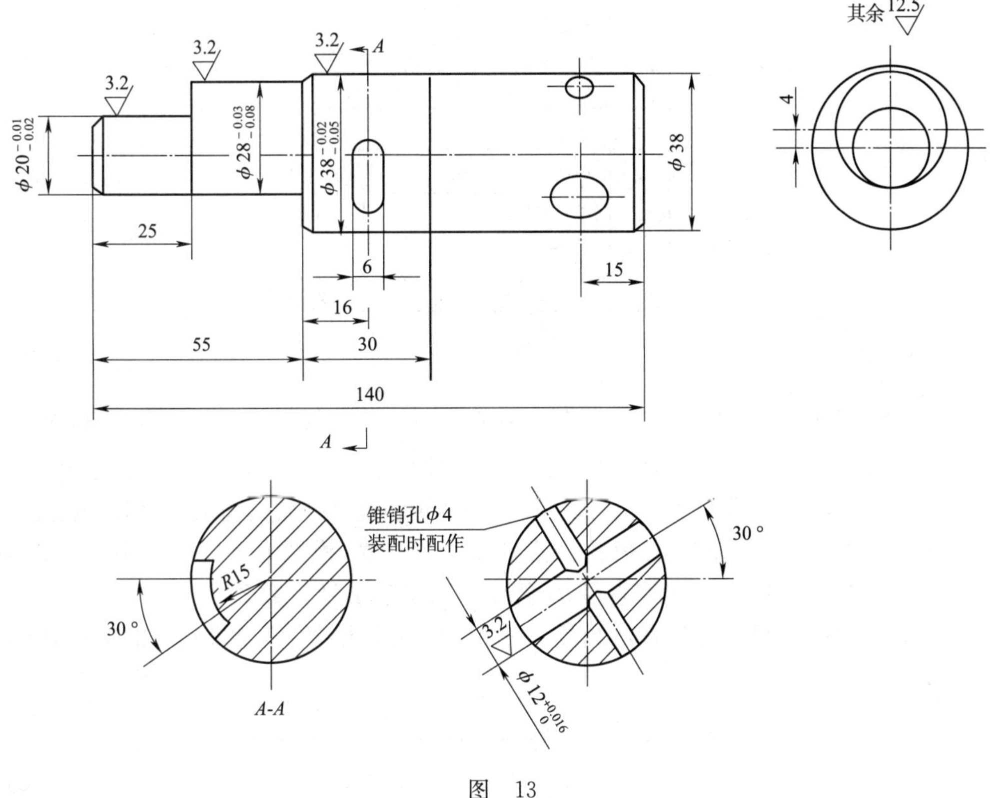

图 13

(1)偏心轴零件图中四个图形的名称分别是(　　)、(　　)、(　　)和(　　)。

(2)偏心轴零件图采用的比例是(　　),说明实物是图形的(　　)倍。

(3)组成偏心轴的基本形体是(　　)个(　　)体,它们的定形尺寸分别是(　　)。

(4)图中 $\phi20^{-0.01}_{-0.02}$外圆最大可以加工到(　　),最小可以加工成(　　)。该表面的粗糙度要求是(　　)。

(5)图中 $\phi12^{+0.016}_{0}$孔的定位尺寸是(　　)。

(6)$\phi28^{-0.03}_{-0.04}$圆柱体与主体主轴线的偏心距是(　　)。该圆柱体的公差是(　　),基本偏差为(　　)。

(7)偏心轴中 $\phi38$ 外圆的表面粗糙度要求为(　　),而注有 $\phi38^{-0.02}_{-0.05}$、长度为 30 处的外圆表面粗糙度要求为(　　)。

13. 在厚度为 50 mm 的 45 钢板工件上,钻 $\phi20$ mm 通孔,每件 6 孔,共 25 件,选用切削速度 v=15.7 m/min,进给量 f=0.6 mm/r,钻头顶角 2ϕ=120°,求钻完这批工件的钻削时间。

14. 在钢件上加工 M20 的不通螺纹孔螺纹有效深度为 60 mm,求底孔直径和深度。

15. 有一旋转件的重力为 5000 N,工件转速为 5000 r/min,平衡精度定为 G1,求平衡后允许的偏心距应是多少?允许不平衡力矩又是多少?

16. 如图 14 所示齿轮轴装配简图,其中 B_1=80,B_2=60 mm,装配后要求轴向间隙,B_4为 0.1～0.3 mm,求 B_3尺寸应为多少。

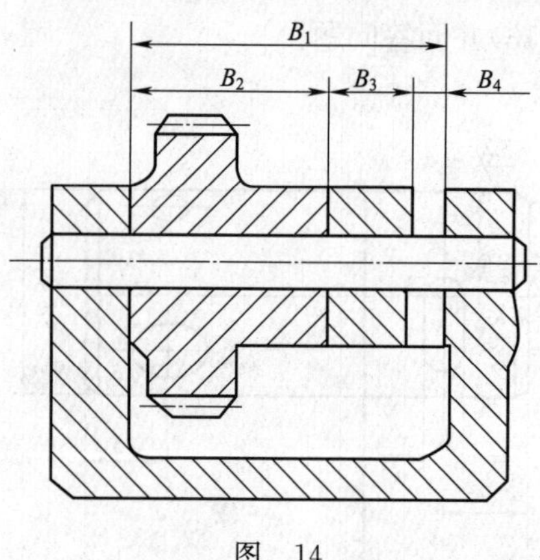

图 14

17. 盘状工件的孔为 $\phi105^{+0.15}_{0}$ mm，以此孔在垂直安装的短定位轴上定位，定位轴直径为 $\phi105^{-0.05}_{-0.10}$，计算工件定时的基准位移误差 Δy。若短定位轴水平安装，基准位移误差又为多少？

18. 用分度头将一周等分 109 份，试计算主动挂轮和被动挂轮的齿数。（用差度分度法）

19. 有一互相啮合的标准圆柱齿轮。已知齿数 $Z_1=20$，模数 $m=3$，中心距 $a=120$ mm，求齿轮 Z_1 的齿顶圆直径 d_e，分度圆直径 d，全齿高 h，周节 p 及齿数 Z_2。

20. 如图 15 所示，已知燕尾槽的角度 $\alpha=54°58'$，用直径 $d=9.982$ mm 的钢球量得 $L=42.79$ mm，试求 B 的值。

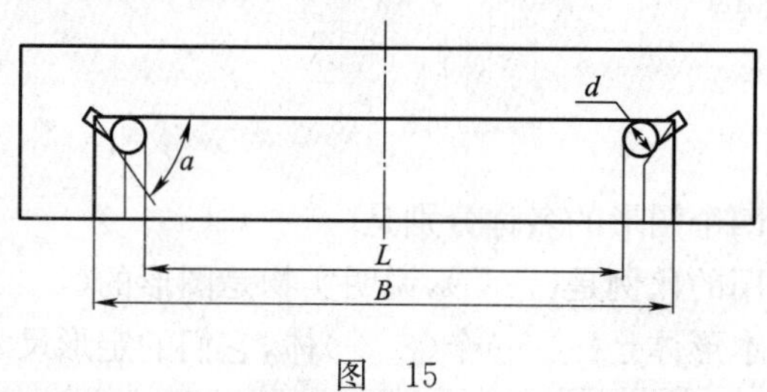

图 15

21. 有一个叶轮，重量为 15.85 kg，偏心距为 0.72 mm，转速为 2060 r/min，试计算产生的离心力。

22. 工件毛坯直径为 $\phi54$ mm，选用转速为 500 r/min，进给量为 0.5 mm/r，三次车成直径为 $\phi50$ mm，长度为 500 mm 的轴。第一次背吃刀量是 1 mm，第二次背吃刀量是 0.6 mm，求第三次背吃刀量和车完该轴需要的时间。

23. 现加工 $\phi40$ mm 的孔，需进行钻、扩、铰，先钻初孔为 $\phi20$ mm，扩孔为 $\phi39.6$ mm，再进行铰孔。若选用的钻削速度 $V=20$ m/min，进给量 $f=0.8$ mm/r 时，求钻、扩、铰的背吃刀量和扩孔的切削速度与进给量。

24. 有一蜗杆传动机构，已知其蜗轮齿数为 39，蜗杆头数为 2，求其传动比。

25. 要求设计一个蜗杆传动机构，规定其传动比为 26，蜗杆头数为 3，求蜗轮齿数。

26. 简述錾削时的安全注意事项。

27. 试述轴类零件热矫正的方法。

28. 求尺寸 $25^{+0.013}_{-0.008}$ mm 的公差和极限尺寸。

29. 使用砂轮时要注意哪些事项?

30. 简述划线的步骤。

31. 某液压泵输出的压力为 10 MPa,流量为 98 L/min,求该液压泵的输出功率。

32. 简述在斜面上钻孔的方法。

33. 有一圆锥体,其小端直径为 10 mm,大端直径为 30 mm,锥体高度为 40 mm,求该锥体的锥度。

34. 简述触电急救的办法。

35. 两齿轮啮合传动,主动轮为 20 齿,从动轮为 35 齿,求它们的传动比。这对齿轮传动是增速传动还是减速传动?

装配钳工(高级工)答案

一、填 空 题

1. 钳口中心　2. 生产过程　3. 日常检查　4. 不安全
5. 转序方便　6. 组织环境　7. 波浪线、双折线　8. 斜度 1∶10
9. 结合的孔和轴　10. 点　11. 性能　12. 普通平键
13. 零件序号、明细栏和标题栏　14. 互相调换　15. 大小
16. 表面　17. 摩擦力　18. 预紧力　19. 齿轮
20. 液体　21. 铸造锡青铜　22. 淬透性　23. YG
24. 塑性　25. 正弦　26. 两个　27. 工件
28. 被加工孔　29. 退火　30. 退火　31. 速度冷却
32. 大修　33. 较大的动力　34. 磁力开关　35. 执行
36. 槽宽　37. 外径千分尺　38. 精度　39. 光学
40. 切削条件　41. 旋合长度　42. 铁屑　43. 涂色或点阵
44. 起始点　45. 较小的进给量,较大的切削速度　46. 模数 m
47. H　48. 去除材料　49. 同轴　50. 高
51. 88　52. 单向阀　53. 节流阀　54. 细牙普通螺纹
55. 模数 $M=V$(铸件体积,cm^3)/A(铸件表面积,cm^3)　56. 活动
57. $Q=gV_n(\rho-\rho_n)$　58. 接触或配合　59. 加工要求　60. 底孔
61. 热　62. 夹紧装置　63. 液体　64. 半成品
65. 强度　66. 固定　67. 定位尺寸　68. 横刃斜角
69. 延长　70. 超精密磨削　71. 传动链　72. 生产过程
73. 机械加工工艺过程　74. IT7～IT8　75. 工艺规程
76. 光整加工　77. 重量　78. 镜面磨削　79. 量具
80. 已加工面　81. 加工条件　82. 圆杆　83. 两
84. 硫化油和煤油　85. 挺刮法　86. 高　87. 软钢
88. 研磨液　89. 导向性　90. 装夹、校正　91. V 形铁
92. 集中装配　93. 同样材料　94. 相反　95. 方向和大小
96. 三　97. 立体　98. 直线　99. 工件
100. 划线　101. 辅助支承　102. 原始平板　103. 不平衡
104. 正确位置　105. 引起振动　106. 平衡　107. 稳定性
108. 节流　109. 2 小时　110. 相同　111. −15 ℃
112. 蜗杆　113. 手取活　114. 冲击　115. 滚子
116. 时效　117. 粗糙度　118. 过盈值　119. 平行度

120. 准确　121. 涂色　122. 可靠的防松　123. 径向跳动误差
124. 轴向　125. 坡形口　126. 间隙　127. 加重校正
128. 起重工　129. 直径 18 mm　130. 径向挤压　131. 扁铿
132. 细　133. 掉转工件从另一端　134. 截断
135. 角度　136. 平行度　137. 103　138. 棱镜
139. 0～10′　140. 存油　141. 往复运动速度　142. 加压试验
143. 化学腐蚀　144. 电化学反应　145. 90 dB(A)　146. 轴
147. 负荷　148. 超负荷　149. 机内振源　150. 规律性故障
151. 计算机　152. 计算机　153. 速度预选
154. 数控加工的程序编制　155. 性质　156. 曲面刮刀
157. 平衡重块　158. 抽真空　159. 压力、流量　160. 工序集中
161. 调整各部分气封间隙　162. 平板上　163. 正弦规中心距
164. 虹吸　165. 低速或中速机械　166. 液体摩擦　167. 结构形式
168. 相等　169. 中午前后　170. 2　171. 垂直交叉
172. 上凹下凸　173. 金属型浇铸件　174. 使后续各道工序有精确的定位基准
175. 各组成环公差之和　176. 执行机构　177. 主回路压力
178. 平衡　179. 电磁阀　180. 储存压力能　181. 挠性联轴器
182. 水平　183. 70　184. 0.01～0.05　185. 垂直
186. 消失　187. 径向　188. －20 ℃～80 ℃　189. 火焰
190. 0.001～0.002　191. 钻—镗—研磨　192. 挤光
193. 旋转、径向进给和往复三种　194. DF 系统内排屑深孔钻
195. 特殊结构的滑动轴承　196. 理论轮廓线

二、单项选择题

1. C	2. A	3. B	4. B	5. B	6. A	7. D	8. C	9. A
10. B	11. A	12. B	13. A	14. B	15. B	16. B	17. B	18. B
19. C	20. B	21. B	22. B	23. A	24. C	25. C	26. D	27. C
28. B	29. B	30. A	31. A	32. C	33. B	34. C	35. B	36. B
37. A	38. B	39. C	40. B	41. A	42. B	43. B	44. B	45. A
46. A	47. C	48. D	49. B	50. B	51. B	52. C	53. A	54. A
55. B	56. C	57. C	58. B	59. B	60. D	61. A	62. B	63. B
64. A	65. B	66. A	67. C	68. A	69. A	70. B	71. B	72. C
73. B	74. A	75. A	76. C	77. A	78. A	79. B	80. A	81. D
82. B	83. C	84. D	85. C	86. C	87. B	88. C	89. A	90. A
91. C	92. C	93. A	94. A	95. A	96. A	97. C	98. B	99. B
100. C	101. A	102. C	103. A	104. D	105. B	106. B	107. A	108. C
109. D	110. A	111. A	112. A	113. B	114. C	115. B	116. A	117. D
118. B	119. C	120. B	121. B	122. A	123. C	124. B	125. B	126. D
127. D	128. A	129. A	130. C	131. A	132. B	133. B	134. C	135. A

136. B	137. B	138. D	139. A	140. C	141. B	142. B	143. B	144. B
145. A	146. C	147. C	148. B	149. C	150. B	151. B	152. D	153. B
154. C	155. C	156. B	157. B	158. D	159. B	160. A	161. A	162. D
163. A	164. B	165. A	166. A	167. A	168. B	169. A	170. C	171. C
172. B	173. C	174. B	175. C	176. C	177. B	178. B	179. B	180. C
181. A	182. D	183. C	184. B	185. B	186. B	187. B	188. B	189. C

三、多项选择题

1. ABDEFG	2. ABD	3. ABCE	4. ABC	5. ABD
6. ABCD	7. CD	8. AB、BC、AC	9. AC	10. AC
11. BC	12. AC	13. ABDE	14. ABC	15. ABCDEG
16. ABDE	17. B、C	18. ABD	19. ABD	20. AD
21. BCD	22. BC	23. BCD	24. ABC	25. ABD
26. ACD	27. ABD	28. ABC	29. ACD	30. ABC
31. ABC	32. ABD	33. ACD	34. BCD	35. ACD
36. AD	37. BCD	38. ABD	39. ABCDE	40. ABC
41. ABCD	42. ACE	43. ACD	44. ABDE	45. AC
46. AB	47. ABC	48. BC	49. ABC	50. ABCEF
51. ABCDE	52. ABCE	53. AB	54. ABDE	55. BC
56. ABC	57. ABC	58. ABCD	59. ABCD	60. ABD
61. ACD	62. AD	63. BC	64. ABCDE	65. ABCDE
66. AB	67. AC	68. ADE	69. BCD	70. A、C
71. A、C、B	72. C、B	73. B、C	74. ABC	75. ABCDE
76. A、D	77. AB	78. ABCD	79. ABCE	80. BCDE
81. ABD	82. ABC	83. BCE	84. AC	85. BCD
86. ABCDE	87. ABE	88. BCE	89. ACDE	90. ABD
91. ABD	92. AB	93. ABC	94. ABCD	95. ABC
96. ABCDE	97. BCD	98. ACD	99. AB	100. AB
101. AB、D	102. ABCE	103. ABDE	104. BCDEF	105. BE
106. BC	107. CDE	108. AC	109. ABCE	110. ABC
111. ABCD	112. ABCD	113. A、C	114. BCD	115. ABCD
116. BD	117. ACD	118. ABC	119. BCD	120. ACDE
121. AC	122. BD	123. BCD	124. ABCD	125. ACD
126. ABCD	127. ABC	128. AE	129. ABCD	130. ABC
131. ABC	132. AB	133. CD	134. AC	135. BCDE
136. A、CE	137. ACD	138. ABCD	139. A、C	140. A、C
141. ABD	142. CD	143. A、C	144. ACBD	145. A、B、C、D
146. ABCD	147. ACE	148. BC	149. ABD	150. BCD
151. AD	152. ABCD	153. AE	154. BCD	155. BC

156. ABCDE　157. BCD　158. ACD　159. ABC　160. ABCD
161. AB　162. AB　163. BE　164. ABCDE　165. ABC
166. BCD　167. AD　168. AC　169. AD　170. AB
171. BCD　172. ABD　173. BCD　174. BCD　175. BDE
176. ABC　177. BCE　178. ABD　179. ABCD　180. ABCD
181. CDE　182. ACD　183. ABD　184. ABC　185. BC
186. ABCD

四、判 断 题

1. √　2. √　3. √　4. ×　5. √　6. ×　7. √　8. ×　9. √
10. ×　11. ×　12. ×　13. ×　14. ×　15. ×　16. ×　17. √　18. ×
19. √　20. ×　21. √　22. √　23. √　24. √　25. √　26. ×　27. √
28. √　29. ×　30. √　31. √　32. √　33. √　34. √　35. ×　36. √
37. √　38. ×　39. √　40. ×　41. ×　42. √　43. ×　44. √　45. √
46. √　47. √　48. √　49. ×　50. √　51. √　52. ×　53. ×　54. ×
55. ×　56. ×　57. √　58. √　59. √　60. ×　61. ×　62. √　63. ×
64. ×　65. ×　66. √　67. ×　68. √　69. ×　70. √　71. √　72. ×
73. ×　74. ×　75. √　76. √　77. ×　78. ×　79. √　80. ×　81. √
82. ×　83. √　84. √　85. √　86. √　87. ×　88. ×　89. √　90. √
91. √　92. ×　93. ×　94. √　95. √　96. √　97. ×　98. √　99. ×
100. ×　101. ×　102. ×　103. √　104. ×　105. ×　106. √　107. √　108. √
109. √　110. √　111. √　112. √　113. √　114. √　115. ×　116. ×　117. ×
118. ×　119. ×　120. √　121. √　122. √　123. ×　124. ×　125. √　126. √
127. ×　128. ×　129. √　130. √　131. ×　132. √　133. √　134. ×　135. √
136. √　137. ×　138. √　139. ×　140. ×　141. √　142. ×　143. √　144. √
145. ×　146. ×　147. √　148. ×　149. ×　150. √　151. √　152. ×　153. √
154. √　155. ×　156. √　157. √　158. ×　159. ×　160. ×　161. √　162. √
163. ×　164. √　165. ×　166. ×　167. ×　168. ×　169. ×　170. √　171. ×
172. √　173. ×　174. √　175. √　176. ×　177. ×　178. √　179. √　180. √
181. √　182. √　183. √　184. ×　185. √　186. √　187. ×　188. √　189. √
190. √　191. √　192. ×　193. √　194. √　195. ×　196. √

五、简 答 题

1. 答：齿轮传动平稳，传动比精确，工作可靠、效率高、寿命长，使用的功率、速度和尺寸范围大，结构紧凑等。(答对 3 项 2 分，共 5 分)

2. 答：液压传动系统中的功率等于压力流量的乘积(5 分)。

3. 答：钨钴类硬质合金它是由 WC 和 Co 组成的，其韧性、磨削性能和导热性好。适用于加工脆性材料如铸铁、有色金属和非金属(2 分)。钨钛钴类硬质合金是由 WC、TiC 和 Co 组成的。它在合金中加入了 TiC，使其耐磨性提高但抗弯强度、磨削性能和导热系数有所下降，不耐冲击，适用于高速切削一般钢材(3 分)。

4. 答：根据工件加工要求并不需要完全定位(2 分)，这种没有全部限制工件六个自由度的定位称为不完全定位(3 分)。

5. 答：这类结构的夹紧行程较小，但定心精度高，所以适用于行程小而定心精度高的精密加工(5 分)。

6. 答：将钢加热到 Ac3 或 Accm 以上 30～50 ℃，保温一定时间后，从炉中取出，在空气中冷却的热处理工艺方法叫正火(2 分)。

正火的目的是：(1)改善亚共析钢的组织结构和切削加工性能，细化晶粒，减小淬火时变形和开裂的可能；(2)消除过共析钢的网状渗碳体(3 分)。

7. 答：正火是将钢加热到工艺规定的某一温度，使钢的组织完全转变为奥氏体，经保温一段时间后，在空气中或在强制流动的空气中冷却到室温的工艺方法(1 分)。

正火的目的是改善钢的切削加工性能；消除碳的质量分数大于 0.77%的碳钢或合金工具钢中存在的网状渗碳体；对强度要求不高的零件，可以作为最终热处理(2 分)。

选择正火或退火一般根据钢的含碳量来确定，若碳的质量分数大于 0.45%，一般用退火；而碳的质量分数小于 0.45%，则用正火替代退火。这样容易获得较理想的切削加工性能(2 分)。

8. 答：(1)表面粗糙值高，原因：磨料太粗，研磨液选择不当，研磨剂涂抹太薄并且不均匀。

(2)表面拉毛，原因：忽视研磨时的清洁工作，研磨剂中混入杂质。

(3)平面成凸形或孔口扩大，原因：研磨剂涂抹太厚，孔口或工件边缘被挤出的研磨剂未及时去除仍继续研磨，研磨棒伸出孔口太长。

(4)孔成椭圆形或圆柱孔有锥度，原因：研磨时没有更换方向，研磨时没有调头。

(5)薄形工件拱曲变形，原因：工件发热温度超过 50 ℃时仍继续研磨，夹持过紧引起变形。(每项 1 分，共 5 分)

9. 答：螺纹外径画粗实线；内径画细实线，螺纹终止线画粗实线。在垂直于螺纹轴线方向视图中，牙底圆处应画一个约 3/4 的细实线圆，内螺纹未剖时全部画虚线。(每项 1 分，共 5 分)

10. 答：由于夹具的定位元件与刀具及机床运动的相对位置可以事先调整，因此加工一批零件时采用夹具装夹工件，既不必逐个找正，又快速方便，且有很高的重复精度，能保证工件的加工要求(5 分)。

11. 答：铰孔粗糙度达不到要求常见的原因有：(1)所留铰孔余量过大或过小；(2)铰刃不锋利或过于粗糙；(3)刃口上有缺口；(4)铰削速度过高；(5)刃口上粘有切屑瘤或铰屑太多排不出来；(6)没有使用润滑液或使用润滑液不当；(7)退出铰刀时反转。(每 2 项 1 分，共 5 分)

12. 答：编制工艺规程时应注意以下几个问题：(每项 2 分，共 5 分)

(1)技术上的先进性；

(2)经济上的合理性；

(3)良好的工作条件。

13. 答：刮削三片轴瓦的方法和步骤如下：(每项 1 分，共 5 分)

①使用专用工具装卡轴瓦，或在钳口处衬垫胶皮，以防轴瓦变形或在刮削时移动；

②为使显点清晰，应在标准棒上涂蓝油；

③选用磨成负前角的半圆头刮刀刮削；

④终显点以每 25 mm^2 内 18～20 点为宜；

⑤在轴瓦进油端刮出深度为 0.5～1 mm，宽度为 3～4 mm，距两端面为 5～6 mm 的封闭进油槽，使主轴启动后能把润滑油引入轴瓦内，形成油膜。

14. 答：在磨料和研磨液中再加入适量的石蜡、蜂蜡等填料和钻性较大而氧化作用较强的油酸、脂肪酸、硬脂酸等，即可配成研磨剂或研磨膏。(每项 1 分，共 5 分)

15. 答：单一被测要素所允许的变动全量，称为形状公差(2 分)。形状公差分为直线度、平面度、圆度、圆柱度、线轮廓度和面轮廓度六个项目(3 分)。

16. 答：(1)首先要选择基准导轨。通常是选择比较长的、限制自由度比较多的、比较难刮的支承导轨作为基准导轨。(2)刮削一组导轨。先刮基准导轨，后刮与其相配的另一导轨。(3)选择好组合导轨上各个表面的刮削次序。应先刮大表面，后刮削表面。(4)应以工件上其他已加工面或孔为基准来刮削导轨表面。(5)刮削导轨时，一般应将工件放在调整垫铁上，以便调整导轨的水平(或垂直)位置。(每项 1 分，共 5 分)

17. 答：钻精孔时，钻头切削部分的几何角度需作如下的改进：(每项 1 分，共 5 分)

(1)磨出≤75°的等二顶角，新切削刃长度为 3～4 mm，刀尖角处磨出 R0.2～0.5 mm 的小圆角。

(2)磨出 6°～8°副后角，角棱边宽 0.10～0.2 mm，修磨长度为 4～5 mm。

(3)磨出－10°～－15°的负刃倾角。

(4)主切削刃附近的前面和后面用油石磨光。

(5)后角不宜过大，一般取 $\alpha=6°\sim10°$。

18. 答：(1)要保证钻头本体与接长部分的同轴度要求，以免影响孔的加工精度。

(2)钻头每送进一段不长的距离，即应从孔内退出，进行排屑和输送切削液。(每项 2 分，共 5 分)

19. 答：在使用前，应擦净量爪，检查量爪测量面和测量刃口是否平直无损；把两面三刀量爪闭合，应无漏光现象。同时主、副尺的零线要相互对齐，副尺应活动自如。(每项 1 分，共 5 分)

20. 答：编制自由锻造工艺规程的步骤：(每 2 项 1 分，共 5 分)

①根据零件图绘制锻件图；②计算锻件重量，确定坯料规格与重量；③拟定工序方案和选择设备及工具；④确定锻造火次、加热、冷却规范；⑤确定热处理规范；⑥确定工时定额；⑦填写工艺卡片。

21. 答：为了防止管子在弯曲时变瘪，弯曲前应在管子内灌满干砂，然后管口堵上木塞。为使在热弯时管内水蒸气顺利排出，防止管子炸裂，需在木塞端钻一小孔排气，才能进行弯曲。(每项 1 分，共 5 分)

22. 答：(1)排屑顺利；(2)减小了切削阻力，提高了切削效率，(3)降低了钻尖高度，提高了钻尖强度，提高了切削速度；(4)加强了定心作用和钻头钻削时的稳定性，有利于提高孔的加工质量；(5)有利于排屑和切削液的进入，延长了钻头的使用寿命并且减少了工件变形，提高了加工质量。(每项 1 分，共 5 分)

23. 答：在铰孔时，铰刀不能反转，因为铰刀的前角接近 0°，反转会使切屑挤住铰刀，划伤孔壁，使铰刀切削刃崩裂，铰出来的孔不光滑、不圆，尺寸也不准确(2 分)。

机铰时,进给量要选得适当,不能太快或太慢。太快,铰刀容易磨损,也容易产生积屑瘤而影响加工质量。但也不能太慢,太慢反而很难切下材料,而是以很大的压力挤压材料,使材料表面硬化和产生塑性变形,从而形成凸峰。当以后的刀刃切入时就会撕去大片切屑,严重破坏了表面质量,也加速了铰刀的磨损(3 分)。

24. 答:在铰削时,铰削余量不宜太小或太大。因为铰削余量太小时,上道工序残留的变形难以纠正,原有的加工刀痕也不能去除,使铰空质量达不到要求;同时,当余量太小时,铰刀的刮啃很严重,增加了铰刀的磨损(每项 2 分)。铰削余量太大时,则将加大每一刀齿的切削负荷,破坏了铰削过程的稳定性,并且增加了切削热,使铰刀的直径胀大,孔径也随之扩张;同时,切削的形成,必然呈撕裂状态,降低了加工表面的质量(3 分)。

25. 答:研磨时,嵌在研具上面的微小磨粒形成众多的微小刀刃,在研具和工件的相对运动下产生滑动和滚动。由于有相对压力,所以将工件表面切去极微薄的一层,这是机械作用(3 分)。又由于研磨剂的化学作用,在工件表面形成一层氧化膜,它本身容易磨掉,因此加速了研磨的切削过程,这是化学作用。研磨就是通过上述机械与化学的联合作用进行切削的(2 分)。

26. 答:表面涂层硬质合金是在韧性较大的硬质合金的基体上,涂覆一层硬度和耐磨性更大、厚度只有几微米的涂复层(3 分),这样既保证了硬质合金刀片的强度,又能使刀具表面具有更高的耐磨性,从而提高了刀具的切削性能(2 分)。

27. 答:装配时,调整一个或几个零件的位置,以消除零件间的积累误差,达到装配的配合要求。如:用不同尺寸的可换垫片、衬套、可调节螺母或螺钉、镶条等调整配合间隙(2 分)。

调整法的特点是:(3 分)

①装配时,零件不需要任何修配加工,只靠调整就能达到装配精度。

②可以定期进行调整,容易恢复配合精度,对于容易磨损而需要改变配合间隙的结构极为有利。

③调整法易使配合件的刚度受到影响,有时会影响配合件的位置精度和寿命,所以要认真仔细地调整,调整后,固定要坚实牢靠。

28. 答:液压泵正常工作必备的条件是:①具有密封容积;②密封容积能交替变换;③有配流装置;④吸油过程油箱必须通大气。(每项 1 分,共 5 分)

29. 答:①手工编程,就是编程全过程全部或主要由人工进行,对于几何形状不太复杂的简单零件,所需的加工程序不多,坐标计算也较简单,穿孔带不长,出错机率小,用手工编程就显得经济而及时(2 分)。

②自动编程是用一台通用计算机配上打印机和自动穿孔机自动完成几乎全部的编制内容,编程人员只需根据零件图纸要求用一种直观易懂的编程语言手工编写一个相对简短的零件源程序,然后输给计算机。其他加工步划分,运动轨迹计算,切削用量选择,加工程序单元的编制以及穿孔带的制作等都由计算机自动地完成(3 分)。

30. 答:(1)贴合点计数法——在边长为 25 mm×25 mm 的面积中统计贴合点数,点数多精度高,点数少精度低。(2)贴合面比率法——有两种检查内容,即按长度贴合百分比和贴合面积百分比。(3)仪表检查法——如用百分表、千分表、水平仪等进行检查。(每项 2 分,共 5 分)

31. 答:一般来说,摇臂钻床的几何精度检验项目主要有下列几项:(每项 1 分,共 5 分)

(1)底座工作面的不平度。

(2)主轴锥孔中心线的径向跳动。

(3)主轴中心线对底座工作面的不垂直度。

(4)主轴套筒移动对底座工作面的不垂直度。

(5)夹紧立柱、摇臂及轴箱对主轴中心线的位移量。

(6)负荷作用下主轴对底座工作面的相对变形。

32. 答:首先把正弦规放在精密平台上,被测工件安放在正弦规的工作平面上。在正弦规的一个圆锥下垫入量块组,用百分比检查零件全长高度,调整量块组尺寸,使百分表在零件全长上读数相同。然后用正弦函数计算被测角的正弦值。(3分)

正弦公式:$\sin 2\alpha=\dfrac{H}{C}$

式中 2α——被测圆锥锥角(°);

H——量块组高度(mm);

C——正弦规两圆柱的中心距(mm)。(2分)

33. 答:合像水平仪是用来测量水平位置或垂直位置微小角度偏差的角值量仪(2分)。由于合像水平仪的水准器位置可以调整,且视见像采用了光学放大并以双像重合来提高对准度,可使水准器玻璃管的曲率半径减小,因此测量时气泡稳定时间短,精度高,测量范围广(3分)。

34. 答:采用光线基准法测量平面度常采用经纬仪等光学仪器,通过光线扫描方法建立测量基准平面(2分)。其特点是调整和数据处理方便、效率高,但受仪器精度的影响,测量精度不太高(3分)。

35. 答:建立测量基准线的基本方法,是依靠光学量仪提供一条光学视线,同时合理选择靶标,并将靶标中心与量仪光学视线中心调至重合(3分)。此时在量仪与靶标之间,会建立起一条测量基准线(2分)。

36. 答:在正常情况下,从液压元件的密封间隙漏过少量油液的现象叫作泄漏,元件内部高、低腔间的泄漏称内泄漏,系统内部的油液漏到液压系统外部的泄漏称外泄漏(3分)。

泄漏必然引起流量损失,使液压泵输出的流量不能全部输入液压缸等执行元件。因此液压元件及液压系统各部件的连接处要加强密封,防止泄漏(2分)。

37. 答:装配多瓦动压轴承时应注意以下几点:(每项2分,共5分)

(1)支承瓦块的球头螺钉必须与瓦块的球形坑相互配研,使其接触面积达70%~80%。

(2)轴瓦内孔必须加工到较高精度,表面粗糙度达$Ra0.4\ \mu m$以上。

(3)保持轴与轴承有适当的间隙。

38. 答:油漆涂装要求金属(钢铁)表面除锈后的粗糙度以40~75 μm为最佳(2分)。喷(抛)丸粒大小与粗糙度的参数如表1所示(3分)。

表 1

序号	丸粒直径(mm)	钢材表面粗糙度(μm)
1	0.5	20~30
2	0.8	30~40
3	1.0	50~60

续上表

序　　号	丸粒直径(mm)	钢材表面粗糙度(μm)
4	1.2	60～70
5	1.5	80～90
6	1.8	90～100
7	2.0	100～120
8	钢丝段 ϕ0.8～1.2	55～75

39. 答:(1)燃油箱表面化处理(除油污、锈层、杂物)→喷涂铁红醇酸防锈漆(如果需涂刮阻尼浆者,再涂刮阻浆)→整个燃油箱的外表面喷涂灰色醇酸磁漆(2 分)。

(2)蓄电池箱内先喷涂一道铁红醇酸防锈底漆,干燥、打磨,喷涂一道灰醇酸磁漆(部分蓄电池箱内需涂沥青耐酸涂料)(3 分)。

40. 答:装配工作是产品制造过程中的最后一道工序,装配工作的好坏,对整个产品质量起着决定性的作用,故必须认真细致地做好装配工作(5 分)。

41. 答:动压轴承润滑必须具备以下条件:(每项 1 分,共 5 分)

(1)轴承间隙必须适当(一般为 0.001～0.003d,d 为轴颈直径)。

(2)轴颈应有足够高的转速。

(3)轴承孔和轴颈应有精确的几何形状和较细的表面粗糙度。

(4)多支承的轴承应保持一定的同轴度要求。

(5)润滑油的黏度要适当。

42. 答:喷油器的作用是把喷油泵中的高压燃油,以一定的压力、速度和方向,喷入燃油室,并借助气缸内的空气扰动或靠自身将燃油雾化成细小颗粒,均匀地分布整个燃烧室,促使混合气的良好形成,以利于着火和燃烧(2 分)。

良好的喷油器燃油具有一定的压力,一定方向外还应具备下列性能要求:(3 分)

(1)油泵具有一定贯穿度,油花均布于燃烧室。

(2)始喷及停油迅速果断,无漏滴现象,无二次喷射现象。

(3)各缸流量均匀,能长期在高温下稳定工作。

43. 答:普通节流阀调速由于受到负载变化的影响,速度稳定性差,调速阀由普通节流阀与差动减压阀串联组成,可以使速度不受负载的影响,而保证执行部件运动速度的稳定。调速阀的职能符号如图 1 所示:(5 分)

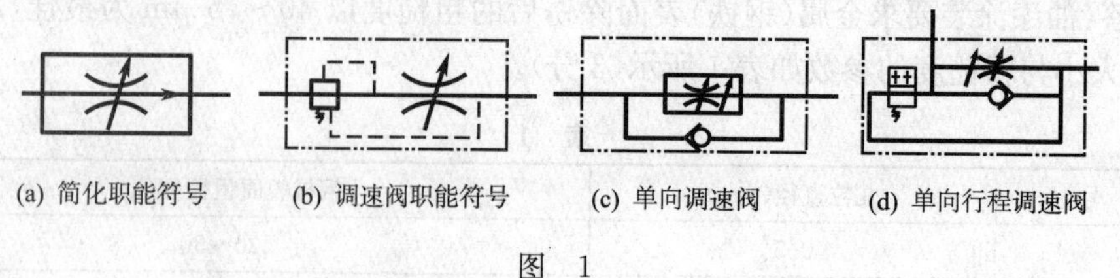

(a) 简化职能符号　(b) 调速阀职能符号　(c) 单向调速阀　(d) 单向行程调速阀

图　1

44. 答:主要故障原因如下:(3 分)

(1)风缸磨损或研伤,风缸活塞涨圈泄漏,上下串风。

(2)风阀开度太小,风阀泄漏产生压缩空气逆流。

(3)滤尘器堵污损或部分堵塞,吸风管内有污垢,通路窄小。

排除方法:解体检查,风缸以研伤处修复,活塞涨圈弹力不良与偏磨不能修复时更换。检查吸风阀,有空气喷出,对风阀进行修磨。检查滤清器及管路,及时清洗与吹净(2 分)。

45. 答:因为气门脚间隙太小时,气门受热伸长后,将关闭不严,造成气缸漏气(2 分)。气门脚间隙太大,则工作时将产生明显的敲击,磨损加剧,同时气门开起时间也要缩短,使充气不足或废气不能顺利排除(3 分)。

46. 答:校正时先修刮螺母座的底面,并调整螺母座的水平位置,使丝杠的上母线、侧母线均与导轨面平行(2 分)。然后修磨垫片,并在水平方向上调整轴承座,使丝杠两端轴颈能顺利插入轴承孔,且丝杠转动灵活(3 分)。

47. 答:成组技术的特点有:(每项 1 分,共 5 分)

(1)生产的产品都是装配型的,而且流水成批地进行生产。

(2)在成组生产中提高效率的途径主要是减少调整时间,因为调整时间和费用,不仅取决于所采用的工艺过程和工艺设备,同时也取决于两种零件的相似程度。

(3)在成组生产中,一组零件共用一组机床进行生产。

(4)零件组内包含不同产品种类的相似零件。

48. 答:(1)生产过程中质量管理主要任务:(2 分)

①组织对生产过程各个环节的质量检验工作,发挥“把关”的作用,保证不合格的原材料不投产,不合格产品不出厂,最终目的是使出厂的产品全都符合规定的产品质量标准。②贯彻“预防为主”的方针。通过质量分析找出产品质量缺陷的原因,帮助生产部门和工人采取预防措施,把废品、次品、返修品等减少到最低限度。

(2)生产过程中质量管理的主要内容:(3 分)

①严格执行工艺规程,全面掌握生产过程,保证产品质量。②合理选择检验方式和方法。③建立一支专业性与群众性相结合的检验队伍。④掌握质量动态。⑤及时进行废品统计与分析。⑥控制工序质量,预防产生废次品。

49. 答:PDCA 循环具体可分为八个步骤:

第一步:分析现状,找出存在的质量问题。

第二步:分析产生质量问题的原因。

第三步:找出影响质量的主要原因。

第四步:针对影响质量的主要原因,制订计划和活动措施。

以上四步是 PDCA 循环中的 P 阶段的具体化。(3 分)

第五步:按照计划执行措施,即 D 阶段。

第六步:根据计划要求,检查实际执行的结果,即 C 阶段。

第七步:根据检查结果,进行总结,把成功的经验和失败的教训纳入标准和制度中。

第八步:提出这一循环尚未解决的问题,转入下一个 PDCA 循环中去。

第七、八步是 A 阶段的具体化。(2 分)

50. 答:影响主轴旋转精度的因素有:轴承的精度及其装配调整,以及箱体、轴的精度等因素(1 分)。

采用高精度轴承及保证各零件制造精度,是保证主轴旋转精度的前提条件。从装配的角度可采取以下措施:(每项 1 分,共 4 分)

(1)采用选配法提高轴承与轴及支座的配合精度。

(2)采用预加载荷,以消除轴承间隙。

(3)对轴承与轴采用定向装配以减小径向圆跳动,提高旋转精度。

(4)为了消除因调整螺母等压紧产生端面垂直度超差而影响主轴的旋转精度,可采用十字垫圈结构。

51. 答:机床导轨精度受导轨材料的内应力、自身重力、刚度、配合间隙及装配场所的影响(1分)。

减少这些因素影响的相应措施有:(每项1分,共4分)

(1)可采用退火、时效等处理,消除材料内应力。

(2)可在装配时在坚实的地基上将机床安放调整平稳,在测量和校正精度时应增加与变形方向相反的补偿偏差量,减少重力产生的影响。

(3)为了减小刚性不足与间隙不当的影响,可在机床各处预留的修配间隙考虑增加补偿量。

(4)在装配机床时尽量避免局部热源的影响,高精度的产品则建立恒温条件。应严格控制外界振源,并采取隔振措施。

52. 答:加工精度是指零件加工后的几何参数与理论零件几何参数相符合的程度(2分)。相符合的程度愈高,误差愈小,加工精度就愈高。加工精度通常应控制在一个合理范围(3分)。

53. 答:千分尺在使用中应注意:(每2项1分,共5分)

(1)防止千分尺受到撞击或脏物侵入到测微螺杆内。若千分尺转动不灵活,则不可强行转动,也不可自行拆卸。

(2)千分尺使用时应轻拿轻放、正确操作,以防损坏或使螺杆过快磨损。

(3)不准在千分尺的微分筒和固定套管之间加酒精、柴油和普通机油。

(4)千分尺使用完毕应擦干净并涂防锈油,装入盒内并放在干燥的地方保管。

(5)按规定定期检查鉴定。

(6)不准测量运动中的工件,不准用来测量毛坯。

(7)不准与工件和其他工具混放。

(8)不准放在温度较高的地方,以防受热变形。

54. 答:使用时应注意以下几点:(每项1分,共5分)

(1)测量前应检查是否灵敏,有无异常。

(2)测量时悬臂伸出长度应尽量短。

(3)如需调整表的位置,应先松开夹紧螺钉再转动表,不得强行转动。

(4)不得测量毛坯和坚硬粗糙的表面。

(5)杠杆百分表测量范围小、测量力小,使用时应仔细操作以防损坏。

55. 答:经纬仪是检验机床精度时使用的一种高精度的测量仪器,主要用于坐标镗床的水平转台和万能钻台、精密滚齿机和齿轮磨床分度精度的测量和检验(每项3分),常和平行光管配合使用(2分)。

56. 答:为了减小机床由机外震源引起的震动,应合理选择机床的安装场地,使其远离震源,对精密机床的地基可做防震的结构形式(5分)。

57. 答:技术管理的作用是:保证企业根本任务的实现;促使企业技术水平的提高;促使企业管理的现代化。(每项2分,共5分)

58. 答:以下几个方面的因素都可影响轴承的精度:滚道径向圆对于内外座圈的径向跳动;滚道的形状误差;滚动体的形状与尺寸误差;轴承间隙;轴承轴端面对滚道的端面跳动。

(每项 1 分,共 5 分)

59. 答:减小加工误差的途径如下:直接减少或消除误差法;补偿或抵消误差法;分组调整和均分误差法;误差转移和变形转移法;"就地加工"达到最终精度法;误差平均法。(每项 1 分,共 5 分)

60. 答:经济加工精度是一个相对的概念,一般来说,当一种加工方法可以达到几个公差等级的加工精度时,由于其所消耗的成本是各不相同的(2 分),因此,只能说,在一定的公差等级范围内所耗成本与其他加工方法相比较低时,这一范围就是这种加工方法的经济加工精度。如精镗孔的经济加工精度一般为 IT8～IT10,而精磨孔为 IT9～IT7(3 分)。

61. 答:检查可按如下方法进行:在导轨的上下接触面薄薄的涂上一层涂色剂,以小角度(约 15°)正反转动工作台进行对研,检查上下导轨接触情况。再用同样方法,在与上一次相对转过 120°的位置上,仍以小角度正反转动进行对研,再检查上下导轨接触情况。这样,通过在圆周上三个相对间隔 120°的位置上对研检查,可判断出圆度的质量。(每项 1 分,共 5 分)

62. 答:工件研点显示不稳定有以下原因:(每项 1 分,共 5 分)

(1)显示剂调的太稀或涂的太厚;

(2)检验工具不准确,如检验平板局部磨损严重等;

(3)工件刚性差;

(4)工件有较大内应力产生了变形。

63. 答:转动体经过平衡后,绝对平衡是不可能做到的,总会剩余一些不平衡量,平衡精度就是指剩余平衡量的大小(5 分)。

64. 答:(1)研磨过程中的物理作用:由于研磨工具是用比较软的材料制成的,在研磨过程中,研磨微粒一部分随研磨面滑动,一部分被挤压,局部嵌入研具表面,其露出部分形成无数棱刃,由于研粒很硬,在研磨过程中,滑动和露出研具的研粒棱刃,都对工件研面进行数量切削,这就是研磨中的物理作用(3 分)。

(2)研磨中的化学作用:使用有些研磨材料如氧化铬、硬脂酸等进行研磨时,工件表面的一些元素与研磨剂中的一些元素能迅速形成氧化膜,这层氧化膜很软,很容易被研掉,但研掉后又立即形成,使被研磨面变软,加速了研磨过程,这就是研磨中的化学作用(2 分)。

65. 答:在机械中具有一定转速的零部件,如带轮、齿轮、叶轮、曲轴、砂轮等,由于外部形状误差,内部组织不均匀(如铸件),组装误差及结构局部不对称(如键和键槽)等原因,其重心与旋转中心相分离,引起偏重,因此,当旋转件转动时,就会产生不平衡的离心力(3 分)。

不平衡产生的离心力会使机械摇动和震动,降低机械工件性能,加速轴承的磨损和损坏,造成零部件的疲劳和断裂,甚至造成事故(2 分)。

66. 答:离心力的大小与转子的质量,偏心具及转速有关,其关系如下:

$c=me\left(\frac{\pi n}{30}\right)^2$(4 分)

式中 c——不平衡离心力(N);

m——转子的质量(kg);

e——转子重心对旋转中心的偏移,即偏心距(m);

n——转子转速(r/min)。(1 分)

67. 答:旋转体的平衡原理是:利用技术手段,找出旋转体不平衡量的大小和位置,然后用去除材料、加装配重、调整配重位置、调整组装零件的位置等方法,使旋转体的重心与旋转中心

趋于重合,即得到平衡。(每项 1 分,共 5 分)

68. 答:对实验台进行如下操纵与调整。

开风门手柄置于四位,当制动缸压力达到 200 kPa 时,移到三位,用肥皂水检查排气口是否符合 20 s 不破泡的技术要求(3 分)。

若产生 20 s 以内破泡的泄漏故障,则为供气阀与空气阀杆间的密贴不严或 O 形圈破损(2 分)。

69. 答:故障原因解决办法如下:(每 2 项 1 分,每 3 项 2 分,共 5 分)

(1)过低,油量少。应保持油压在 200 kPa 以上。

(2)蜗轮端高温燃气进入油腔。更换蜗轮端气封、油封。

(3)冷却水量少,水温过低。清洗水腔积垢。

(4)轴承故障或损坏。更换。

(5)润滑系统中漏油,油量减少。检查和清除。

(6)堵塞。检查和消除。

(7)冷却水系统堵塞。检查和消除。

70. 答:原因:为调整阀供气阀杆太短,造成排气阀在保压位时关闭不严。

处理方法:更换调整阀供气阀杆(或焊修恢复原尺寸)。(5 分)

六、综 合 题

1. 答:工序Ⅱ中尺寸(30±0.15) mm 的工序基准是中孔中心线,而定位基准是在工序Ⅰ中铣出的侧边,所以属基准不符,基准不符误差为中孔中心线到侧边的尺寸变化量,Δ 为 0.35 mm 的加工公差,所以此尺寸无法保证(6 分)。

工序Ⅱ中尺寸(45±0.15) mm 的工序基准及定位基准同是中孔,基准相符,Δ 为零,此尺寸可以达到加工要求(4 分)。

2. 答:孔的水平坐标尺寸是 79.09 mm(10 分)。

3. 答:如图 2 所示(10 分)。

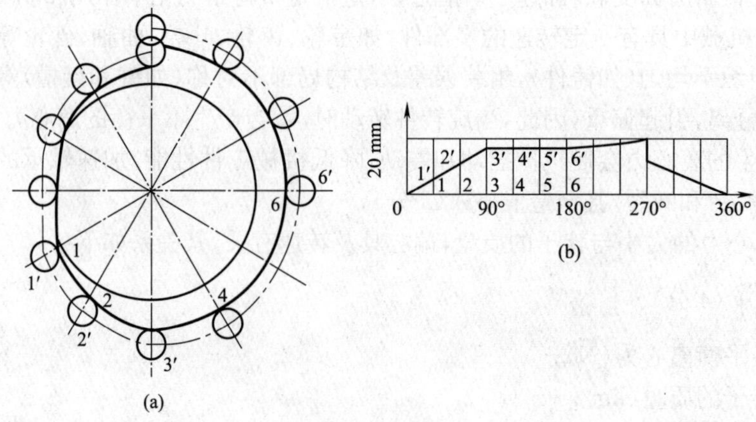

图 2

4. 解:$n_{主}=n_1=\dfrac{D_1D_3D_5}{D_2D_4D_6}=1\ 450\times\dfrac{200\times250\times280}{300\times400\times420}=403(\text{r/min})$ (10 分)

答:主轴转速为 403 r/min。

5. 答:钻、扩、铰切削深度分别是 10 mm、9.8 mm、0.2 mm。(每项 3 分,共 10 分)

6. 答:如图 3 所示(10 分)。

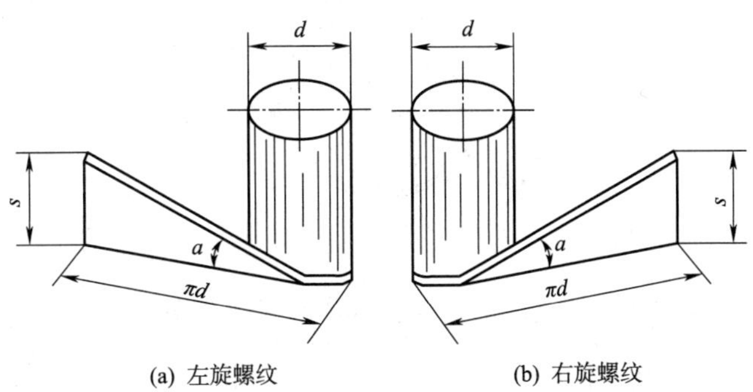

图 3

7. 答:如图 4 所示(10 分)。

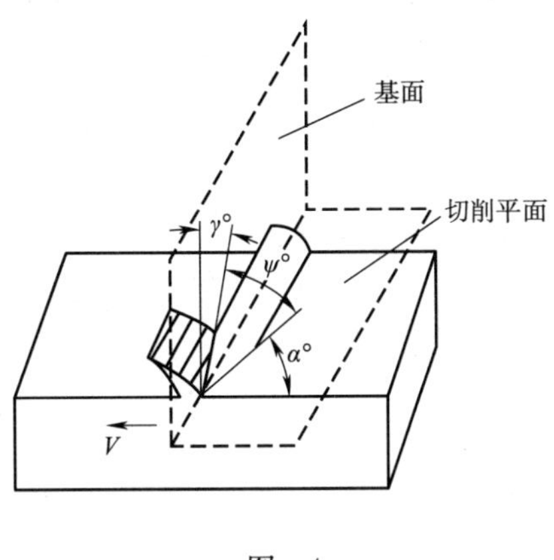

图 4

8. 答:如图 5 所示(10 分)。

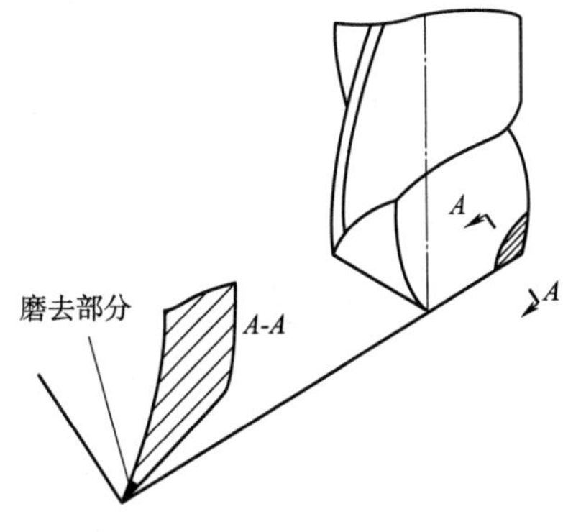

图 5

9. 答：如图 6 所示(10 分)。

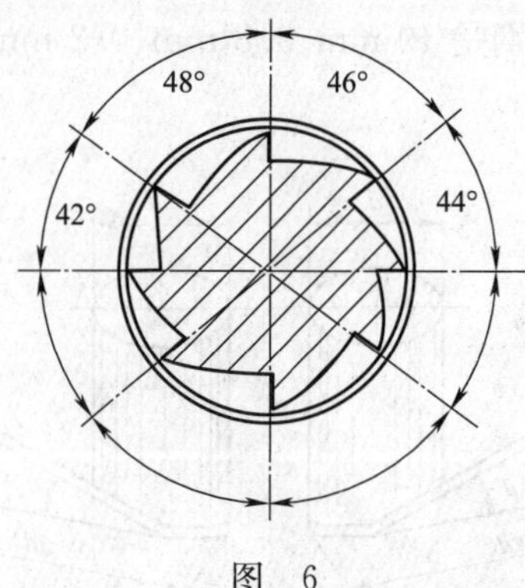

图 6

10. 如图 7 所示，补缺线(10 分)。

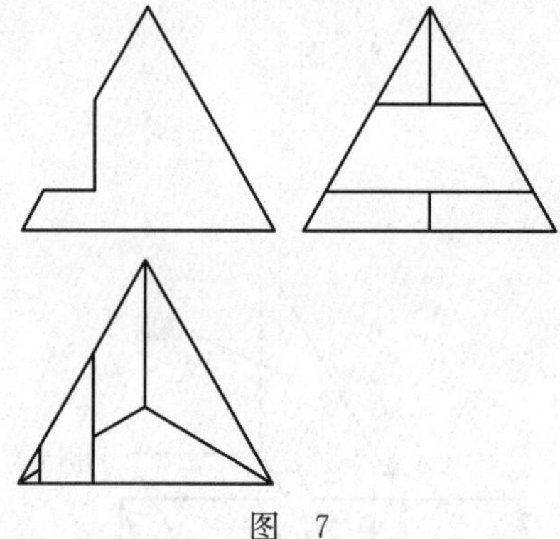

图 7

11. 如图 8 所示，画 A 局部视图(10 分)。

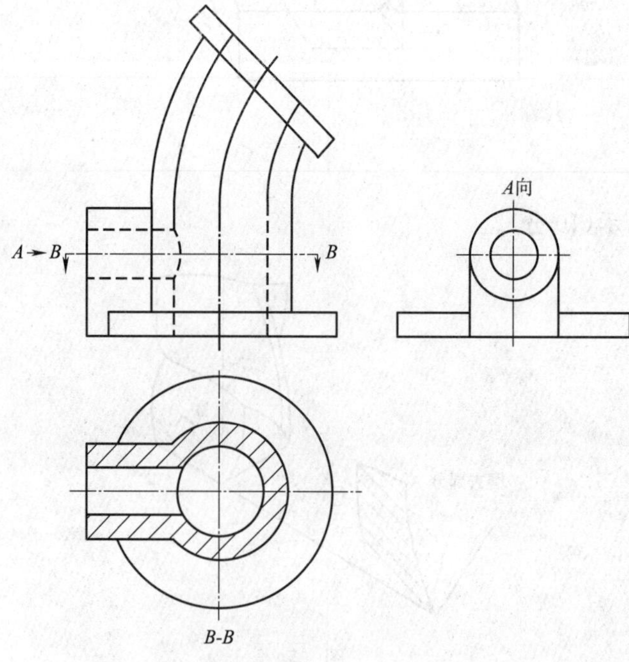

图 8

12. 答:(1)主视图、左试图、剖面图、剖面图(2 分);(2)1∶1,1 倍(1 分);(3)3,圆柱体,ϕ20,25,ϕ28,55,ϕ38,140(2 分);(4)ϕ19.99,ϕ19.98,3.2(1 分);(5)15,30°(1 分);(6)4,0.05,上偏差−0.03,下偏差−0.08(2 分);(7)12.5,3.2(1 分)。

13. 解:$n=1\,000\ v/(\pi d)=1\,000\times 15.7/(3.14\times 20)=250(\text{r/min})$ (5 分)

$f_{\min}=f\times n=250\times 0.6=150(\text{mm/min})$

$T=50/150\times 6\times 25=50(\text{min})$ (5 分)

答:钻完这批工件的钻削时间为 50 min。

14. 解:M20 的螺距为 2.5(2 分),则

$d_{底孔}$=公称直径−螺距=20−2.5=17.5(mm) (2 分)

深度$=\cot(\alpha/2)\cdot d_{底孔}/2=\cot 59°\times 17.5/2=5.3(\text{mm})$ (6 分)

答:底孔直径为 17.5 mm,深度为 5.3 mm。

15. 解:$v_e=\dfrac{e\omega}{1\,000}$;又因为平衡精度为 G1,则 $v_e=1$ mm/s(3 分),故

$e=\dfrac{1\,000v_e}{\omega}=\dfrac{1\,000\times 1\times 60}{2\pi\times 5\,000}=1.911(\mu\text{m})$ (3 分)

$M=TR=W_e=5\,000\times 1.911/1\,000=9.555(\text{N}\cdot\text{mm})$ (3 分)

答:平衡后允许偏心距为 1.911 μm,允许不平衡力矩为 9.555 N·mm(1 分)。

16. 解:$B_4=B_1-B_2-B_3$,因此 B_3 为减环(2 分),则

$B_{4\min}=B_1-B_2-B_{3\max}$(2 分)

$B_{3\max}=B_1-B_2-B_{4\min}=80-60-0.1=19.9(\text{mm})$ (2 分)

$B_{3\min}=B_1-B_2-B_{4\max}=80-60-0.3=19.7(\text{mm})$ (2 分)

答:B_3 尺寸应为 19.7~19.9 mm。

17. 解:$y_{\text{mim}}=0-(-0.05)=0.05(\text{mm})$ (5 分)

$y_{\max}=0.15-(-0.10)=0.25(\text{mm})$ (5 分)

18. 解:假设 $z_1=120$(2 分),则

$i=40\times(120-109)/120=40\times 11/120=4\times 11/(3\times 4)=40\times 110/(30\times 40)=80\times 110/(60\times 40)$(4 分)

答:主动挂轮和被动挂轮齿数分别为:主动为 80,110(2 分);被动为 60,40(2 分)。

19. 解:$d_e=m\times(Z+2)=3\times(20+2)=66(\text{mm})$(2 分);$d=m\times Z=3\times 20=60(\text{mm})$(2 分);$h=2.25\ m=2.25\times 3=6.75(\text{mm})$(2 分);$p=\pi\times m=3.14\times 3=9.42(\text{mm})$(2 分);$a=(Z_1+Z_2)/2\times m$,$120=(20+Z_2)/2\times 3$,$Z_2=120\times 2/3-20=60$(2 分)。

20. 解:$B=L+d(1+\cos\alpha/2)$

$=42.79+9.982\times[1+\cos(54°+58°/60)/2]=61.627(\text{mm})$ (10 分)

21. 解:$F=e\cdot W/g\cdot(\pi\cdot n/30)^2$ (5 分)

$=0.000\,72\times 15.85\times 9.8/9.8\times(3.14\times 2\,060/30)^2=530.53(\text{N})$(5 分)

答:产生的离心力为 530.53 N。

22. 解:第三次背吃刀量$=(54-50)/2-1-0.6=0.4(\text{mm})$ (3 分)

$f_{\text{mim}}=n\cdot f=500\times 0.5=250(\text{mm/min})$ (3 分)

$T_{总}=3\times 500/250=6(\text{min})$ (4 分)

答:第三次背吃刀量为 0.4 mm,车完该轴需 6 min。

23. 答:①切削速度是 15.7 m/min(2 分);

②转速是 312 r/min(2 分);

③钻削时间是 56 min(2 分);

④钻、扩、铰切削深度分别是 10 mm、9.8 mm、0.2 mm(2 分);扩孔切削速度是 10 m/min、进给量是 1.2～1.6 mm/r(2 分)。

24. 解:$i=Z_2/Z_1=39/2=19.5$ (10 分)

25. 解:$i=Z_2/Z_1$,$Z_2=Z_1\cdot i=26\times3=78$ (10 分)

26. 答:应当注意:(每项 2 分,共 10 分)

(1)錾子头部的毛刺要经常磨掉,以免伤手;

(2)发现锤子柄松动或损坏,要立即装牢或更换,以免锤头飞出伤人;

(3)錾削时最好戴上防护眼镜,前方要有安全网;

(4)保持正确的錾削角度,若后角太小,捶击时錾子易飞出伤人;

(5)锤柄还应不沾油,以免滑出伤人。

27. 答:轴类零件的热校正方法如下:

(1)利用车床或 V 形架找出零件弯曲的最高点,并做好标记(4 分);

(2)用氧－乙炔火焰加热(喷嘴大小按被校轴直径选取,加热区应在弯曲的最高点处),然后急冷。加热带的形状有条状、蛇状、点状,分别适用于均匀变形、严重变形和细长杆的精校。当轴弯曲量较大时可分为多次加热校直,但一次加热时间不可过长,以免退碳(6 分)。

28. 答:$L_{max}=25+0.013=25.013$(mm) (3 分)

$L_{min}=25-0.008=24.992$(mm) (3 分)

$T_n=0.013-(-0.008)=0.021$(mm) (4 分)

29. 答:砂轮质地硬而脆,工作时转速高,若使用时用力不当,会发生砂轮碎裂飞出伤人的事故。其一般注意事项如下:(每项 1.5 分,共 10 分)

(1)安装砂轮时应使其平衡,在旋转砂轮时应平稳而无振动;

(2)砂轮的旋转方向应正确,应使铁屑下方飞离砂轮;

(3)启动砂轮待运转平稳后再工作;

(4)磨削时,工件对砂轮压力不可太大,并注意不得发生剧烈撞击,发现砂轮跳动明显应及时修整;

(5)磨削时,人不许站砂轮正面,以防砂轮万一发生问题飞出伤人;

(6)托架与砂轮间的距离应保持 3 mm 以内,否则被磨削件轧入发生事故。

30. 答:划线时应按下列步骤进行:(每项 2 分,共 10 分)

(1)看懂图样,搞清工艺,选定划线基准、划线工具;

(2)正确安装工件,在需划线的部位上涂料;

(3)检验毛坯是否有足够的工序余量;

(4)划线;

(5)打样冲眼。

31. 解:输出动率 $N=PQ/60=10\times98/60=16.33$(kW) (10 分)

32. 答:钻头在斜面上钻孔,因受力不好极易使中心偏移或折断钻头,因此应采用以下方

法进行钻孔:(每项 5 分,共 10 分)

(1)用钻孔的部分先铣出一个小平面,再进行钻孔;

(2)用錾子在斜面上凿出一个小平面再打上样冲眼,或者用中心钻钻一个浅孔后再钻孔。

33. 解:锥度 $K=(D-d)/h=(30-10)/40=1:2$ (10 分)

34. 答:当发现触电事故应采取以下急救:(每项 2.5 分,共 10 分)

(1)必须用最快的方法使触电者脱离电源(注意方法正确,防止触电者从高处坠落受伤);

(2)对有心跳而无呼吸的触电者应进行人工呼吸;

(3)对有呼吸无心跳的触电者进行胸外挤压抢救;

(4)对心跳、呼吸全无者应综合采用以上抢救的方法。

35. 解:传动比 $i=Z_2/Z_1=35/20=1.75$,这对齿轮是减速传动(10 分)。

装配钳工(初级工)技能操作考核框架

一、框架说明

1. 依据《国家职业标准》注,以及中国北车确定的“岗位个性服从于职业共性”的原则,提出装配钳工(初级工)技能操作考核框架(以下简称:技能考核框架)。

2. 本职业等级技能操作考核评分采用百分制。即:满分为 100 分,60 分为及格,低于 60 分为不及格。

3. 实施“技能考核框架”时,考核制件(活动)命题可以选用本企业的加工件(活动项目),也可以结合实际另外组织命题。

4. 实施“技能考核框架”时,考核的时间和场地条件等应依据《国家职业标准》,并结合企业实际确定。

5. 实施“技能考核框架”时,其“职业功能”的分类按以下要求确定:

(1)“加工与装配”属于本职业等级技能操作的核心职业活动,其“项目代码”为“E”。

(2)“工艺准备”、“精度检验”与“设备维护”属于本职业等级技能操作的辅助性活动,其“项目代码”分别为“D”和“F”。

6. 实施“技能考核框架”时,其“鉴定项目”和“选考数量”按以下要求确定:

(1)按照《国家职业标准》有关技能操作鉴定比重的要求,本职业等级技能操作考核制件的“鉴定项目”应按“D”+“E”+“F”组合,其考核配分比例相应为:“D”占 10 分,“E”占 70 分,“F”占 20 分(其中:精度检验 10 分,设备维护 10 分)。

(2)依据中国北车确定的“核心职业活动选取 2/3,并向上取整”的规定,在“E”类鉴定项目——“加工与装配”的全部 4 项中,至少选取 3 项。

(3)依据中国北车确定的“其余‘鉴定项目’的数量可以任选”的规定,“D”和“F”类鉴定项目——“工艺准备”、“精度检验”与“设备维护”中,至少分别选取 1 项。

(4)依据中国北车确定的“确定‘选考数量’时,所涉及‘鉴定要素’的数量占比,应不低于对应‘鉴定项目’范围内‘鉴定要素’总数的 60%,并向上取整”的规定,考核制件的鉴定要素“选考数量”应按以下要求确定:

①在“D”类“鉴定项目”中,在已选的至少 1 个鉴定项目中,至少选取已选鉴定项目所对应的全部鉴定要素的 60%项,并向上保留整数。

②在“E”类“鉴定项目”中,在已选定的至少 3 个鉴定项目所包含的全部鉴定要素中,至少选取总数的 60%项,并向上保留整数。

③在“F”类“鉴定项目”中,对应“精度检验”,在已选的至少 1 个鉴定项目中,至少选取已选鉴定项目所对应的全部鉴定要素的 60%项,并向上保留整数;对应“设备维护”,应选取所对应的全部 2 项鉴定要素。

举例分析:

按照上述“第 6 条”要求,若命题时按最少数量选取,即:在“D”类鉴定项目中选取了“识读装配工艺”1 项,在“E”类鉴定项目中选取了“零件的清洗”、“部套组装”、“总组装”3 项,在“F”类鉴定项目中分别选取了“组装性能和精度检验”和“设备(工具、量具)的维护保养及现场 5S 管理”2 项,则:

此考核制件所涉及的“鉴定项目”总数为 6 项,具体包括:“识读装配工艺”,“零件的清洗”、“部套组装”、“总组装”,“组装性能和精度检验”、“设备(工具、量具)的维护保养及现场 5S 管理”;

此考核制件所涉及的鉴定要素“选考数量”相应为 10 项,具体包括:“识读装配工艺”鉴定项目的 1 个鉴定要素,“零件的清洗”、“部套组装”、“总组装”3 个鉴定项目包括的全部 9 个鉴定要素中的 6 项,“组装性能和精度检验”鉴定项目包含的 1 个鉴定要素,“设备(工具、量具)的维护保养及现场 5S 管理”鉴定项目包含的全部 2 个鉴定要素中的 2 项。

7. 本职业等级技能操作需要两人及以上共同作业的,可由鉴定组织机构根据“必要、辅助”的原则,结合实际情况确定协助人员的数量。在整个操作过程中,协助人员只能起必要、简单的辅助作用。否则,每违反一次,至少扣减应考者的技能考核总成绩 10 分,直至取消其考试资格。

8. 实施“技能考核框架”时,应同时对应考者在质量、安全、工艺纪律、文明生产等方面行为进行考核。对于在技能操作考核过程中出现的违章作业现象,每违反一项(次)至少扣减技能考核总成绩 10 分,直至取消其考试资格。

注:按照中国北车规定,各《职业技能操作考核框架》的编制依据现行的《国家职业标准》或现行的《行业职业标准》或现行的《中国北车职业标准》的顺序执行。

二、装配钳工(初级工)技能操作鉴定要素细目表

职业功能	鉴定项目				鉴定要素		
	项目代码	名称	鉴定比重(%)	选考方式	要素代码	名称	重要程度
工艺准备	D	识读零部件图纸和装配图纸	10	任选	001	能识读简单的零部件图纸和装配图纸	X
		识读装配工艺			001	能基本掌握装配工艺	X
		专用工装工具量具准备			001	能根据装配需求选择并正确使用	X
装配调整	E	零件的清洗	70	至少选三项	001	能正确使用清洗剂和清洗工具	X
					002	零件表面油污等的清洗	X
					003	清洗后零件的干燥及分类摆放	X
		相互配合零件的配钻(铰)或冷(热)压装、配研等			001	能正确使用专用设备、工装工具	X
					002	配钻(铰)或冷(热)压装、配研的操作	X
		部套组装			001	能正确使用专用设备、工装工具	X
					002	零件的检查选配等	X
					003	零件间的装配与调整	X
		总组装			001	能正确使用专用设备、工装工具	X
					002	零件、部件的检查选配等	X
					003	零件、部件间装配与调整	X

续上表

职业功能	鉴定项目			选考方式	鉴定要素		
	项目代码	名称	鉴定比重(%)		要素代码	名称	重要程度
精度检验	F	外观检验	10	任选	001	能正确对考核项中涉及的零部件进行水管、风管是否畅通、是否有泄漏、是否连接可靠质量检验	Y
		组装性能和精度检验			001	能正确使用专用量具,对考核项目中涉及的零部件调整、安装要求进行检验	Y
设备维护		设备(工具、量具)的维护保养及现场5S管理	10		001	设备(工具、量具)的日常点检	X
					002	生产现场5S管理	Y

注:重要程度中X表示核心要素,Y表示一般要素。下同。

装配钳工(初级工)
技能操作考核样题与分析

职 业 名 称：________________

考 核 等 级：________________

存 档 编 号：________________

考核站名称：________________

鉴定责任人：________________

命题责任人：________________

主管负责人：________________

中国北车股份有限公司劳动工资部制

职业技能鉴定技能操作考核制件图示或内容

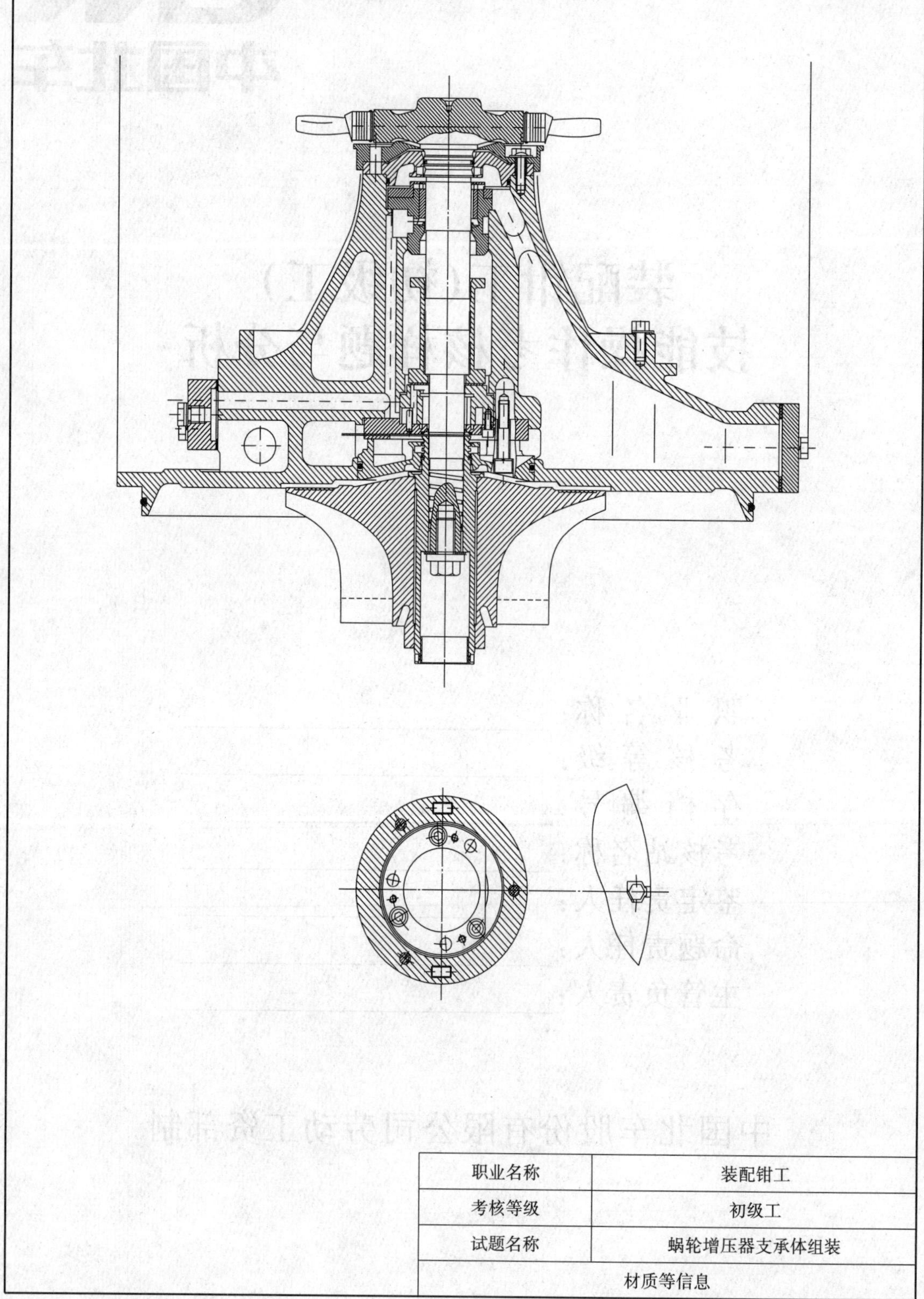

职业名称	装配钳工
考核等级	初级工
试题名称	蜗轮增压器支承体组装
材质等信息	

职业技能鉴定技能操作考核准备单

职业名称	装配钳工
考核等级	初级工
试题名称	蜗轮增压器支承体组装

一、材料准备

1. 不含蜗壳组装、蜗轮进气壳组装的一台份增压器零部件，其中蜗轮出气壳组装与支撑体、隔热罩等已预装在一起，主轴蜗轮组合、叶轮组装为装配完毕的状态，其余增压器零件为检查合格的单件。

2. 密封胶。

3. 清洗剂、润滑油等。

二、设备、工、量、卡具准备清单

序号	名　称	规　格	数　量	备　注
1	主止推轴承装卸工具		1套	
2	叶轮装、卸工具		各1套	
3	百分表		1	
4	塞尺		1	
5	扭力扳手		1	
6	其他工具(扳手、毛刷、油石等)		若干	

三、考场准备

1. 相应的公用设备、设备与器具的润滑与冷却等。

2. 国家职业标准规定的场地及安全防范措施。

3. 相应的场地设施。

四、考核内容及要求

1. 考核内容：按工艺文件要求完成蜗轮增压器支承体组装。

2. 考核时限：240 分钟。

3. 考核评分(表)

职业名称	装配钳工		考核等级	初级工	
试题名称	蜗轮增压器支承体组装		考核时限	240 分钟	
鉴定项目	考核内容	配分	评分标准	扣分说明	得分
识读装配工艺	专用工具的使用	5	不会用不得分		
	明确装配顺序和步骤	5	顺序不合理1次扣1分		
零件的清洗	能正确使用清洗剂和清洗工具	6	清洗剂选择不当、工具操作方法不对扣0.5分		
	零件表面油污等清洗干净，符合技术要求并擦(吹)净零件	8	清洗不洁净扣2分；未擦(吹)干净1个扣0.2分；少清洗1个扣0.2分		
	归类摆放，清点数目	6	未归类摆放扣2分		

续上表

鉴定项目	考核内容	配分	评分标准	扣分说明	得分
相互配合零件的配钻(铰)或冷(热)压装、配研等	正确使用主止推轴承、叶轮装卸的专用工具	10	不会使用不得分		
	主止推轴承、叶轮的压装到位	10	允许压装两次,两次均不到位,不得分		
部套组装	正确取用专用设备、工装工具	6	拿错1次扣1分		
	规范使用专用设备、工装工具、动作熟练	6	用后不能放回原处扣1分;用法错误1次扣1分		
	按技术要求的先后顺序进行组装零件	10	装配顺序错乱,造成返工1次扣2分;装反1处扣2分;少装、漏装1只零件扣1分		
	按对称性、先预紧、后拧紧的原则安装、拧紧螺栓(钉)	8	拧紧力度超量,1处扣1分;拧紧1处螺栓(钉)再拧其他螺栓(钉),1次扣1分		
外观检验	外表面无油污;壳体内腔无异物	5	每有一处油污扣1分;壳体内有异物不得分		
	转子转动灵活无异音	5	以手拨动转子,转子应转动灵活无异音		
设备(工具、量具)的维护保养及现场5S管理	使用的量具、设备等应定期检测	5	使用没有检定合格证的量具不得分		
	生产现场5S管理符合企业规定的标准	5	不达标不得分		
质量、安全、工艺纪律、文明生产等综合考核项目	考核时限	不限	超时停止操作		
	工艺纪律	不限	依据企业有关工艺纪律管理规定执行,每违反一次扣10分		
	劳动保护	不限	依据企业有关劳动保护管理规定执行,每违反一次扣10分		
	文明生产	不限	依据企业有关文明生产管理规定执行,每违反一次扣10分		
	安全生产	不限	依据企业有关安全生产管理规定执行,每违反一次扣10分,有重大安全事故,取消成绩		

职业技能鉴定技能考核制件(内容)分析

职业名称	装配钳工				
考核等级	初级工				
试题名称	蜗轮增压器支承体组装				
职业标准依据	国家职业标准				
试题中鉴定项目及鉴定要素的分析与确定					
分析事项 \ 鉴定项目分类	基本技能“D”	专业技能“E”	相关技能“F”	合计	数量与占比说明
鉴定项目总数	3	4	3	10	核心职业活动鉴定项目选取占比大于2/3
选取的鉴定项目数量	1	3	2	6	
选取的鉴定项目数量占比(%)	33.3	75	66.7	60	
对应选取鉴定项目所包含的鉴定要素总数	1	8	3	12	鉴定要素数量占比大于60%
选取的鉴定要素数量	1	7	3	11	
选取的鉴定要素数量占比(%)	100	87.5	100	91.7	

所选取鉴定项目及相应鉴定要素分解与说明

鉴定项目类别	鉴定项目名称	国家职业标准规定比重(%)	《框架》中鉴定要素名称	本命题中具体鉴定要素分解	配分	评分标准	考核难点说明
D	识读装配工艺	10	能基本掌握装配工艺	专用工具的使用	5	不会用不得分	工具正确使用
				明确装配顺序和步骤	5	顺序不合理1次扣1分	装配顺序或步骤
E	零件的清洗	70	能正确使用清洗剂和清洗工具	能正确使用清洗剂和清洗工具	6	清洗剂选择不当、工具操作方法不对扣0.5分	清洗剂使用的注意事项
			零件表面油污等的清洗	零件表面油污等清洗干净,符合技术要求并擦(吹)净零件	8	清洗不洁净扣2分;未擦(吹)干净1个扣0.2分;少清洗1个扣0.2分	清洗方法、清洗质量
			清洗后零件的干燥及分类摆放	归类摆放,清点数目	6	未归类摆放扣2分	归类摆放,方便组装
	相互配合零件的配钻(铰)或冷(热)压装、配研等		能正确使用专用设备、工装工具	正确使用主止推轴承、叶轮装卸的专用工具	10	不会使用不得分	正确使用专用设备
			配钻(铰)或冷(热)压装、配研的操作	主止推轴承、叶轮的压装到位	10	允许压装两次,两次均不到位,不得分	压装到位
	部套组装		能正确使用专用设备、工装工具	正确取用	6	拿错1次扣1分	专用设备、工装工具的使用
				使用规范、动作熟练	6	用后不能放回原处扣1分;用法错误1次扣1分	使用规范、动作熟练

续上表

<table>
<tr><th>鉴定项目类别</th><th>鉴定项目名称</th><th>国家职业标准规定比重(%)</th><th>《框架》中鉴定要素名称</th><th>本命题中具体鉴定要素分解</th><th>配分</th><th>评分标准</th><th>考核难点说明</th></tr>
<tr><td rowspan="2">E</td><td rowspan="2">部套组装</td><td rowspan="2">70</td><td rowspan="2">零件间的装配与调整</td><td>按技术要求的先后顺序进行组装</td><td>10</td><td>装配顺序错乱，造成返工1次扣2分；装反1处扣2分；少装、漏装1只零件扣1分</td><td>充分理解并执行技术要求</td></tr>
<tr><td>按对称性、先预紧、后拧紧的原则安装、拧紧螺栓(钉)</td><td>8</td><td>拧紧力度超量，1处扣1分；拧紧1处螺栓(钉)再拧其他螺栓(钉)，1次扣1分</td><td>按规定顺序和操作方法拧紧螺栓，拧紧力矩符合要求</td></tr>
<tr><td rowspan="4">F</td><td rowspan="2">外观检验</td><td rowspan="2">10</td><td rowspan="2">能正确对考核项中涉及的零部件进行水管、风管是否畅通、是否有泄漏、是否连接可靠等进行质量检验</td><td>外表面无油污；壳体内腔无异物</td><td>5</td><td>每有一处油污扣1分；壳体内有异物不得分</td><td>验证组装过程中的清洗及装配质量</td></tr>
<tr><td>转子转动灵活无异音</td><td>5</td><td>以手拨动转子，转子应转动灵活无异音</td><td>验证冷态间隙</td></tr>
<tr><td rowspan="2">设备(工具、量具)的维护保养及现场5S管理</td><td rowspan="2">10</td><td>设备(工具、量具)的日常点检</td><td>使用的量具、设备等应定期检测</td><td>5</td><td>使用没有检定合格证的量具不得分</td><td>使用合格量具</td></tr>
<tr><td>生产现场5S</td><td>生产现场5S管理符合企业规定的标准</td><td>5</td><td>不达标不得分</td><td>现场管理达标</td></tr>
<tr><td colspan="4" rowspan="5">质量、安全、工艺纪律、文明生产等综合考核项目</td><td>考核时限</td><td>不限</td><td>超时停止操作</td><td></td></tr>
<tr><td>工艺纪律</td><td>不限</td><td>依据企业有关工艺纪律管理规定执行，每违反一次扣10分</td><td></td></tr>
<tr><td>劳动保护</td><td>不限</td><td>依据企业有关劳动保护管理规定执行，每违反一次扣10分</td><td></td></tr>
<tr><td>文明生产</td><td>不限</td><td>依据企业有关文明生产管理规定执行，每违反一次扣10分</td><td></td></tr>
<tr><td>安全生产</td><td>不限</td><td>依据企业有关安全生产管理规定执行，每违反一次扣10分，有重大安全事故，取消成绩</td><td></td></tr>
</table>

装配钳工(中级工)技能操作考核框架

一、框架说明

1. 依据《国家职业标准》注,以及中国北车确定的“岗位个性服从于职业共性”的原则,提出装配钳工(中级工)技能操作考核框架(以下简称:技能考核框架)。

2. 本职业等级技能操作考核评分采用百分制。即:满分为100分,60分为及格,低于60分为不及格。

3. 实施“技能考核框架”时,考核制件(活动)命题可以选用本企业的加工件(活动项目),也可以结合实际另外组织命题。

4. 实施“技能考核框架”时,考核的时间和场地条件等应依据《国家职业标准》,并结合企业实际确定。

5. 实施“技能考核框架”时,其“职业功能”的分类按以下要求确定:

(1)“加工与装配”属于本职业等级技能操作的核心职业活动,其“项目代码”为“E”。

(2)“工艺准备”、“精度检验”与“设备维护”属于本职业等级技能操作的辅助性活动,其“项目代码”分别为“D”和“F”。

6. 实施“技能考核框架”时,其“鉴定项目”和“选考数量”按以下要求确定:

(1)按照《国家职业标准》有关技能操作鉴定比重的要求,本职业等级技能操作考核制件的“鉴定项目”应按“D”+“E”+“F”组合,其考核配分比例相应为:“D”占10分,“E”占70分,“F”占20分(其中:精度检验10分,设备维护10分)。

(2)依据中国北车确定的“核心职业活动选取2/3,并向上取整”的规定,在“E”类鉴定项目——“加工与装配”的全部6项中,至少选取4项。

(3)依据中国北车确定的“其余‘鉴定项目’的数量可以任选”的规定,“D”和“F”类鉴定项目——“工艺准备”、“精度检验”与“设备维护”中,至少分别选取1项。

(4)依据中国北车确定的“确定‘选考数量’时,所涉及‘鉴定要素’的数量占比,应不低于对应‘鉴定项目’范围内‘鉴定要素’总数的60%,并向上取整”的规定,考核制件的鉴定要素“选考数量”应按以下要求确定:

①在“D”类“鉴定项目”中,在已选定的至少1个鉴定项目中,至少选取已选鉴定项目所对应的全部鉴定要素的60%项,并向上保留整数。

②在“E”类“鉴定项目”中,在已选定的至少4个鉴定项目所包含的全部鉴定要素中,至少选取总数的60%项,并向上保留整数。

③在“F”类“鉴定项目”中,对应“精度检验”、在已选定的至少1个鉴定项目中,至少选取已选鉴定项目所对应的全部鉴定要素的60%项,并向上保留整数;对应“设备维护”,应选取所对应的全部2项鉴定要素。

举例分析:

按照上述"第 6 条"要求，若命题时按最少数量选取，即：在"D"类鉴定项目中选取了"识读、掌握装配工艺"1 项，在"E"类鉴定项目中选取了"零件的清洗"、"相互配合零件的配钻(铰)或冷(热)压装、配研等"、"部套组装"、"总组装"4 项，在"F"类鉴定项目中分别选取了"组装性能和精度检验"和"设备(工具、量具)的维护保养及现场 5S 管理"2 项，则：

此考核制件所涉及的"鉴定项目"总数为 7 项，具体包括："识读、掌握装配工艺"，"零件的清洗"、"相互配合零件的配钻(铰)或冷(热)压装、配研等"、"部套组装"、"总组装"，"组装性能和精度检验"和"设备(工具、量具)的维护保养及现场 5S 管理"。

此考核制件所涉及的鉴定要素"选考数量"相应为 12 项，具体包括："识读、掌握装配工艺"鉴定项目包含的全部 2 个鉴定要素，"零件的清洗"、"相互配合零件的配钻(铰)或冷(热)压装、配研等"、"部套组装"、"总组装"等 4 个鉴定项目包括的全部 11 个鉴定要素中的 7 项，"组装性能和精度检验"鉴定项目包含的 1 个鉴定要素，"设备(工具、量具)的维护保养及现场 5S 管理"鉴定项目包含的 2 个鉴定要素。

7. 本职业等级技能操作需要两人及以上共同作业的，可由鉴定组织机构根据"必要、辅助"的原则，结合实际情况确定协助人员的数量。在整个操作过程中，协助人员只能起必要、简单的辅助作用。否则，每违反一次，至少扣减应考者的技能考核总成绩 10 分，直至取消其考试资格。

8. 实施"技能考核框架"时，应同时对应考者在质量、安全、工艺纪律、文明生产等方面行为进行考核。对于在技能操作考核过程中出现的违章作业现象，每违反一项(次)至少扣减技能考核总成绩 10 分，直至取消其考试资格。

注：按照中国北车规定，各《职业技能操作考核框架》的编制依据现行的《国家职业标准》或现行的《行业职业标准》或现行的《中国北车职业标准》的顺序执行。

二、装配钳工(中级工)技能操作鉴定要素细目表

职业功能	鉴定项目				鉴定要素		
	项目代码	名称	鉴定比重(%)	选考方式	要素代码	名称	重要程度
工艺准备	D	识读零部件图纸和装配图纸	10	任选	001	能识读一般的零部件图纸和装配图纸	X
		识读、掌握装配工艺			001	能识读装配工艺	X
					002	能熟练掌握装配工艺	X
		专用工装工具量具准备			001	能根据装配需求选择并正确使用	X
加工与装配	E	零件的清洗	70	至少选四项	001	能正确使用清洗剂和清洗工具	X
					002	零件表面油污等清洗干净，符合技术要求	X
					003	清洗后零件的干燥及分类摆放	X
		相互配合零件的配钻(铰)或冷(热)压装、配研等			001	能正确使用专用设备、工装工具	X
					002	配钻(铰)或冷(热)压装、配研的操作	X
		旋转件动平衡			001	确定不平衡方位	X
					002	对不平衡件进行调整或配重	X
					003	复试动平衡，直至合格	X

续上表

职业功能	鉴定项目				鉴定要素		
	项目代码	名　称	鉴定比重(%)	选考方式	要素代码	名　称	重要程度
加工与装配	E	部套组装	70	至少选四项	001	能正确使用专用设备、工装工具	X
					002	零件的检查选配等	X
					003	零件间的装配与调整	X
		总组装			001	能正确使用专用设备、工装工具	X
					002	零件、部件的检查选配等	X
					003	零件、部件间装配与调整	X
		性能调试			001	能正确使用专用设备、工装工具,对考核项目中涉及的零部件调整、安装要求检验,满足工艺要求	X
					002	零件的拆卸、清洗、检查选配	X
					003	整机的调试	X
					004	经调试后产品(设备)性能的检验	X
精度检验	F	外观检验	10	任选	001	能正确对考核项中涉及的零部件进行水管、风管是否畅通、是否有泄漏、是否连接可靠等进行质量检验	Y
		组装性能和精度检验			001	能正确使用专用量具,对考核项目中涉及的零部件调整、安装要求进行检验	Y
设备维护		设备(工具、量具)的维护保养及现场5S管理	10		001	设备(工具、量具)的日常点检	X
					002	生产现场5S管理	Y

装配钳工(中级工)
技能操作考核样题与分析

职业名称：______________________

考核等级：______________________

存档编号：______________________

考核站名称：______________________

鉴定责任人：______________________

命题责任人：______________________

主管负责人：______________________

中国北车股份有限公司劳动工资部制

职业技能鉴定技能操作考核制件图示或内容

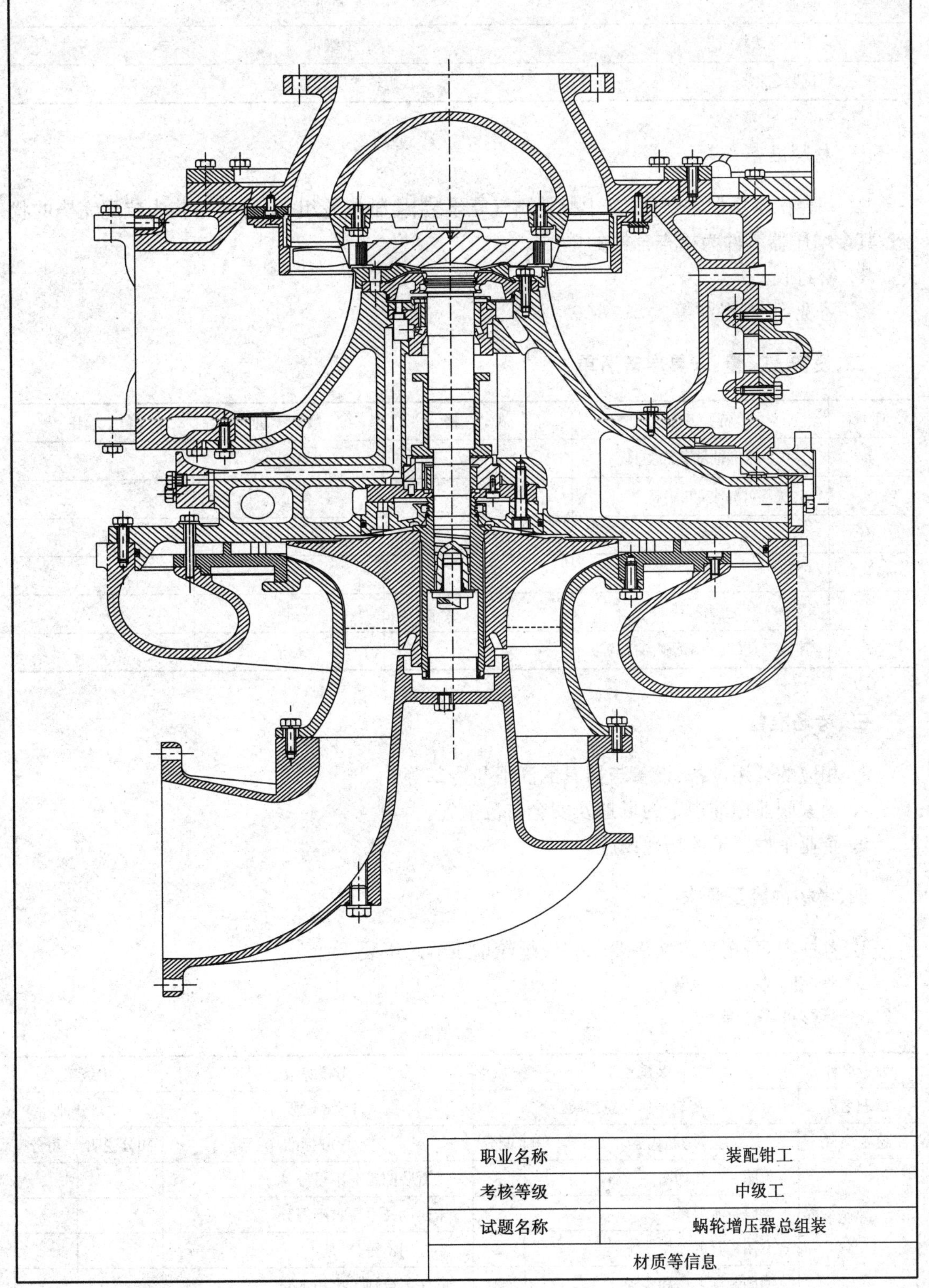

职业名称	装配钳工
考核等级	中级工
试题名称	蜗轮增压器总组装
材质等信息	

职业技能鉴定技能操作考核准备单

职业名称	装配钳工
考核等级	中级工
试题名称	蜗轮增压器总组装

一、材料准备

1. 一台份增压器零部件，其中蜗轮出气壳组装、主轴蜗轮组合、叶轮组装为装配完毕的状态，其余增压器零件为检查合格的单件。

2. 密封胶。

3. 清洗剂、润滑油等。

二、设备、工、量、卡具准备清单

序号	名　称	规　格	数　量	备　注
1	主止推轴承装卸工具		1套	
2	叶轮装、卸工具		各1套	
3	百分表		1	
4	塞尺		1	
5	扭力扳手		1	
6	其他工具(扳手、毛刷、油石等)		若干	

三、考场准备

1. 相应的公用设备、设备与器具的润滑与冷却等。

2. 国家职业标准规定的场地及安全防范措施。

3. 企业个性要求的场地设施。

四、考核内容及要求

1. 考核内容：按工艺文件要求完成蜗轮增压器总组装。

2. 考核时限：300分钟。

3. 考核评分(表)

职业名称	装配钳工		考核等级	中级工	
试题名称	蜗轮增压器总组装		考核时限	300分钟	
鉴定项目	考核内容	配分	评分标准	扣分说明	得分
识读、掌握装配工艺	熟悉装配结构图	3	未看装配工艺不得分		
	理解技术要求	3	未研读技术要求不得分		
	专用工具的使用	2	不会用不得分		
	明确装配顺序和步骤	2	顺序不合理1次扣1分		

续上表

鉴定项目	考核内容	配分	评分标准	扣分说明	得分
零件的清洗	能正确使用清洗剂和清洗工具	3	清洗剂选择不当、工具操作方法不对扣0.5分		
	零件表面油污等清洗干净,符合技术要求并擦(吹)净零件	4	清洗不洁净扣2分;未擦(吹)干净1个扣0.2分;少清洗1个扣0.2分		
	归类摆放,清点数目	3	未归类摆放扣2分		
相互配合零件的配钻(铰)或冷(热)压装、配研等	正确使用主止推轴承、叶轮装卸的专用工具	5	不会使用不得分		
	主止推轴承、叶轮的压装到位	5	允许压装两次,两次均不到位,不得分		
部套组装	正确取用专用设备、工装工具	4	拿错1次扣1分		
	使用专用设备、工装工具规范、动作熟练	4	用后不能放回原处扣1分;用法错误1次扣1分		
	按技术要求的先后顺序进行组装零件	8	装配顺序错乱,造成返工1次扣2分;装反1处扣2分;少装、漏装1只零件扣1分		
	按对称性,先预紧、后拧紧的原则安装、拧紧螺栓(钉)	4	拧紧力度超量,1处扣1分;拧紧1处螺栓(钉)再拧其他螺栓(钉),1次扣1分		
总组装	正确取用专用设备、工装工具	5	拿错1次扣1分		
	使用专用设备、工装工具规范、动作熟练	5	用后不能放回原处扣1分;用法错误1次扣1分		
	按技术要求的先后顺序进行组装零件、部件	10	装配顺序错乱,造成返工1次扣2分;装反1处扣2分;少装、漏装1只零件扣1分		
	按对称性,先预紧、后拧紧的原则安装、拧紧螺栓(钉)	5	拧紧力度超量,1处扣1分;拧紧1处螺栓(钉)再拧其他螺栓(钉),1次扣1分;未正确测量K值扣2分;安装转子时未使用润滑油扣2分		
	正确填写组装记录	5	未填写不得分;填写错误每一处扣0.2分		
外观检验	外表面无油污;壳体内腔无异物	5	每有一处油污扣1分;壳体内有异物不得分		
	转子转动灵活无异音	5	以手拨动转子,转子应转动灵活无异音		
设备(工具、量具)的维护保养及现场5S管理	使用的量具、设备等应定期检测	5	使用没有检定合格证的量具不得分		
	生产现场5S管理符合企业规定的标准	5	不达标不得分		
质量、安全、工艺纪律、文明生产等综合考核项目	考核时限	不限	超时停止操作		
	工艺纪律	不限	依据企业有关工艺纪律管理规定执行,每违反一次扣10分		
	劳动保护	不限	依据企业有关劳动保护管理规定执行,每违反一次扣10分		
	文明生产	不限	依据企业有关文明生产管理规定执行,每违反一次扣10分		
	安全生产	不限	依据企业有关安全生产管理规定执行,每违反一次扣10分,有重大安全事故,取消成绩		

职业技能鉴定技能考核制件(内容)分析

<table>
<tr><td>职业名称</td><td colspan="5">装配钳工</td></tr>
<tr><td>考核等级</td><td colspan="5">中级工</td></tr>
<tr><td>试题名称</td><td colspan="5">蜗轮增压器总组装</td></tr>
<tr><td>职业标准依据</td><td colspan="5">国家职业标准和北车职业标准</td></tr>
<tr><td colspan="6">试题中鉴定项目及鉴定要素的分析与确定</td></tr>
<tr><td>鉴定项目分类
分析事项</td><td>基本技能“D”</td><td>专业技能“E”</td><td>相关技能“F”</td><td>合计</td><td>数量与占比说明</td></tr>
<tr><td>鉴定项目总数</td><td>3</td><td>6</td><td>3</td><td>12</td><td rowspan="3">核心职业活动鉴定项目选取占比大于2/3</td></tr>
<tr><td>选取的鉴定项目数量</td><td>1</td><td>4</td><td>2</td><td>7</td></tr>
<tr><td>选取的鉴定项目数量占比(%)</td><td>33.3</td><td>66.7</td><td>66.7</td><td>58.3</td></tr>
<tr><td>对应选取鉴定项目所包含的鉴定要素总数</td><td>2</td><td>11</td><td>3</td><td>16</td><td rowspan="3">鉴定要素数量占比大于60%</td></tr>
<tr><td>选取的鉴定要素数量</td><td>2</td><td>9</td><td>3</td><td>14</td></tr>
<tr><td>选取的鉴定要素数量占比(%)</td><td>100</td><td>81.8</td><td>100</td><td>87.5</td></tr>
</table>

<table>
<tr><td colspan="8">所选取鉴定项目及相应鉴定要素分解与说明</td></tr>
<tr><td>鉴定项目类别</td><td>鉴定项目名称</td><td>国家职业标准规定比重(%)</td><td>《框架》中鉴定要素名称</td><td>本命题中具体鉴定要素分解</td><td>配分</td><td>评分标准</td><td>考核难点说明</td></tr>
<tr><td rowspan="4">D</td><td rowspan="4">识读、掌握装配工艺</td><td rowspan="4">10</td><td rowspan="2">能识读装配工艺</td><td>熟悉装配结构图</td><td>3</td><td>未看装配工艺不得分</td><td>识图</td></tr>
<tr><td>理解技术要求</td><td>3</td><td>未研读技术要求不得分</td><td>充分理解结构和装配要求</td></tr>
<tr><td rowspan="2">能熟练掌握装配工艺</td><td>专用工具的使用</td><td>2</td><td>不会用不得分</td><td>工具的正确使用</td></tr>
<tr><td>明确装配顺序和步骤</td><td>2</td><td>顺序不合理1次扣1分</td><td>装配顺序或步骤</td></tr>
<tr><td rowspan="5">E</td><td rowspan="3">零件的清洗</td><td rowspan="5">70</td><td>能正确使用清洗剂和清洗工具</td><td>能正确使用清洗剂和清洗工具</td><td>3</td><td>清洗剂选择不当、工具操作方法不对扣0.5分</td><td>清洗剂使用的注意事项</td></tr>
<tr><td>零件表面油污等的清洗</td><td>零件表面油污等清洗干净,符合技术要求并擦(吹)净零件</td><td>4</td><td>清洗不洁净扣2分;未擦(吹)干净1个扣0.2分;少清洗1个扣0.2分</td><td>清洗方法正确;清洗质量达标</td></tr>
<tr><td>清洗后零件的干燥及分类摆放</td><td>归类摆放,清点数目</td><td>3</td><td>未归类摆放扣2分</td><td>归类摆放,方便组装</td></tr>
<tr><td rowspan="2">相互配合零件的配钻(铰)或冷(热)压装、配研等</td><td>能正确使用专用设备、工装工具</td><td>正确使用主止推轴承、叶轮装卸的专用工具</td><td>5</td><td>不会使用不得分</td><td>正确使用专用设备</td></tr>
<tr><td>配钻(铰)或冷(热)压装、配研的操作</td><td>主止推轴承、叶轮的压装到位</td><td>5</td><td>允许压装两次,两次均不到位,不得分</td><td>压装到位</td></tr>
</table>

续上表

鉴定项目类别	鉴定项目名称	国家职业标准规定比重(%)	《框架》中鉴定要素名称	本命题中具体鉴定要素分解	配分	评分标准	考核难点说明
E	部套组装	70	能正确使用专用设备、工装工具	正确取用	4	拿错1次扣1分	专用设备、工装工具的使用
				使用规范、动作熟练	4	用后不能放回原处扣1分;用法错误1次扣1分	使用规范、动作熟练
			零件间的装配与调整	按技术要求的先后顺序进行组装	8	装配顺序错乱,造成返工1次扣2分;装反1处扣2分;少装、漏装1只零件扣1分	充分理解并执行技术要求
				按对称性,先预紧、后拧紧的原则安装、拧紧螺栓(钉)	4	拧紧力度超量,1处扣1分;拧紧1处螺栓(钉)再拧其他螺栓(钉),1次扣1分	按规定拧紧螺栓,拧紧力矩符合要求
	总组装		能正确使用专用设备、工装工具	正确取用	5	拿错1次扣1分	专用设备、工装工具的使用
				使用规范、动作熟练	5	用后不能放回原处扣1分;用法错误1次扣1分	使用规范、动作熟练
			零件、部件间装配与调整	按技术要求的先后顺序进行组装。	10	装配顺序错乱,造成返工1次扣2分;装反1处扣2分;少装、漏装1只零件扣1分	充分理解并执行技术要求
				按对称性,先预紧、后拧紧的原则安装、拧紧螺栓(钉)	5	拧紧力度超量,1处扣1分;拧紧1处螺栓(钉)再拧其他螺栓(钉),1次扣1分;未正确测量K值扣2分;安装转子时未使用润滑油扣2分	按规定顺序和操作方法拧紧螺栓,拧紧力矩符合要求
				正确填写组装记录	5	未填写不得分;填写错误每一处扣0.2分	如实填写组装记录
F	外观检验	10	能正确对考核项中涉及的零部件进行水管、风管是否畅通、是否有泄漏、是否连接可靠等进行质量检验	外表面无油污;壳体内腔无异物	5	每有一处油污扣1分;壳体内有异物不得分	验证组装过程中的清洗及装配质量
				转子转动灵活无异音	5	以手拨动转子,转子应转动灵活无异音	验证冷态间隙
	设备(工具、量具)的维护保养及现场5S管理	10	设备(工具、量具)的日常点检	使用的量具、设备等应定期检测	5	使用没有检定合格证的量具不得分	使用合格量具
			生产现场5S	生产现场5S管理符合企业规定的标准	5	不达标不得分	现场管理达标

续上表

鉴定项目类别	鉴定项目名称	国家职业标准规定比重(%)	《框架》中鉴定要素名称	本命题中具体鉴定要素分解	配分	评分标准	考核难点说明
质量、安全、工艺纪律、文明生产等综合考核项目				考核时限	不限	超时停止操作	
				工艺纪律	不限	依据企业有关工艺纪律管理规定执行,每违反一次扣10分	
				劳动保护	不限	依据企业有关劳动保护管理规定执行,每违反一次扣10分	
				文明生产	不限	依据企业有关文明生产管理规定执行,每违反一次扣10分	
				安全生产	不限	依据企业有关安全生产管理规定执行,每违反一次扣10分,有重大安全事故,取消成绩	

装配钳工(高级工)技能操作考核框架

一、框架说明

1. 依据《国家职业标准》注，以及中国北车确定的“岗位个性服从于职业共性”的原则，提出装配钳工(高级工)技能操作考核框架(以下简称:技能考核框架)。

2. 本职业等级技能操作考核评分采用百分制。即:满分为 100 分，60 分为及格，低于 60 分为不及格。

3. 实施“技能考核框架”时，考核制件(活动)命题可以选用本企业的加工件(活动项目)，也可以结合实际另外组织命题。

4. 实施“技能考核框架”时，考核的时间和场地条件等应依据《国家职业标准》，并结合企业实际确定。

5. 实施“技能考核框架”时，其“职业功能”的分类按以下要求确定:

(1)“加工与装配”属于本职业等级技能操作的核心职业活动，其“项目代码”为“E”。

(2)“工艺准备”、“精度检验”与“设备维护”属于本职业等级技能操作的辅助性活动，其“项目代码”分别为“D”和“F”。

6. 实施“技能考核框架”时，其“鉴定项目”和“选考数量”按以下要求确定:

(1)按照《国家职业标准》有关技能操作鉴定比重的要求，本职业等级技能操作考核制件的“鉴定项目”应按“D”+“E”+“F”组合，其考核配分比例相应为:“D”占 20 分，“E”占 60 分，“F”占 20 分(其中:精度检验 10 分，设备维护 10 分)。

(2)依据中国北车确定的“核心职业活动选取 2/3，并向上取整”的规定，在“E”类鉴定项目——“加工与装配”的全部 6 项中，至少选取 4 项。

(3)依据中国北车确定的“其余‘鉴定项目’的数量可以任选”的规定，“D”和“F”类鉴定项目——“工艺准备”、“精度检验”与“设备维护”中，至少分别选取 1 项。

(4)依据中国北车确定的“确定‘选考数量’时，所涉及‘鉴定要素’的数量占比，应不低于对应‘鉴定项目’范围内‘鉴定要素’总数的 60%，并向上取整”的规定，考核制件的鉴定要素“选考数量”应按以下要求确定:

①在“D”类“鉴定项目”中，在已选定的至少 1 个鉴定项目中，至少选取已选鉴定项目所对应的全部鉴定要素的 60%项，并向上保留整数。

②在“E”类“鉴定项目”中，在已选的至少 4 个鉴定项目所包含的全部鉴定要素中，至少选取总数的 60%项，并向上保留整数。

③在“F”类“鉴定项目”中，对应“精度检验”在已选定的至少 1 个鉴定项目中，至少选取已选鉴定项目所对应的全部鉴定要素的 60%项，并向上保留整数;对应“设备维护”的 2 个鉴定要素，至少选取 2 项。

举例分析:

按照上述"第6条"要求,若命题时按最少数量选取,即:在"D"类鉴定项目中选取了"识读、掌握装配工艺"1项,在"E"类鉴定项目中选取了"零件的清洗"、"部套组装"、"总组装"、"性能调试"4项,在"F"类鉴定项目中分别选取了"组装性能和精度检验"和"设备(工具、量具)的维护保养及现场5S管理"2项,则:

此考核制件所涉及的"鉴定项目"总数为7项,具体包括:"识读、掌握装配工艺","零件的清洗"、"部套组装"、"总组装"、"性能调试","组装性能和精度检验"和"设备(工具、量具)的维护保养及现场5S管理"。

此考核制件所涉及的鉴定要素"选考数量"相应为13项,具体包括:"识读、掌握装配工艺"鉴定项目包含的全部2个鉴定要素,"零件的清洗"、"部套组装"、"总组装"、"性能调试"等4个鉴定项目包括的全部13个鉴定要素中的8项,"组装性能和精度检验"鉴定项目包含的1个鉴定要素,"设备(工具、量具)的维护保养及现场5S管理"鉴定项目包含的2个鉴定要素。

7. 本职业等级技能操作需要两人及以上共同作业的,可由鉴定组织机构根据"必要、辅助"的原则,结合实际情况确定协助人员的数量。在整个操作过程中,协助人员只能起必要、简单的辅助作用。否则,每违反一次,至少扣减应考者的技能考核总成绩10分,直至取消其考试资格。

8. 实施"技能考核框架"时,应同时对应考者在质量、安全、工艺纪律、文明生产等方面行为进行考核。对于在技能操作考核过程中出现的违章作业现象,每违反一项(次)至少扣减技能考核总成绩10分,直至取消其考试资格。

注:按照中国北车规定,各《职业技能操作考核框架》的编制依据现行的《国家职业标准》或现行的《行业职业标准》或现行的《中国北车职业标准》的顺序执行。

二、装配钳工(高级工)技能操作鉴定要素细目表

职业功能	鉴定项目				鉴定要素		
	项目代码	名　称	鉴定比重(%)	选考方式	要素代码	名　称	重要程度
工艺准备	D	识读零部件图纸和装配图纸	20	任选	001	能识读较复杂的零部件图纸和装配图纸	X
		识读、掌握装配工艺			001	能识读装配工艺	X
					002	能熟练掌握装配工艺	X
		专用工装工具量具准备			001	能根据装配需求选择并正确使用	X
加工与装配	E	零件的清洗	60	至少选四项	001	能正确使用清洗剂和清洗工具	X
					002	零件表面油污等的清洗	X
					003	清洗后零件的干燥及分类摆放	X
		相互配合零件的配钻(铰)或冷(热)压装、配研等			001	能正确使用专用设备、工装工具	X
					002	配钻(铰)或冷(热)压装、配研的操作	X
		旋转件动平衡			001	确定不平衡方位	X
					002	对不平衡件进行调整或配重	X
					003	复试动平衡,直至合格	X

续上表

职业功能	鉴定项目				鉴定要素		
	项目代码	名　　称	鉴定比重(%)	选考方式	要素代码	名　　称	重要程度
加工与装配	E	部套组装	60	至少选四项	001	能正确使用专用设备、工装工具	X
					002	零件的检查选配等	X
					003.	零件间的装配与调整	X
		总组装			001	能正确使用专用设备、工装工具	X
					002	零件、部件的检查选配等	X
					003	零件、部件间装配与调整	X
		性能调试			001	能正确使用专用设备、工装工具,对考核项目中涉及的零部件调整、安装要求检验	X
					002	零件的拆卸、清洗、检查选配	X
					003	整机的调试	X
					004	经调试后产品(设备)性能的检验	X
精度检验	F	外观检验	10	任选	001	能正确对考核项中涉及的零部件进行水管、风管是否畅通、是否有泄漏、是否连接可靠等进行质量检验	Y
		组装性能和精度检验			001	能正确使用专用量具,对考核项目中涉及的零部件调整、安装要求进行检验	Y
设备维护		设备(工具、量具)的维护保养及现场5S管理	10		001	设备(工具、量具)的日常点检	X
					002	生产现场5S管理	Y

装配钳工(高级工)
技能操作考核样题与分析

职 业 名 称：________________

考 核 等 级：________________

存 档 编 号：________________

考核站名称：________________

鉴定责任人：________________

命题责任人：________________

主管负责人：________________

中国北车股份有限公司劳动工资部制

职业技能鉴定技能操作考核制件图示或内容

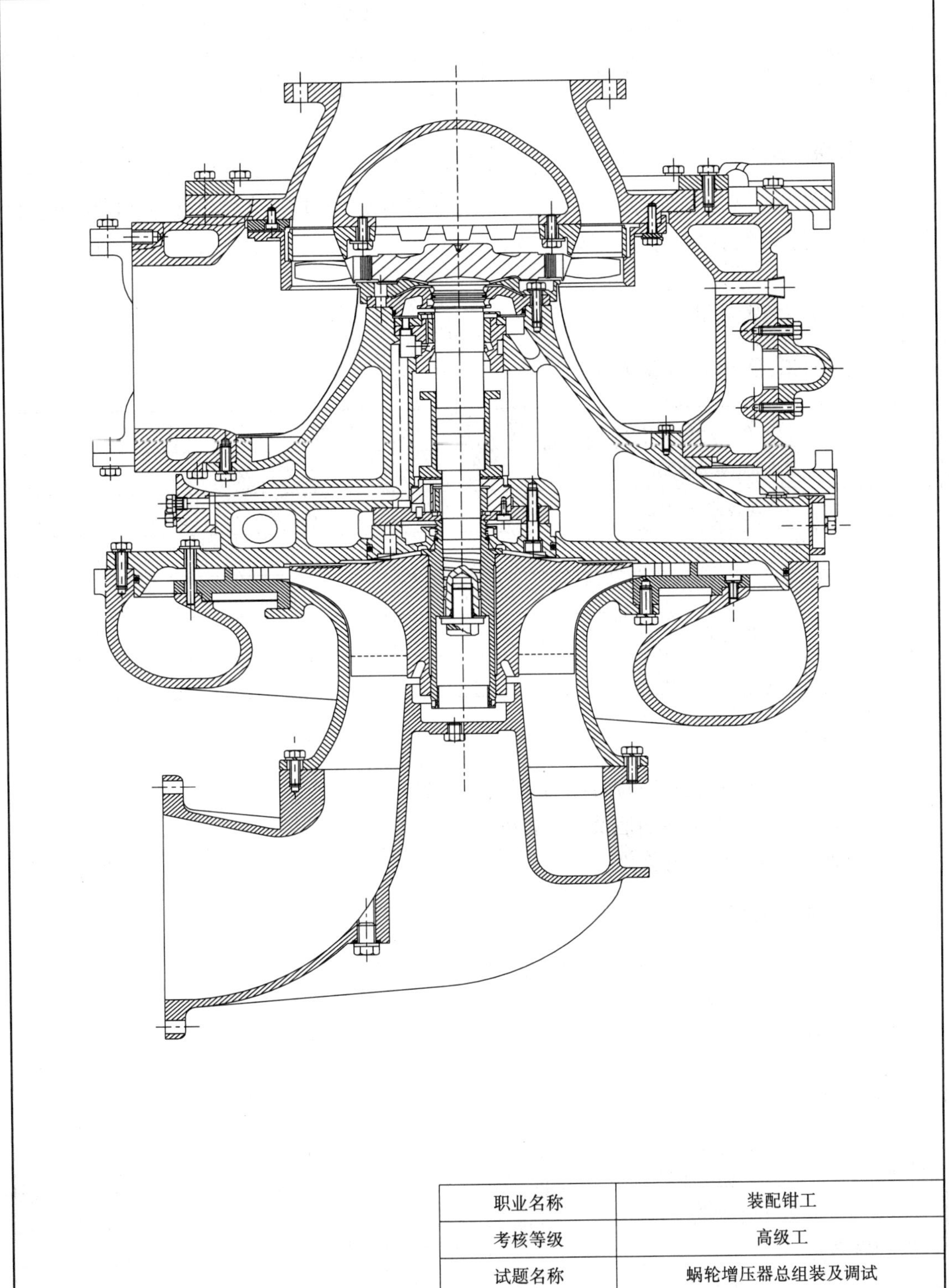

职业名称	装配钳工
考核等级	高级工
试题名称	蜗轮增压器总组装及调试
材质等信息	

职业技能鉴定技能操作考核准备单

职业名称	装配钳工
考核等级	高级工
试题名称	蜗轮增压器总组装及调试

一、材料准备

1. 一台份增压器零部件,其中蜗轮出气壳组装、主轴蜗轮组合、叶轮组装为装配完毕的状态,其余增压器零件为检查合格的单件。

2. 密封胶。

3. 清洗剂、润滑油等。

二、设备、工、量、卡具准备清单

序号	名　称	规　格	数　量	备　注
1	主止推轴承装卸工具		1套	
2	叶轮装、卸工具		各1套	
3	百分表		1	
4	塞尺		1	
5	扭力扳手		1	
6	其他工具(扳手、毛刷、油石等)		若干	

三、考场准备

1. 相应的公用设备、设备与器具的润滑与冷却等。

2. 国家职业标准规定的场地及安全防范措施。

3. 企业个性要求的场地设施。

四、考核内容及要求

1. 考核内容:按工艺文件要求完成蜗轮增压器总组装。

2. 考核时限:300分钟。

3. 考核评分(表)

职业名称	装配钳工		考核等级	高级工	
试题名称	蜗轮增压器总组装及调试		考核时限	300分钟	
鉴定项目	考核内容	配分	评分标准	扣分说明	得分
识读、掌握装配工艺	熟悉装配结构图	5	未看装配工艺不得分		
	理解技术要求	5	未研读技术要求不得分		
	专用工具的使用	5	不会用不得分		
	明确装配顺序和步骤	5	顺序不合理1次扣1分		

续上表

鉴定项目	考核内容	配分	评分标准	扣分说明	得分
零件的清洗	能正确使用清洗剂和清洗工具	3	清洗剂选择不当、工具操作方法不对扣0.5分		
	零件表面油污等清洗干净，符合技术要求并擦(吹)净零件	4	清洗不洁净扣2分；未擦(吹)干净1个扣0.2分；少清洗1个扣0.2分		
	归类摆放，清点数目	3	未归类摆放扣2分		
部套组装	正确取用专用设备、工装工具	4	拿错1次扣1分		
	使用专用设备、工装工具规范、动作熟练	4	用后不能放回原处扣1分；用法错误1次扣1分		
	按技术要求的先后顺序进行组装零件	4	装配顺序错乱，造成返工1次扣2分；装反1处扣2分；少装、漏装1只零件扣1分		
	正确取用零件	4	拿错1次扣1分		
	按对称性，先预紧、后拧紧的原则安装、拧紧螺栓(钉)	4	拧紧力度超量，1处扣1分；拧紧1处螺栓(钉)再拧其他螺栓(钉)，1次扣1分		
总组装	正确取用专用设备、工装工具	4	拿错1次扣1分		
	使用专用设备、工装工具规范、动作熟练	4	用后不能放回原处扣1分；用法错误1次扣1分		
	正确取用零件、部件	4	拿错1次扣1分		
	按技术要求的先后顺序进行组装零件、部件	4	装配顺序错乱，造成返工1次扣2分；装反1处扣2分；少装、漏装1只零件扣1分		
	按对称性，先预紧、后拧紧的原则安装、拧紧螺栓(钉)	4	拧紧力度超量，1处扣1分；拧紧1处螺栓(钉)再拧其他螺栓(钉)，1次扣1分；未正确测量K值扣2分；安装转子时未使用润滑油扣2分		
	正确填写组装记录	4	未填写不得分；填写错误每一处扣0.2分		
性能调试	叶轮与罩壳间隙测量、叶片与镶套间隙测量	3	每一处未检测扣1分		
	转子转动灵活，无卡滞、无异音	3	装配后未检验不得分		
组装性能和精度检验	台架试验后性能调试	5	如第一次台架试验合格，此项直接得分；如不合格，则允许进行一次通流元件参数调整，再次试验后合格得分；不合格得0分		
	清洁度合格，台架试验后不漏油	5	台架试验后，按技术要求进行拆检，并由专业部门做清洁度检验，不合格扣2分；台架试验后漏油扣3分		
设备(工具、量具)的维护保养及现场5S管理	使用的量具、设备等应定期检测	5	使用没有检定合格证的量具不得分		
	生产现场5S管理符合企业规定的标准	5	不达标不得分		

续上表

鉴定项目	考核内容	配分	评分标准	扣分说明	得分
质量、安全、工艺纪律、文明生产等综合考核项目	考核时限	不限	超时停止操作		
	工艺纪律	不限	依据企业有关工艺纪律管理规定执行,每违反一次扣10分		
	劳动保护	不限	依据企业有关劳动保护管理规定执行,每违反一次扣10分		
	文明生产	不限	依据企业有关文明生产管理规定执行,每违反一次扣10分		
	安全生产	不限	依据企业有关安全生产管理规定执行,每违反一次扣10分,有重大安全事故,取消成绩		

职业技能鉴定技能考核制件(内容)分析

职业名称	装配钳工				
考核等级	高级工				
试题名称	蜗轮增压器总组装及调试				
职业标准依据	国家职业标准和北车职业标准				
试题中鉴定项目及鉴定要素的分析与确定					
分析事项 \ 鉴定项目分类	基本技能“D”	专业技能“E”	相关技能“F”	合计	数量与占比说明
鉴定项目总数	3	6	3	12	核心技能“E”满足鉴定项目占比高于2/3的要求
选取的鉴定项目数量	1	4	2	7	
选取的鉴定项目数量占比(%)	33.3	66.7	66.7	58.3	
对应选取鉴定项目所包含的鉴定要素总数	2	13	3	18	鉴定要素数量占比大于60%
选取的鉴定要素数量	2	9	3	15	
选取的鉴定要素数量占比(%)	100	69	100	83.3	

所选取鉴定项目及相应鉴定要素分解与说明

鉴定项目类别	鉴定项目名称	国家职业标准规定比重(%)	《框架》中鉴定要素名称	本命题中具体鉴定要素分解	配分	评分标准	考核难点说明
D	识读、掌握装配工艺	20	能识读装配工艺	熟悉装配结构图	5	未看装配工艺不得分	识图
				理解技术要求	5	未研读技术要求不得分	充分理解结构和装配要求
			能熟练掌握装配工艺	专用工具的使用	5	不会用不得分	工具正确使用
				明确装配顺序和步骤	5	顺序不合理1次扣1分	装配顺序或步骤
E	零件的清洗	60	能正确使用清洗剂和清洗工具	能正确使用清洗剂和清洗工具	3	清洗剂选择不当、工具操作方法不对扣0.5分	清洗剂使用
			零件表面油污等的清洗	零件表面油污等清洗干净,符合技术要求并擦(吹)净零件	4	清洗不洁净扣2分;未擦(吹)干净1个扣0.2分;少清洗1个扣0.2分	清洗方法、清洗质量
			清洗后零件的干燥及分类摆放	归类摆放,清点数目	3	未归类摆放扣2分	归类摆放,方便组装
	部套组装		能正确使用专用设备、工装工具	正确取用	4	拿错1次扣1分	专用设备、工装工具的使用
				使用规范、动作熟练	4	用后不能放回原处扣1分;用法错误1次扣1分	使用规范、动作熟练
			零件间的装配与调整	按技术要求的先后顺序进行组装。	4	装配顺序错乱,造成返工1次扣2分;装反1处扣2分;少装、漏装1只零件扣1分	充分理解并执行技术要求

续上表

鉴定项目类别	鉴定项目名称	国家职业标准规定比重(%)	《框架》中鉴定要素名称	本命题中具体鉴定要素分解	配分	评分标准	考核难点说明
E	部套组装	60	零件间的装配与调整	正确取用	4	拿错1次扣1分	零件的检查选配等
				按对称性,先预紧、后拧紧的原则安装、拧紧螺栓(钉)	4	拧紧力度超量,1处扣1分;拧紧1处螺栓(钉)再拧其他螺栓(钉),1次扣1分	按规定顺序和操作方法拧紧螺栓,拧紧力矩符合要求
	总组装		能正确使用专用设备、工装工具	正确取用	4	拿错1次扣1分	专用设备、工装工具的使用
				使用规范、动作熟练	4	用后不能放回原处扣1分;用法错误1次扣1分	使用规范、动作熟练
			零件、部件的检查选配等	正确取用	4	拿错1次扣1分	掌握零件间的配合
			零件、部件间装配与调整	按技术要求的先后顺序进行组装	4	装配顺序错乱,造成返工1次扣2分;装反1处扣2分;少装、漏装1只零件扣1分	充分理解并执行技术要求
				按对称性,先预紧、后拧紧的原则安装、拧紧螺栓(钉)	4	拧紧力度超量,1处扣1分;拧紧1处螺栓(钉)再拧其他螺栓(钉),1次扣1分;未正确测量K值扣2分;安装转子时未使用润滑油扣2分	按规定顺序和操作方法拧紧螺栓,拧紧力矩符合要求
				正确填写组装记录	4	未填写不得分;填写错误每一处扣0.2分	如实填写组装记录
	性能调试		能正确使用专用量具,对考核项目中涉及的零部件调整、安装要求检验	叶轮与罩壳间隙测量、叶片与镶套间隙测量	3	每一处未检测扣1分	量具的使用和测量方法
				转子转动灵活,无卡滞、无异音	3	装配后未检验不得分	手法正确
F	组装性能和精度检验	10	能正确使用专用量具,对考核项目中涉及的零部件调整、安装要求进行检验	台架试验后性能调试	5	如第一次台架试验合格,此项直接得分;如不合格,则允许进行一次通流元件参数调整,再次试验后合格得分;不合格得0分	通流元件的调整
				清洁度合格,台架试验后不漏油	5	台架试验后,按技术要求进行拆检,并由专业部门做清洁度检验,不合格扣2分;台架试验后漏油扣3分	按技术要求进行拆检

续上表

<table>
<tr><th>鉴定项目类别</th><th>鉴定项目名称</th><th>国家职业标准规定比重(%)</th><th>《框架》中鉴定要素名称</th><th>本命题中具体鉴定要素分解</th><th>配分</th><th>评分标准</th><th>考核难点说明</th></tr>
<tr><td rowspan="2">F</td><td rowspan="2">设备(工具、量具)的维护保养及现场5S管理</td><td rowspan="2">10</td><td>设备(工具、量具)的日常点检</td><td>使用的量具、设备等应定期检测</td><td>5</td><td>使用没有检定合格证的量具不得分</td><td>使用合格量具</td></tr>
<tr><td>生产现场5S</td><td>生产现场5S管理符合企业规定的标准</td><td>5</td><td>不达标不得分</td><td>现场管理达标</td></tr>
<tr><td colspan="4" rowspan="5">质量、安全、工艺纪律、文明生产等综合考核项目</td><td>考核时限</td><td>不限</td><td>超时停止操作</td><td></td></tr>
<tr><td>工艺纪律</td><td>不限</td><td>依据企业有关工艺纪律管理规定执行,每违反一次扣10分</td><td></td></tr>
<tr><td>劳动保护</td><td>不限</td><td>依据企业有关劳动保护管理规定执行,每违反一次扣10分</td><td></td></tr>
<tr><td>文明生产</td><td>不限</td><td>依据企业有关文明生产管理规定执行,每违反一次扣10分</td><td></td></tr>
<tr><td>安全生产</td><td>不限</td><td>依据企业有关安全生产管理规定执行,每违反一次扣10分,有重大安全事故,取消成绩</td><td></td></tr>
</table>